JIXIE

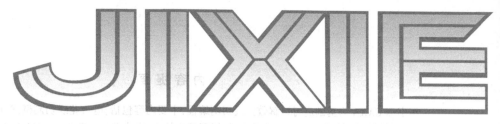

中等职业教育机械类系列教材

CAXA数控线切割加工

(第三版)

主　编　吴德军
副主编　付　琳　聂朋银
参　编　汤　军　易　涛　文宏扬
　　　　马升义　谈德成　王步新

重庆大学出版社

内容提要

本书以CAXA为基础进行讲解数控线切割编程，主要内容包括：电火花线切割概述、电火花线切割加工设备、线切割控制器和高频脉冲电源的操作、线切割编程技术、电火花线切割加工、CAXA线切割XP软件。本书以大量的图形来辅助讲解CAXA数控编程中的操作方法和加工模块各参数的意义及设置方法，并从实际操作出发，深入浅出地介绍CAXA的操作流程；同时，每一种流程又结合具体的加工案例、工艺方案及编程技巧讲解，使读者在学习过程中深刻理解CAXA数控加工的思路与现代数控编程的精华。

本书既可作为中等职业学校机电及模具专业的教材，也可作为相关培训机构的教材，还可以作为相关技术人员的参考资料。

图书在版编目(CIP)数据

CAXA数控线切割加工/吴德军主编.—2版.—重庆：重庆大学出版社，2012.1(2023.8重印)
中等职业教育机械类系列教材
ISBN 978-7-5624-4632-3

Ⅰ.①C… Ⅱ.①吴… Ⅲ.①数控线切割—计算机辅助设计—应用软件，CAXA—中等专业学校—教材 Ⅳ.①TG481

中国版本图书馆CIP数据核字(2011)第243745号

中等职业教育机械类系列教材
CAXA数控线切割加工
(第三版)
主　编　吴德军
副主编　付　琳　聂朋银
参　编　汤　军　易　涛　文宏扬
马升义　谈德成　王步新
责任编辑：曾显跃　王维朗　　版式设计：曾显跃
责任校对：任卓惠　　责任印制：张　策
*
重庆大学出版社出版发行
出版人：陈晓阳
社址：重庆市沙坪坝区大学城西路21号
邮编：401331
电话：(023) 88617190　88617185(中小学)
传真：(023) 88617186　88617166
网址：http://www.cqup.com.cn
邮箱：fxk@cqup.com.cn (营销中心)
全国新华书店经销
POD：重庆新生代彩印技术有限公司
*
开本：787mm×1092mm　1/16　印张：15.25　字数：381千
2017年8月第3版　2023年8月第7次印刷
ISBN 978-7-5624-4632-3　定价：45.00元

前　言

随着科技的进步与发展,尤其是以计算机、信息技术为代表的高新技术的发展,使制造技术的内涵和外延发生了革命性的变化。数控加工技术使机械制造过程发生了显著的变化,主要用于模具、摩配、汽配等行业中。数控线切割加工技术正是模具加工工艺领域的一项关键技术,主要用于新产品的研制、特殊材料的加工、模具零件的加工等方面。

由于数控编程是一项实践性很强的技术,对软件的使用只是数控编程中的一部分。作为 CAXA 的初学者,通常可以熟悉 CAXA 的操作过程,却很难独立地完成一个零件的完整数控加工,这是因为缺乏实际经验及数控加工的常用技巧与技能。

本书包括 6 个项目:电火花线切割概述、电火花线切割加工设备、线切割控制器和高频脉冲电源的操作、线切割编程技术、电火花线切割加工、CAXA 线切割 XP 软件。本书不仅以大量的图形来辅助讲解 CAXA 数控编程中的操作方法和加工模块各参数的意义和设置方法,而且坚持一切从实际操作出发,深入浅出地介绍 CAXA 的操作流程;同时,每一种流程又结合具体的加工案例、工艺方案及编程技巧讲解,使读者在学习过程中深刻理解 CAXA 数控加工的思路与现代数控编程的精华。但是需要说明的是,这些方案不一定是最优的,每一种具体的工艺方案必须结合具体的加工环境,包括数控机床、刀具、零件材质、精度要求,以及操作者的习惯等。但是,不论何种工艺方案均必须符合数控加工的基本原则。

本书由吴德军担任主编,付琳、聂朋银担任副主编,重庆工商学校的汤军、易涛、文宏扬、宁厦理工学院的马升义、忠县汝溪镇初级中学校的谈德成参与了编写。

根据中学职业学校机械类的教学要求,本课程共需 50 个课时左右,课时分配,可参考下表。

内容	项目一	项目二	项目三	项目四	项目五	项目六
课时	2	3	3	4	8	30

由于编者的经验不足和水平有限，书中难免有不妥之处，恳请读者提出批评和意见，以便修订。

编　者

2017年6月

目　录

项目一　电火花线切割加工概述

项目内容　1)电火花加工;

2)电火花线切割加工原理;

3)电加工专业术语。

项目目的　掌握电火花线切割工作原理。

项目实施过程

任务一　电火花加工

课题一　电火花加工概述

一、电火花加工的含义

在模具制造中,由于高强度、高硬度、高韧性、高脆性、耐高温等特殊性能材料的不断出现,传统的机械加工已不能满足特殊材料的加工要求。因而直接用电能、热能、光能、化学能、电化学能、声能等特种加工的工艺方法相继得到了很快的发展。如电火花线切割加工、电解加工、电铸加工、超声加工、化学加工(如照相腐蚀)等。

电火花加工是在一定的介质中,通过工具电极和工件电极之间脉冲放电的电腐蚀作用,对工件进行加工的一种工艺方法。它可以加工高熔点、高硬度、高强度、高韧性的材料。广泛应用在模具制造业和科研部门,而且是不可缺少的加工方法。

二、电火花加工原理

电火花成形加工基本原理,如图 1.1 所示。被加工的工件为工件电极,紫铜(或其他导电材料如石墨)为工具电极。当脉冲电源发出一连串的脉冲电压,加到工件电极和工具电极上,此时工具电极和工件电极均被浸入具有一定绝缘性能的工作液中。在自动进给装置的控制下,工具电极慢慢向工件电极进给,当工具电极与工件电极的距离小到一定程度时,电场强度增大,使两极间介质击穿,产生放电加工。

尽管物体从宏观上看是平整的,但在微观上,其表面总是凹凸不平的,即由无数个高峰与凹谷组成,在脉冲电压的作用下,两极间最近点处的工作液就会被击穿,在工具电极与工件之间形成瞬时放电通道,产生瞬时高温,使金属局部熔化甚至气化而被蚀除下来,并使局部形成电蚀凹坑。这样以很高的频率连续不断地重复放电,工具电极不断地向工件进给,就可以将工具电极的形状复制到工件上,从而加工出所需要的型面来。

三、电火花加工的基本规律

1. 极性效应

在电火花加工过程中,工件和电极都要受到不同程度的腐蚀。实践证明,即使工件和电极

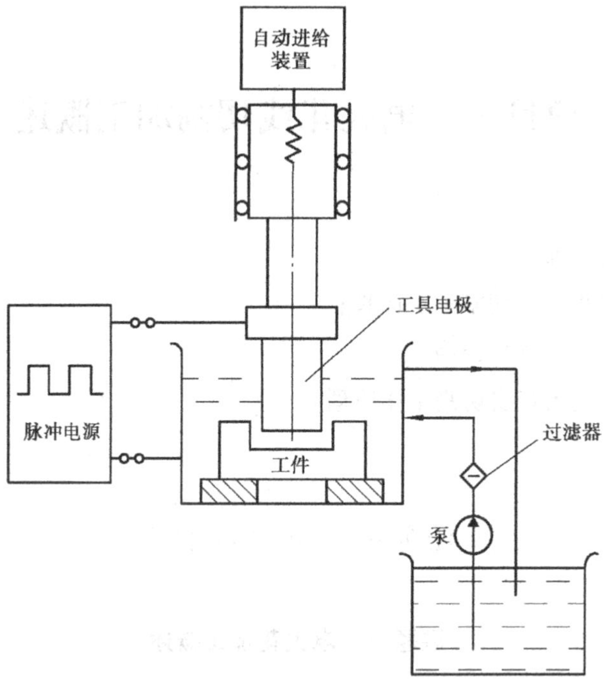

图 1.1　电火花加工原理

材料完全相同,也会因为所接电源的极性不同而有不同的蚀除速度,这一现象称为“极性效应”。生产中常把工件接脉冲电源正极时称为“正极性加工”;反之,把工件接脉冲电源负极时称为“负极性加工”。产生极性效应的原因很复杂,其基本原因是两极间电离后,产生的正离子和电子质量不相等。电子质量小,其惯性也小,在电场力的作用下容易在短时间内获得较大的运动速度,因此即使采用较短的脉冲进行加工也能迅速地到达阳极,轰击阳极表面;正离子由于质量大,惯性也大,因此在相同时间内获得的速度远小于电子。当采用短脉冲电压进行加工时,大部分正离子尚未到达负极表面,脉冲便结束,所以负极的蚀除量小于正极。但是,当用较大的脉冲电压加工时,正离子可以有足够的时间加速,获得较大的运动速度,并有足够的时间到达负极。另外,由于它的质量大,因而正离子对负极的轰击作用远大于电子对正极的轰击,因此负极的蚀除量大于正极。

由以上分析可知,脉冲宽度是影响极性效应的一个主要原因。实际加工中,极性效应还受到工具电极与工件电极材料、加工介质、电源种类、单个脉冲能量等因素的影响。在电火花加工中,极性效应愈显著愈好,要充分利用极性效应,正确选择加工极性,使工件的蚀除量大于电极的蚀除量,最大限度降低电极损耗。极性的选择主要靠经验或实验确定。

2. 电规准

电规准是指脉冲电源提供给电火花成形加工的脉冲宽度、脉冲间隔和峰值电流。研究结果表明,在连续的电火花加工过程中,工件电极或工具电极都存在单个脉冲的蚀除量与单个脉冲能量在一定的范围内呈正比关系。某一段时间的总蚀除量约等于这段时间内单个有效脉冲蚀除量的总和。单个脉冲放电所释放的能量决定于极间放电电压、放电电流和放电持续时间。

由此可见,提高蚀除量和生产率的途径在于:提高脉冲频率;增加单个脉冲能量或者增加单个脉冲平均放电电流（对矩形波即峰值电流）和脉冲宽度 t_i；减少脉冲间隔 t_o。当然，实际生产时要考虑到这些因素之间的相互制约关系和对其他工艺指标的影响。例如，脉冲间隔时间过短，将产生电弧放电；随着单个脉冲能量增加，表面粗糙度值也随之增大，等等。

3. 金属材料热学常数

金属的热学常数指材料的熔点、沸点、热导率、比热容、熔化热、气化热等。当脉冲放电能量相同时，金属的熔点、沸点、比热容、熔化热、气化热愈高，电蚀量将愈少，愈难加工；另一方面，热导率愈大的金属，由于较多地把瞬时产生的热量传导散失到其他部位，因而降低了本身的蚀除量。

在脉冲能量一定时，材料的热学常数和脉冲宽度综合影响电蚀量。脉冲宽度 t_i 愈长，散失的热量也愈多，从而使电蚀量减少。相反，脉冲宽度 t_i 愈短，由于热量过于集中而来不及扩散，虽然散失的热量减少，但抛出的金属中气化部分比例增加，多耗用不少气化热，电蚀量也会降低。

课题二　电火花加工的分类及其特点

一、电火花加工的分类（见表 1.1 所示）

表 1.1　电火花加工的分类

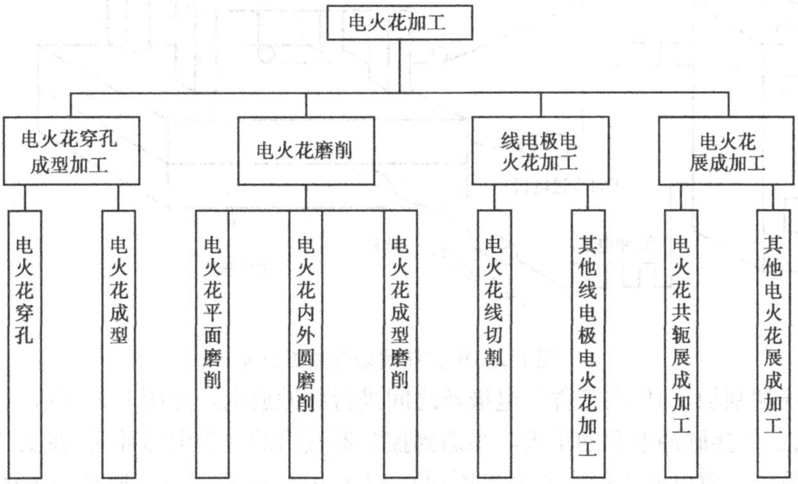

二、电火花加工的特点

由于电火花加工是在一定的介质中，通过工具电极和工件电极之间脉冲放电时的电腐蚀作用，对工件进行加工的工艺方法，因此，它具有以下的特点：

1）可以加工用切削方法难以加工或无法加工的高熔点、高硬度、高韧性、脆性、黏性的材料及形状复杂的工件，如小孔、窄槽、清角、形状复杂的型孔、凹模等。

2）工具电极的材料不必比工件的材料硬度高。

3）工具电极和工件在加工过程中不直接接触，两者之间的宏观作用很小。因而，不受工具电极和工件刚度的限制，有利于实现微细加工。

4）电火花加工是直接利用电能、热能进行加工，便于实现整个加工过程的自动化控制和自动化加工。

由于电火化加工具有以上的优点，因此，已成为模具制造行业和科研部门应用广泛而不可缺少的加工方法。

任务二　电火花线切割加工

课题一　线切割加工原理

一、电火花线切割放电原理

1. 电火花线切割加工过程

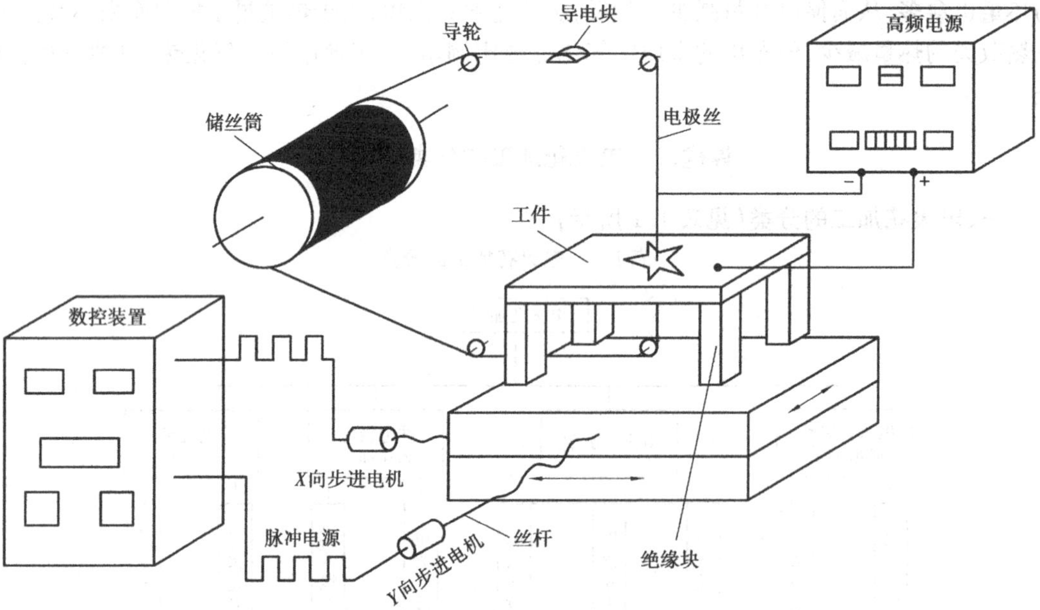

图 1.2　电火花线切割加工原理

电火花线切割加工时，在工件与电极丝之间进行脉冲放电。如图 1.2 所示，电极丝接脉冲电源的负极，工件接脉冲电源的正极。当遇到控制器发出的一个电脉冲时，在工件与电极丝之间产生火花放电。放电通道的中心温度瞬时可高达 10 000 ℃以上。通道周围的工作液一部分气化为蒸气，另一部分被瞬时高温分解为游离碳氢化合物等气体析出（乳化液很快变脏变黑）。在热源作用区的局部电极丝及工件表面，同时被加热到熔点，甚至沸点以上的温度，使局部的金属材料熔化和气化。由于这一加热过程非常短促（10^{-7} ~ 10^{-4}s），因此金属的熔化、气化及乳化液介质的气化都具有爆炸的特性（线切割加工时可以听到吱吱声和轻微的噼啪声）。这种热膨胀和局部微爆炸，把熔化的金属，以及金属蒸气、乳化液蒸气抛进乳化液中冷却从而实现对工件材料进行电蚀切割加工。通常认为电极丝与工件之间的放电间隙 $\delta_{电}$ 在 0.01 mm 左右，若电脉冲的电压高，则间隙值大一些。一般线切割编程时取单边放电间隙为 $\delta_{电} = 0.01$ mm。

为了保证每来一个电脉冲时在工件与电极丝之间是正常的火花放电而不是电弧放电。须提供必要的条件，首先必须使两个电脉冲之间有足够的时间间隔，使放电间隙中的介质消电离，即使放电通道中的带电粒子复合为中性粒子，恢复本次放电通道处间隙中介质的绝缘强度，以免在同一处发生多次放电而形成电弧放电。一般脉冲间隔为脉冲宽度的4倍以上。

为了保证电火花线切割加工时电极丝（一般用钼丝）不被烧断，必须向放电间隙中注入大量的工作液，使电极丝得到充分的冷却。以避免火花放电总在电极丝的局部位置以至于烧断，同时电极丝作高速轴向移动，有利于不断地将新的工作液带入放电间隙里，也有利于电蚀产物从间隙中带出。

电火花线切割加工时，为了获得较好的表面粗糙度和较高的尺寸精度，并保证钼丝不被烧断，应选择相应的脉冲参数，并使工件与钼丝之间是火花放电，而不是电弧放电。

2. 电弧放电与火花放电的区别

1）电弧放电是由于电极间隙消电离不充分，放电点不分散，多次连续在同一处放电而形成，是稳定的放电过程，放电时爆炸力小，蚀除量低。而火花放电是非稳定的放电过程，具有明显的脉冲特性，放电时爆炸力大，蚀除量高。

2）电弧放电的伏安特性曲线为正值（即随着极间电压的减小，通过介质的电流也减小），而火花放电的伏安特性曲线为负值（即随着极间电压的减小，通过介质的电流却增加）。

3）电弧放电通道形状呈圆锥形，阳极与阴极斑点大小不同，阳极斑点小，阴极斑点大。因此，其电流密度也不相同，阳极电流密度为2 800 A/cm^2，阴极电流密度为300 A/cm^2。而火花放电通道形状呈鼓形，阳极与阴极斑点大小实际相等。因此，两极上电流密度相同，而且很高，可达到$10^5 \sim 10^6$ A/cm^2。

4）电弧放电通道和电极上的温度为7 000～8 000 ℃，而火花放电通道和电极上的温度可达到10 000～12 000 ℃。

5）电弧放电击穿电压低，而火花放电击穿电压高。

6）电弧放电中，蚀除量较低，且阴极腐蚀比阳极多，而火花放电，大多数情况下阳极腐蚀量远多于阴极。因此，电火花加工时工件接脉冲电源的正极。

二、线切割加工走丝原理

1. 线速计算

电极丝$v_{丝}$的计算公式为：$v_{丝}=\dfrac{\pi D n_{电}}{1\ 000\times 60}$ m/s

图1.3中储丝筒直径$D=200$ mm，走丝电机转速$n_{电}=1\ 400$ r/min因此走丝速度$v_{丝}$为：

$$v_{丝}=\frac{\pi\times 200\times 1\ 400}{1\ 000\times 60}=14.7\ \text{m/s}$$

2. 运丝装置的储丝筒每转一周时其轴向移动的距离

运丝装置的储丝筒每转一周时，其轴向移动的距离为s，计算公式为：$s=\dfrac{a}{b}\times\dfrac{c}{d}\times p_{丝}$ mm/r

图1.3中，$a=18$齿，$b=74$齿，$c=18$齿，$d=74$齿，$p_{丝}=4$ mm，则：$s=\dfrac{18}{74}\times\dfrac{18}{74}\times 4=0.24$ mm/r

提示：

●线切割机床的型号不一样，或者说生产的厂家不同，s值也就不一样了。线切割机床所用钼丝直径必须小于s值，否则，走丝时会发生重叠现象以致断丝。

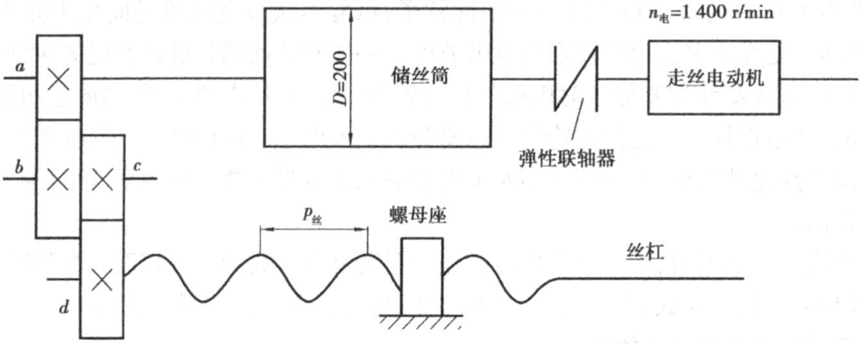

图 1.3 走丝原理

三、线切割机床 X,Y 工作台运动原理

线切割机床编程时的数据单位是 1 μm(0.001 mm = 1 μm),它是步进电动机控制电路每接受一个变频进给脉冲时,工作台的移动距离称为脉冲单位。通常每接受一个变频进给脉冲时,步进电动机转 1.5°或(3°)。

1)脉冲当量的计算公式

$$脉冲当量 = \frac{1.5°(或 3°)}{360°} \times \frac{Z_1}{Z_2} \times \frac{Z_2}{Z_3}\left(或\frac{Z_1}{Z_2} \times \frac{Z_3}{Z_4}\right) \times p_{丝}\ \mathrm{mm}$$

2)计算步进电机每接受一个脉冲时转 3°的脉冲当量

线切割机床 $Z_1 = 18$ 齿,$Z_2 = 54$ 齿,$Z_3 = 150$ 齿,$p_{丝} = 1$ mm,如图 1.4 所示,即

$$脉冲当量 = \frac{3°}{360°} \times \frac{18}{54} \times \frac{54}{150} \times 1 = 0.001\ \mathrm{mm}$$

3)计算步进电机每接受一个脉冲时转 1.5°的脉冲当量

线切割机床 $Z_1 = 24$ 齿,$Z_2 = 80$ 齿,$Z_3 = 24$ 齿,$Z_4 = 120$,$p_{丝} = 4$ mm,如图 1.5 所示,即

$$脉冲当量 = \frac{1.5°}{360°} \times \frac{24}{80} \times \frac{24}{120} \times 4 = 0.001\ \mathrm{mm}$$

提示:

●不同的线切割生产厂家所使用的齿轮个数,齿轮齿数、$p_{丝}$ 可能不一样。

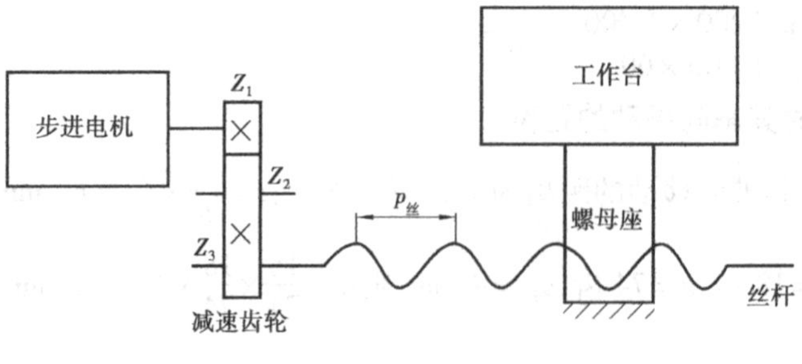

图 1.4 3°的脉冲当量

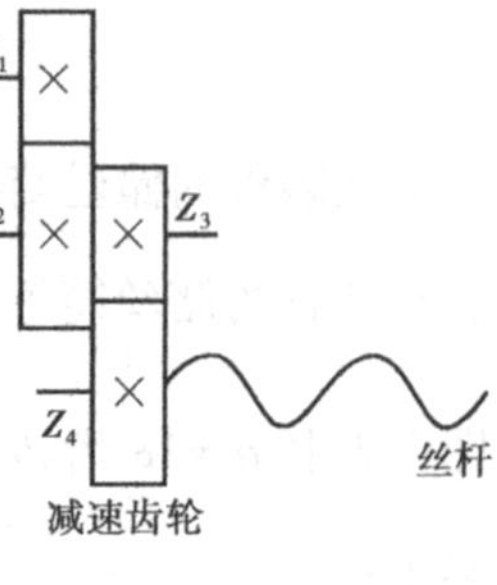

图 1.5 1.5°的脉冲当量

四、线切割控制原理

电火花切割加工主要是控制两种运动:一方面是按照加工工件的要求,即加工程序的要

求，自动控制加工工件相对电极丝按一定的轨迹运动；另一方面是在电火花切割加工的进程中，自动控制进给速度，以维持正常、稳定的火花放电切割加工。即数控线切割机床的控制系统使加工工件相对电极丝按一定的轨迹运动，称作加工轨迹控制；同时还要实现加工工件相对电极丝进给速度的控制，称作加工进给控制。

数控机床控制加工运动轨迹常用的方法有逐点比较法、数字脉冲乘法器法、数字积分法矢量判别法、比较积分法等。国产的快走丝线切割机床大多采用逐点比较法控制原理对线切割机床 X,Y 坐标工作台进行控制的，工作台每进给一步的移动量为 1 μm。加工工件相对于电极丝的运动轨迹大多数是采用步进电机开环系统实现控制。

逐点比较法，就是步进电机每走一步都要将加工点的瞬时坐标同加工工件的图形相比较，判断其偏差，然后决定下一步的走向。如果加工点走到图形外面去了，那么下一步就要向图形里面走；如果加工点在图形里面，那么下一步就要向图形外面走，以缩小偏差。这样就能切割加工出一个非常接近加工图形要求的加工工件，其最大偏差不超过一个脉冲当量 1 μm。常见的加工工件图形基本上都可以分解成直线和圆弧的组合，用逐点比较法可以实现对直线、圆弧和非圆二次曲线的插补。利用逐点比较法切割加工斜线（如图 1.6 所示）和圆弧（如图 1.7 所示）。

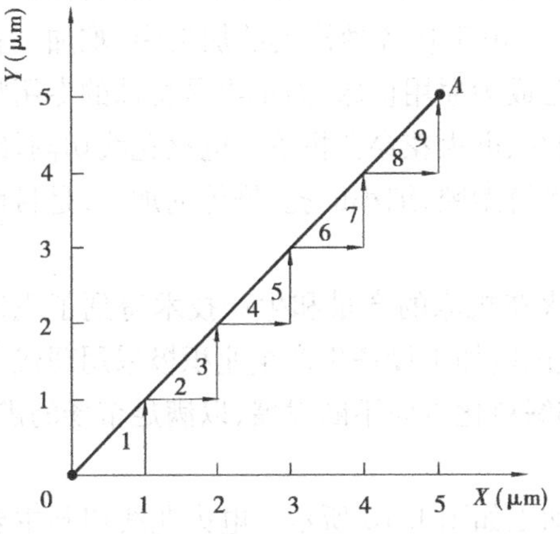

图 1.6 逐点比较法切割加工斜线 OA

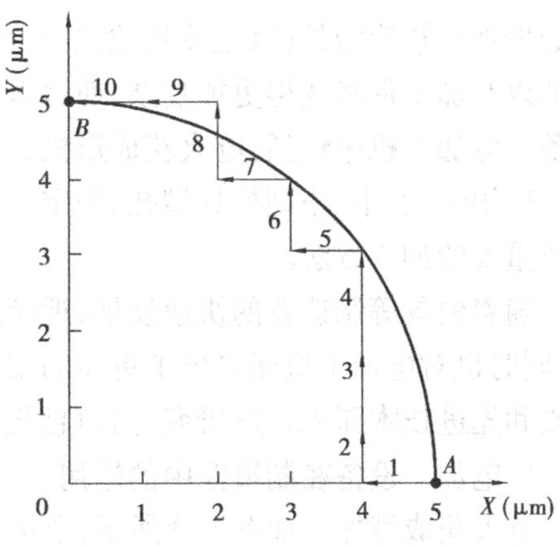

图 1.7 逐点比较法切割加工圆弧 AB

加工工件相对电极丝运动的进给速度的控制，是根据放电间隙大小、放电状态不同所对应的加工工件与电极丝间的平均电压的变化，通过取样电路、变频电路向数控装置的 CPU 发出中断申请或被 CPU 采样，由计算机处理自动调节实现的。

课题二 电火花线切割加工特点及应用

一、数控机床的含义及类型

数控机床是一种利用数控技术，按照事先安排的工艺流程，实现规定加工动作的金属切削机床。常用的数控机床根据加工方式的不同，可分为数控钻床、数控车床、数控铣床、加工中心、数控线切割机床、电火花成型机床等及其他用途的数控加工机床。本书主要讲数控快走丝线切割机床——DK7740。

二、数控机床加工过程

数控机床加工过程是在对加工图样进行工艺分析的基础上，采用手工编程或者图形交互式自动编程。将编制好的加工程序输入数控(CNC)控制器中,再由 CNC 系统控制机床执行各部件,完成工件的二轴、三轴、五轴等多轴加工的过程。数控机床加工过程,如图 1.8 所示。

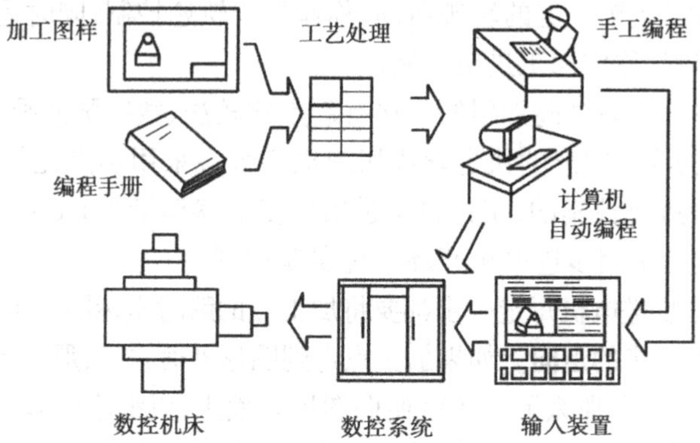

图 1.8 数控机床加工过程

三、数控电加工设备在制造业中的作用

自从电加工机床投入实际应用以来已有 50 多年的时间,电加工机床的产量随着模具生产量的增加而相应增长(其主要用途之一是模具加工)。由于在各种模具的加工中,难加工材料增加以及加工形状变得更加复杂,使得电加工机床已成为通用机床,而不再是特殊的专用加工设备。电加工机床包括:电火花成形机、电火花线切割、电火花穿孔机等。电火花线切割加工,广泛应用于大、中、小型模具型孔、固定板、卸料板、镶拼型腔、细小的孔、槽等的加工,是目前制造业重要的加工方法。

随着模具等制造业的快速发展,近年来我国电火花机床的产量和生产技术得到了飞速发展,同时也对电加工机床提出了更高的要求,促使我国电加工设备生产企业积极采用现代研究手段和先进技术深入开发研究,向信息化、智能化和绿色化方向不断发展,以满足市场的需要。

1. 电加工设备在制造业中的运用

电火花成型加工如图 1.9 所示,电火花线切割加工如图 1.10 所示。电火花线切割主要用于新产品研发、特殊材料、模具零件的加工,如图 1.11、图 1.12、图 1.13 所示。

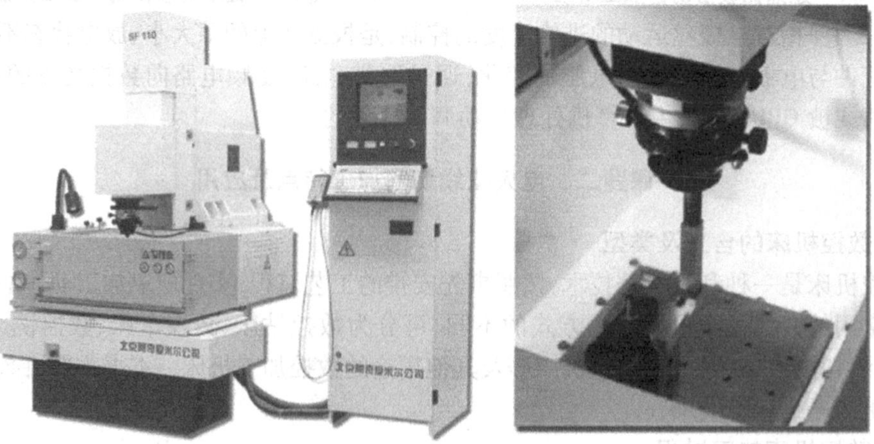

图 1.9 电火花成型加工

图 1.10 编控一体立柜式电火花线切割加工

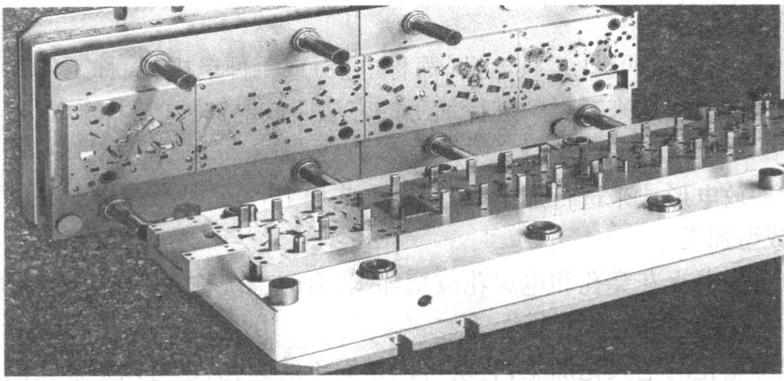

图 1.11 多工位精密级进模加工

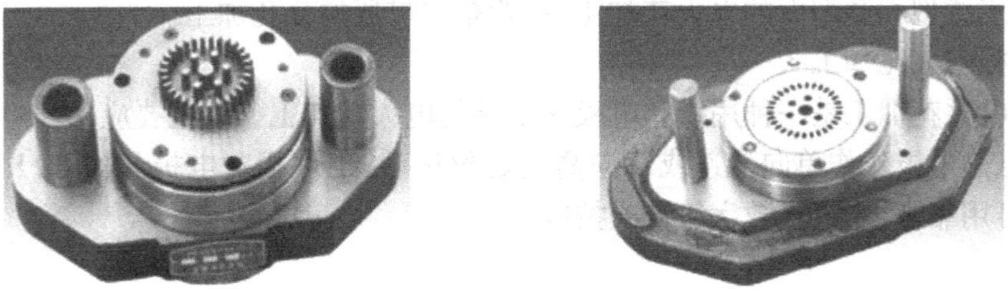

图 1.12 落料、冲孔复合模加工

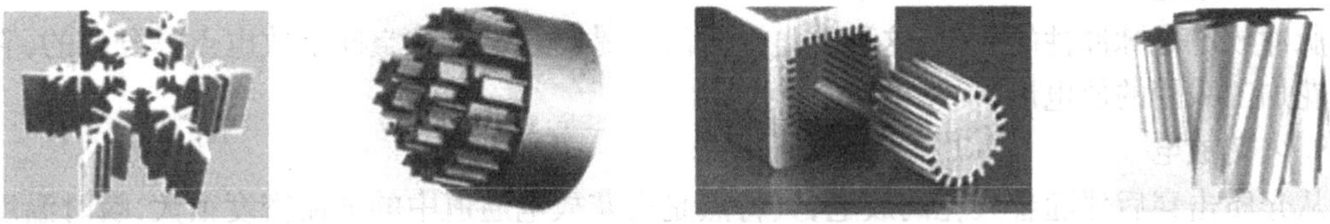

图 1.13 冷冲模凸模、凹模加工及产品加工

2. 电火花线切割加工的特点

电火花线切割与成型机比较,具有如下特点:

1)不需要制造专用电极,可节约电极设计、制造费用,缩短生产周期。

2)能方便地加工出形状复杂的工件、细小的通孔、窄缝和外成型表面等。

3)脉冲电源的加工电流小,脉冲宽度较窄,属于中、精加工范畴,一般采用负极性加工,即脉冲电源的正极接工件,负极接电极丝。

4)由于电极丝是运动着的长金属丝,单位长度电极损耗较小,所以对切割面积不大的工件,因电极损耗带来的误差较小。

5)对工件材料的蚀除量小,余料还可利用,可降低加工成本。

6)工作液选用乳化液,而不是煤油,成本低而且安全。

7)可以一模两用,加工工件作凹模,切割下来的料作凸模。

课题三　电火花线切割加工主要名词术语

电火花线切割加工主要名词术语(根据中国机械工程学会电加工学会公布的材料编写)。

1. 放电加工

在一定的加工介质中,通过两极(工具电极(简称电极)或工件电极(简称工件))之间的火花放电或短电弧放电的电蚀作用来对材料进行加工的方法叫放电加工(简称 EDM)。

2. 电火花加工

当采用电火花脉冲放电形式来进行加工时,叫电火花加工。

3. 电火花穿孔、成型加工

这种方法又可以分为电火花穿孔和电火花成型加工,有时也统称为电火花成型加工。

4. 电火花穿孔

一般指贯通的二维型孔的电火花加工,它既可以是简单的圆孔,也可以是复杂的型孔。

5. 电火花成型

一般指三维型腔和型面的电火花加工,一般是非贯通的盲孔加工。

6. 线电极电火花加工

线电极电火花加工是一种用线状电极作工具的电火花加工。其主要应用为电火花线切割加工,其特点是电极丝作单向低速或双向高速走丝运动,工件相对电极丝作 X,Y 向的任意轨迹运动,它可用靠模、光电或数字等方式控制。

7. 放电

电流通过绝缘介质(气体、液体或固体)的现象。

8. 脉冲放电

脉冲放电是脉冲性的放电,这种放电在时间上是断续的。在空间上放电点是分散的,它是电火花加工采用的放电形式。

9. 火花放电

从介质击穿后伴随着火花的放电,其特点是火花放电通道中的电流密度很大,瞬时温度很高。

10. 电弧放电

电弧放电是一种渐趋稳定的放电。这种放电在时间上是连续的,在空间上是完全集中在一点或一点的附近放电。放电中遇到电弧放电，常常引起电极和工件的烧伤。电弧放电往往是放电间隙中排屑不良或脉冲间隔小来不及消电离恢复绝缘，或脉冲电源损坏变成直流放电等所引起的。

11. 放电通道

放电通道又称电离通道或等离子通道，是介质击穿后极间形成的导电的等离子体通道。

12. 放电间隙 G(μm)

放电时电极间的距离。它是加工电路的一部分，有一个随击穿而变化的电阻。

13. 电蚀

在电火花放电的作用下蚀除电极材料的现象。

14. 电蚀产物

工作液中电火花放电时的生成物。它主要包括从两极上电蚀下来的金属材料微粒和工作液分解出来的游离炭黑和气体等。

15. 加工屑

从两极材料上电蚀下来的金属材料微粒小屑。

16. 金属转移

放电过程中，一极的金属转移到另一极的现象。例如，用钼丝切割纯铜时，钼丝表面的颜色逐渐变成紫红色，这足以证明有部分铜转移到钼丝表面。

17. 二次放电

在已加工面上，由于加工屑等的介入而进行再次放电的现象。

18. 开路电压 U_i(V)

间隙开路或间隙击穿之前的极间峰值电压。

19. 放电电压 U_e(V)

间隙击穿后，通过放电电流时，间隙两端的瞬时电压。

20. 加工电压 U(V)

正常加工时，间隙两端电压的平均值。亦即一般所指电压表上的读数。

21. 短路峰值电流 $\hat{i}_s$(A)

短路时最大的瞬时电流，即功放管导通而负载短路时的电流。

22. 短路电流 I_s(A)

短路电流又称平均短路脉冲电流，即连续发生短路时电流表上指示的电流平均值。

23. 加工电流 I(A)

通过加工间隙电流的算术平均值，亦即一般所指的电流表上的读数。

24. 击穿电压

放电开始或介质击穿时瞬间的极间电压。

25. 击穿延时 t_d(μs)

从间隙两端加上电压脉冲到介质击穿之前的一段时间，如图 1.14 所示。

26. 脉冲宽度 t_i(μs)

加到间隙两端的电压脉冲的持续时间。对于矩形波脉冲，它等于放电时间 t_e 与击穿延时

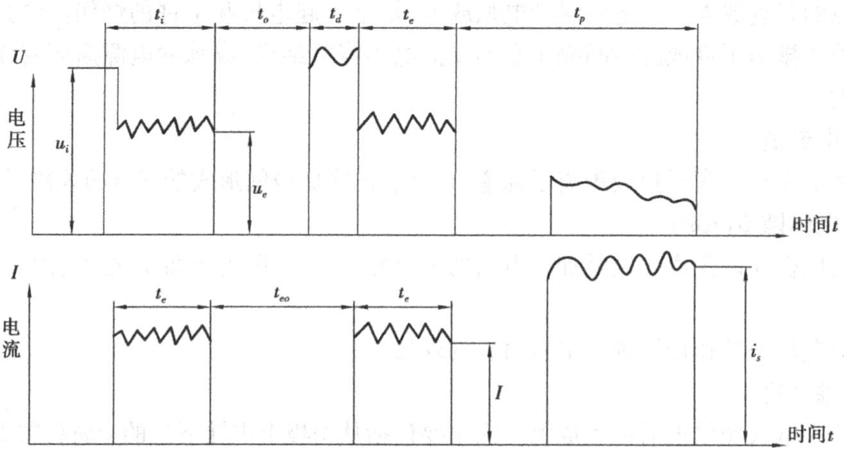

图 1.14 电压、电流波形图

t_d 之和,即 $t_i = t_e + t_d$。

27. 放电时间 t_e(μs)

介质击穿后,间隙中通过放电电流的时间,亦即电流脉宽。

28. 脉冲间隔 t_o(μs)

连接两个电压脉冲之间的时间。

29. 停歇时间 t_{eo}(μs)

又称放电间隔。是指相邻两次放电(电流脉冲)之间的时间间隔。对于方波脉冲,它等于脉冲间隔 t_o 与击穿延时 t_d 之和,即 $t_{eo} = t_o + t_d$。

30. 脉冲周期 t_p(μs)

从一个电压脉冲开始到相邻电压脉冲开始之间的时间。它等于脉冲宽度 t_i 与脉冲间隔 t_o 之和,即 $t_p = t_i + t_o$。

31. 脉冲频率 f_p(Hz)

单位时间(s)内,电源发出电压脉冲的个数。它等于脉冲周期 t_p 的倒数,即 $f_p = 1/t_p$。

32. 电参数

电加工过程中的电压、电流、脉冲宽度、脉冲间隔、功率和能量等参数叫电参数。

33. 电规准

电加工所用的电压、电流、脉冲宽度、脉冲间隔等电参数,称之为电规准。

34. 脉冲前沿 t_r(μs)

又称脉冲上升时间,指电流脉冲前沿的上升时间,即从峰值电流的 10% 上升到 90% 所需的时间。

35. 脉冲后沿 t_f(μs)

又称脉冲下降时间,指电流脉冲后沿的下降时间,即从峰值电流的 90% 下降到 10% 所需的时间。

36. 开路脉冲

间隙未被击穿时的电压脉冲,这时没有电流脉冲。

37. 工作脉冲

又称有效放电脉冲或正常放电脉冲,这时既有电压脉冲又有电流脉冲。

38. 短路脉冲

间隙短路时的电流脉冲,这时没有电压脉冲或其值很低。

39. 极性效应

电火花线切割加工时,即使正极和负极是同一种材料,但正负两极的蚀除量是不相同的,这种现象称为极性效应。一般短脉冲加工时,正极的蚀除量较大,反之长脉冲加工时,则负极的蚀除量较大。为此,短脉冲精加工时,工件接正极,反之,长脉冲粗加工时,工件接负极。

40. 正极性和负极性

工件接正极,工具电极接负极,称为正极性;反之,工件接负极,工具电极接正极,称为负极性。线切割加工时,所用脉冲较窄,为了增加切割速度和减少钼丝的损耗,一般工件接正极,称正极性加工。

41. 切割速度 v_{wi}

在保持一定的表面粗糙度的切割过程中,单位时间内电极丝中心线在工件上扫过的面积的总和(mm^2/min)。

42. 高速走丝线切割(WEDM-HS)

电极丝高速往复运动的电火花线切割加工。一般走丝速度为 8 ~ 10 m/s。

43. 低速走丝线切割(WEDM-LS)

电极丝低速单向运动的电火花线切割加工。一般走丝速度在 10 ~ 15 m/min 以内。

44. 线径补偿

又称"间隙补偿"或"钼丝偏移"。为获得所要求的加工轮廓尺寸,数控系统通过对电极丝运动轨迹轮廓进行扩大或缩小来作偏移补偿。

45. 丝

电极丝几何中心实际运动轨迹与编程轮廓线之间的法向尺寸差值,又叫间隙补偿量或偏移量。

偏移量等于电极丝半径与放电间隙之和,如图 1.15 所示。快走丝的放电间隙,钢件一般在 0.01 mm 左右,硬质合金在 0.005 mm 左右,紫铜在 0.02 mm 左右。偏移根据实际需要可分为左偏和右偏,左偏还是右偏要根据成形尺寸的需要来确定。依电极丝的前进方向,电极丝位于理论轨迹的左边即为左偏,如图 1.16 所示。钼丝位于理论轨迹的右边即为右偏,如图 1.17 所示。

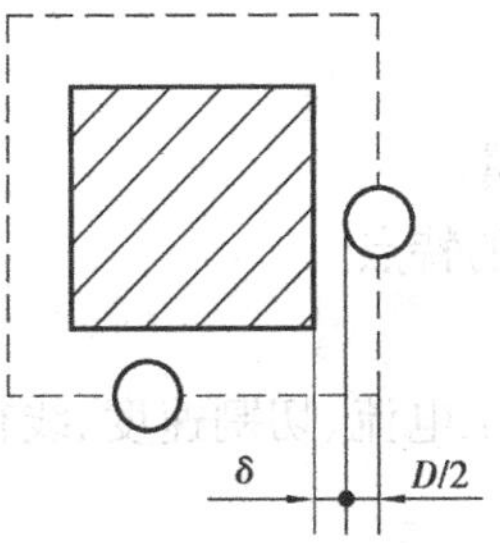

图 1.15 偏移量

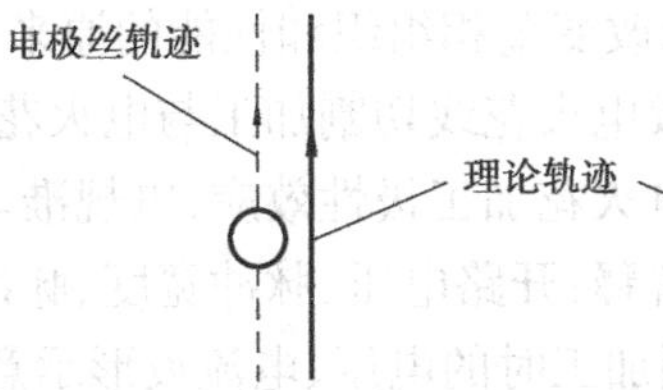

图 1.16 左偏

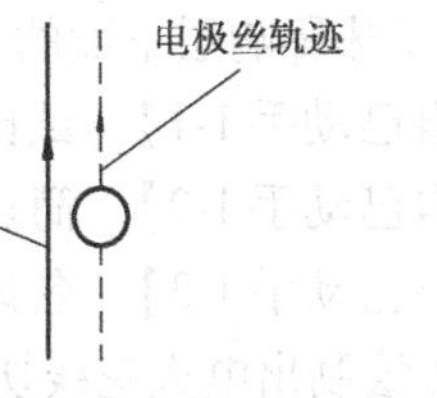

图 1.17 右偏

46. 进给速度 v_f

加工过程中电极丝中心沿切割方向相对于工件的移动速度(mm/min)。

47. 多次切割

同一表面先后进行二次或二次以上的切割,以改善表面质量及加工精度的切削方法。

48. 锥度切削

电极丝在进行二维切割的同时,还能按一定的规律进行偏摆,形成一定的倾斜角,加工出带锥度的工件或上、下形状不同的异形件。这就是所谓的四轴联动、锥度加工。

实际加工中,当加工方向确定时,电极丝的倾斜方向不同,加工出的工件锥度方向也就不同,反映在工件上就是上大还是下大。锥度也有左锥、右锥之分,依电极丝的前进方向,电极丝向左倾斜即为左锥,如图 1.18 所示;向右倾斜即为右锥,如图 1.19 所示。

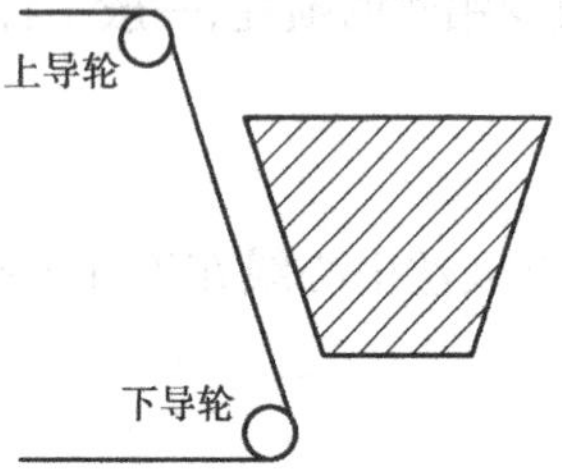

图 1.18　左锥

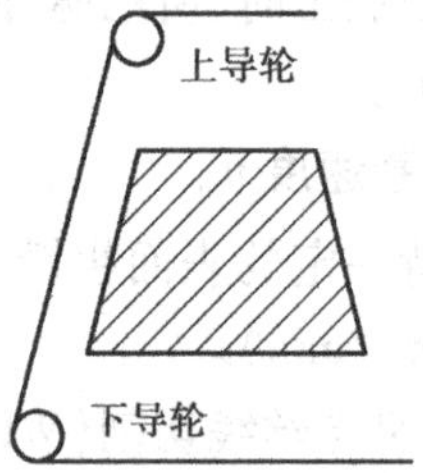

图 1.19　右锥

49. 乳化液

由水、有机及无机化合物组成的乳化溶液,用于电火花线切割加工。

50. 条纹

被切割工件表面上出现的相互间隔凹凸不平或色彩不同的痕迹。当导轮、轴承精度不良时,条纹更为严重。

51. 电火花加工表面

电火花加工过的由许多的小凹坑重叠而成的表面。

52. 电火花加工表层

电火花加工表面下的一层,它包括熔化层和热影响层。

53. 热影响层

简称 HAZ。它是位于熔化层下面的、由于热作用改变了基体金属金相组织和性能的一层金属。

54. 基体金属

位于热影响层下面的、未改变金相组织和性能的原来基体的金属。

【自己动手 1-1】　试比较电火花线切割加工与电火花成型加工的特点。

【自己动手 1-2】　简述电火花加工极性效应,电规准。

【自己动手 1-3】　名词解释:开路电压、脉冲宽度、脉冲间隔、加工电流、切割速度、线径补偿、丝并绘制出电火花线切割加工时的电压、电流波形示意图。

【自己动手 1-4】　在生产中,观察电火花线切割的使用价值。

项目二　电火花线切割加工设备

项目内容　1）DK77 系列电火花数控线切割机床；

2）电火花线切割脉冲电源；

3）电火花线切割控制器。

项目目的　1）掌握 DK77 系列快走丝线切割机床基本结构；

2）理解电火花线切割脉冲电源的基本要求。

项目实施过程

任务一　电火花线切割机床

课题一　数控线切割机床类型

一、数控线切割机床的分类

1. 按控制方式分

有靠模仿形控制、光电跟踪控制、数字程序控制和微机控制线切割机床等。

2. 按脉冲电源形式分

有 RC 电源、晶体管电源、分组脉冲电源和自适应控制电源线切割机床等。

3. 按加工特点分

有大、中、小型以及普通直壁切割型与锥度切割型，还有切割上下异形的线切割机床等。

4. 按走丝速度分

按电极丝运动的方式可以分成高速走丝、中走丝、慢走丝。

1）快走丝线切割机床。高速走丝也称为快走丝线切割机床，电极丝运行速度为 300 ~ 700 m/min，如图 2.1 所示。

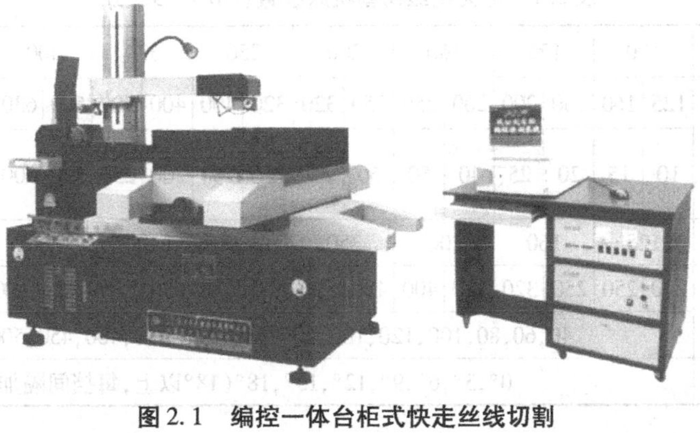

图 2.1　编控一体台柜式快走丝线切割

2)慢走丝线切割机床与中走丝线切割机床。低速走丝也称为慢走丝线切割机床,电极丝运丝速度为 3 m/min 左右,最高为 15 m/min,如图 2.2 所示。中走丝是介于高速走丝与低速走丝之间的机床,如图 2.3 所示。

图 2.2　慢走丝线切割机床

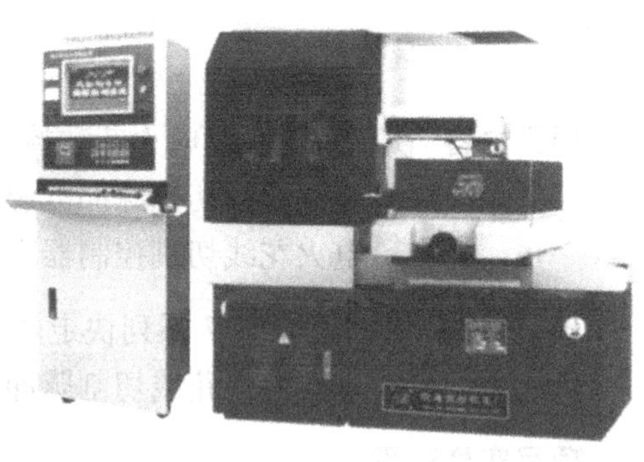

图 2.3　编控一体立柜式中走丝线切割机床

二、线切割机床的型号及参数标准

根据 GB/T 15375—1994《金属切削机床—型号编制方法》之规定,机床型号由汉语拼音和阿拉伯数字组成,它表示机床的类别、特性、基本参数。

数控电火花线切割机床型号 DK7740 含义如下:

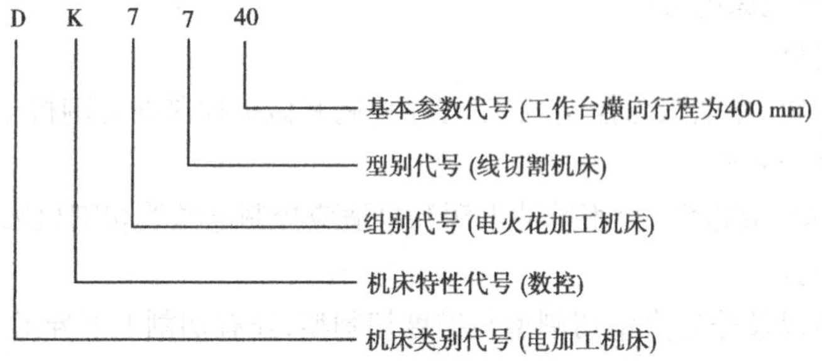

三、数控电火花线切割机床的主要技术参数

1. 线切割机床参数

表 2.1 为国标 GB 7925—87 标准生产的线切割机床参数。

表 2.1　电火花线切割机床参数(GB 7925—87)

工作台	横向行程	100		125		160		200		250		320		400		500		630	
	纵向行程	125	160	160	200	200	250	250	320	320	400	400	500	500	630	630	800	800	1 000
	最大承载重量(kg)	10	15	20	25	40	50	60	80	120	160	200	250	320	500	500	630	960	1 200
工件尺寸	最大宽度	125		160		200		250		320		400		500		630		800	
	最大长度	200	250	250	320	320	400	400	500	500	630	630	800	800	1 000	1 000	1 250	1 250	1 600
	最大切割厚度	40,60,80,100,120,180,200,250,300,350,400,450,500,550,600																	
最大切割锥度		0°,3°,6°,9°,12°,15°,18°(18°以上,每挡间隔加 6°)																	

2. 数控电火花线切割机床主要技术参数

数控电火花线切割机床主要技术参数包括：工作台行程(纵向行程×横向行程)、最大切割厚度、加工表面粗糙度、加工精度、切割速度以及数控系统的控制功能。现以 DK7720 数控线切割机床为例说明如下：

1)工作台最大行程:250 mm×200 mm。

2)最大切割厚度:200 mm。

3)电极丝直径:0.08～0.14 mm。

4)工作液:线切割专用乳化液。

5)插补功能:直线、圆弧。

6)脉冲当量:1μm/脉冲。

7)最大间隙补偿量: ±0.999 mm。

8)最大控制长度:1 m。

9)最大控制圆弧半径:10 m。

10)电极丝损耗:2～3 μm/10 000 mm^2。

11)加工精度: ±0.01 mm;表面粗糙度:R_a1.25～2.5 μm。

12)最大切割速度:80 mm^2/min。

四、快、慢速走丝电火花线切割加工特点比较

表 2.2　快、慢速走丝电火花线切割加工特点比较

比较项目 \ 机床类型	快走丝电火花线切割机床	慢走丝电火花线切割机床
走丝速度	≥2.5 m/s,常用值 6～10 m/s	<2.5 m/s,常用值 0.25～0.001 m/s
电极丝工作状态	往复供丝,往复使用	单向供丝,一次性使用
电极丝材料	钼、钨钼合金	黄铜、铜、以铜为主体的合金
电极丝直径	ϕ0.03～0.25 mm 常用值 ϕ0.12～0.20 mm	ϕ0.003～0.30 mm 常用值 ϕ0.20 mm
穿丝方式	只能手工	可手工,也可自动
工作电极丝长度	数百米	数千米
电极丝振动	较大	较小
运丝系统结构	较简单	复杂
脉冲电源	开路电压 80～100 V;工作电流 1～5 A	开路电压 300 V 左右;工作电流 1～32 A
单边放电间隙	0.01～0.03 mm	0.01～0.12 mm
工作液	线切割乳化液	去离子水,个别场合使用煤油
工作液电阻率	0.5～50 kΩ·cm	10～100 kΩ·cm
导丝机构型式	导轮使用寿命短	导轮器使用寿命长
机床价格	便宜	昂贵
切割速度	20～160 mm^2/min	20～240 mm^2/min
加工精度	±0.02～0.005 mm	±0.005～0.002 mm

续表

比较项目 \ 机床类型	快走丝电火花线切割机床	慢走丝电火花线切割机床
表面粗糙度	R_a3.2 ~ 1.6 μm	R_a1.6 ~ 0.1 μm
重复定位精度	±0.01 mm	±0.002 mm
电极丝损耗	参加工作电极丝的全长,加工(3 ~ 10) × 10^4 mm 时,损耗 0.01 mm	不计
最小切缝宽度	0.09 ~ 0.04 mm	0.014 ~ 0.004 5 mm
程序格式	3B,4B 程序	国际 ISO 代码(G 代码)

课题二　快走丝 DK7740 数控线切割机床

快走丝电火花线切割机床一般分为数控电源柜和主机两大部分,电柜主要由管理控制系统、高频电源和伺服驱动等部分组成;主机主要由 X,Y 轴(有的带 U,V 轴)、工作台、储丝筒、立柱(或丝架)、工作液箱等部分组成。快走丝 DK7740 数控线切割机床外形结构示意图,如图 2.4 所示。

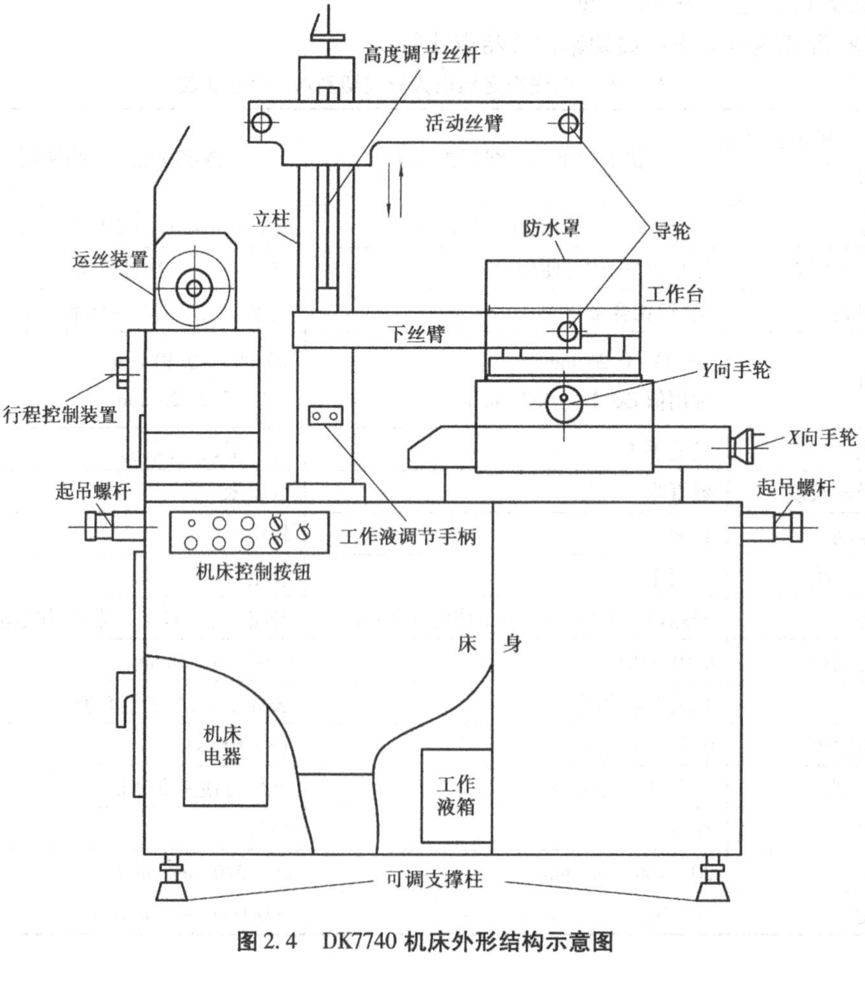

图 2.4　DK7740 机床外形结构示意图

一、工作台及工作坐标系的确定

1. 工作坐标系

国标中规定机床坐标系采用右手直角笛卡尔坐标系，如图2.5所示。因此线切割机床也符合右手直角笛卡尔坐标系。

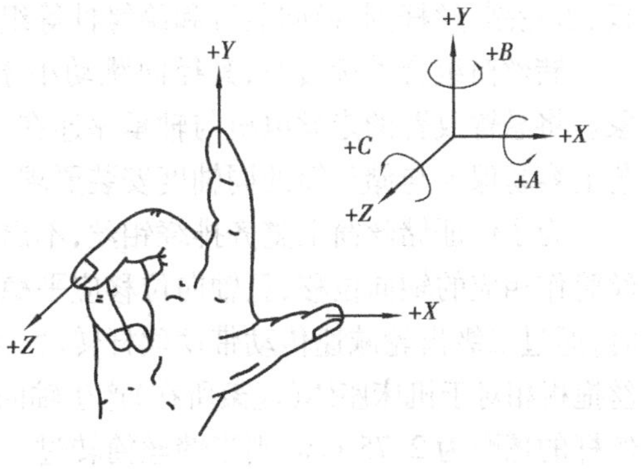

图2.5　右手笛卡尔坐标系

对于快走丝线切割机床面对机床正面（即机床控制按钮侧）时，电极丝相对于加工工件的左右运动为 *X* 坐标移动（即导轮径向移动），且这一运动正方向指向右方，由中拖板完成。电极丝相对于加工工件的前后运动为 *Y* 坐标移动（即导轮轴向移动），且运动正方向指向前方，由上拖板完成。在整个加工过程中，电极丝始终贯穿加工工件，坐标原点就是切割加工的起始点。

加工工件通过绝缘板安装在坐标工作台上，数控装置发出的加工轨迹控制指令，控制 *X*,*Y* 步进电机，使加工工件沿 *X*,*Y* 两个坐标方向移动，从而加工出符合加工程序要求的任意曲线轨迹。

如果使用锥度线切割机床进行切割时，上丝架上的十字拖板将作前后、左右移动，这是平行于 *X* 轴和 *Y* 轴的另一组坐标运动，称为附加坐标运动。其中平行于 *X* 轴的左右移动为 *U* 坐标运动，平行于 *Y* 轴的前后移动为 *V* 坐标运动。*X*,*Y*,*U*,*V* 四个坐标运动的有机配合，就能加工出符合锥度、上下异型面要求的加工工件来。

2. 工作台

坐标工作台安置在床身台面上，*X*,*Y* 工作台是用来装夹被加工的工件。*X* 轴和 *Y* 轴由控制器发出进给信号，分别控制两个步进电动机，进行预定的加工。主要由拖板、导轨、丝杆传动副、齿轮副组成，如图2.6所示。

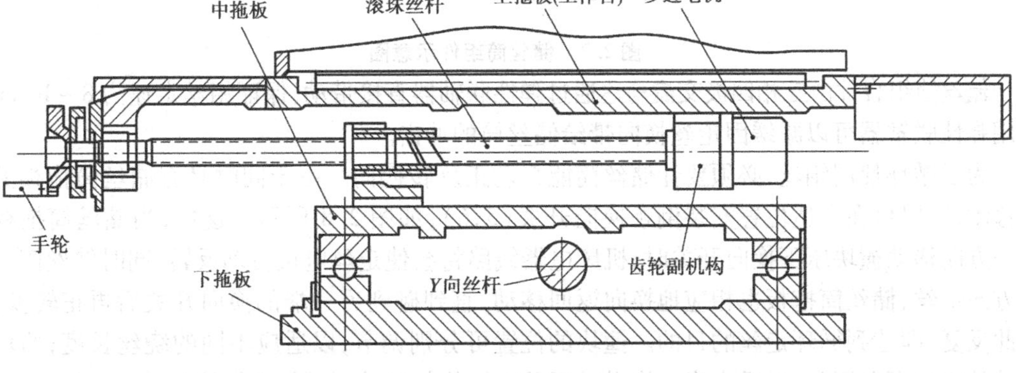

图2.6　工作台结构示意图

二、电极丝运丝机构

1. 高速走丝机构

电极丝运动系统主要包括高速走丝机构、丝架。高速走丝机构主要用来带动电极丝按一定的线速度移动,并将电极丝整齐地排列在储丝筒上。高速走丝机构由储丝筒组合件、上下拖板、齿轮副、丝杆副、换向装置和绝缘件等组成,如图 2.7 所示。

储丝筒组合件旋转时,其径向跳动小于 0.01 mm;否则,可能引起钼丝抖动,出现断丝现象。将悬臂放置的走丝电机与轴承座连在一起,可增加其刚性,改善受力情况,并且在结构工艺上容易保证与储丝筒的同轴度安装要求。

为了保证储丝筒上整齐排绕钼丝,不出现叠丝现象,所以储丝筒组合件转动时,必须让储丝筒作相应的轴向位移,且轴向位移应平稳和轻便。在图 2.7 所示结构中,在储丝筒旋转的同时,通过二级齿轮减速传动带动丝杆转动,由于丝杆螺母副的作用而使得储丝筒所在的滑动走丝拖板相对于机床座体(丝架所在)产生轴向位移。如果二级齿轮传动中,每一级减速比为 1∶4,丝杆的螺距为 2.75 mm,则当储丝筒转过一圈时,其轴向位移为 $1/16 \times 2.75$ mm $= 0.172$ mm,就算用直径为 0.15 mm 的钼丝都不会产生叠丝。

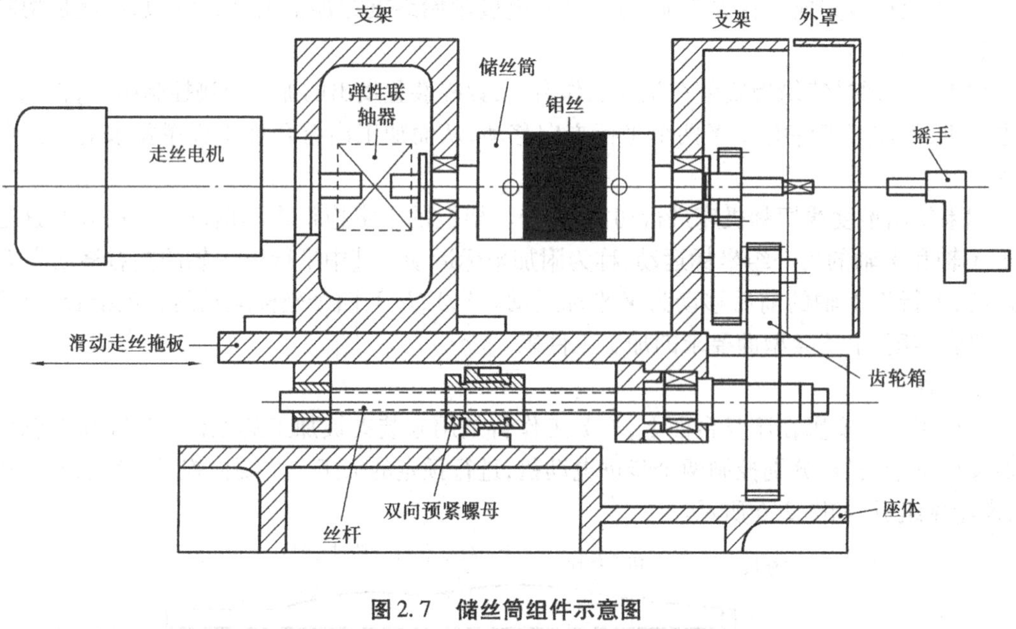

图 2.7 储丝筒组件示意图

储丝筒组合件由三相四极交流马达通过弹性联轴器直接带动,保证钼丝走速为 8 ~ 10 m/s。采用弹性联轴器可以减缓因走丝换向带给储丝筒的冲击。

为了循环使用钼丝,必须要让储丝筒能自动正反转换向。由于同时具有储丝筒拖板的轴向移动,所以可在合适位置安装倒顺换向开关(5,6),如图 2.8 所示。这样,当储丝筒拖板往某一方向移动撞块压下换向开关时,机床电器线路将会使走丝电机自动反转,同时储丝筒开始反方向走丝,储丝筒拖板也相应地换向返回移动,直到碰到另一端的换向开关后再正转换向,如此反复,即达到循环走丝的目的。撞块的位置可分别调节,以适应不同的绕丝长度;撞块伸出的长度也可以调节,以适应当更换微动开关时撞块与微动开关的良好接触。

2. 丝架

如图 2.9 所示,其主要功能是在电极丝按给定速度运动时,对电极丝起支撑作用,并使电极丝工作部分与工作台平面保持一定的几何角度。对丝架的要求主要有以下几点:

1)具备足够的刚度和强度。

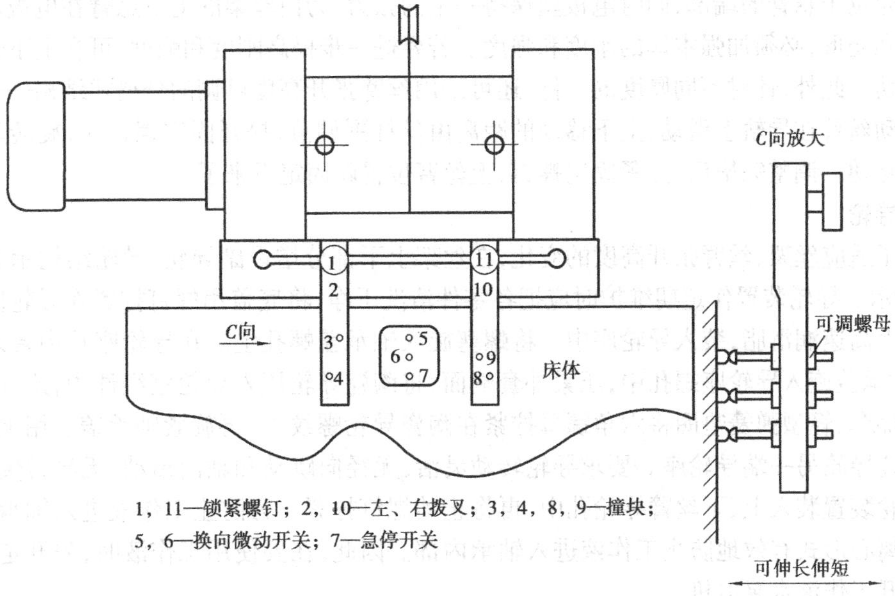

1，11—锁紧螺钉；2，10—左、右拨叉；3，4，8，9—撞块；
5，6—换向微动开关；7—急停开关

图 2.8　开关控制板和撞块简图

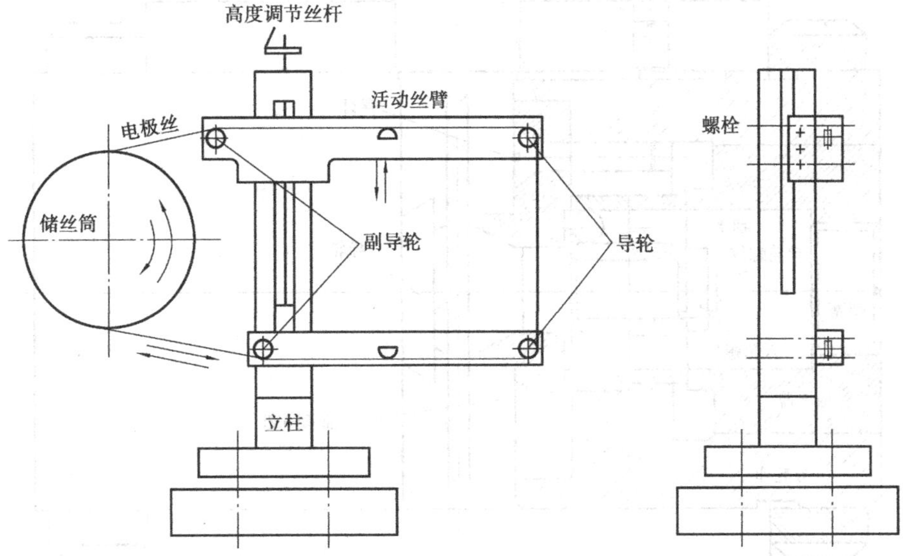

图 2.9　可调式丝架结构走丝示意图

2）丝架的导轮有较高的运动精度，径向摆偏和轴向窜动不超过 5 μm。

3）导轮与丝架本体、丝架与床身之间绝缘性能良好。

4）导轮运动组合件有密封措施，可防止带有大量放电产物和杂质的工作液进入导轮轴承。

5）丝架不但能保证电极丝垂直于工作台平面，而且在具有锥度切割的机床上，还具备使电极丝按给定要求与工作台平面保持呈一定的角度的功能。

目前，中、小型线切割机床的丝架本体常采用单柱支撑、双臂悬梁式结构。由于支撑电极丝的导轮位于悬臂的端部,同时电极丝保持一定的张力,为使丝架的上下悬臂在电极丝运动时不振动和变形,必须加强本体的刚度和强度。若要进一步提高刚度和强度,可在上下悬臂间增加加强肋。此外,针对不同厚度的工件,还可采用丝臂张开高度可调的分离式结构——活动丝臂。活动丝臂在导轨上滑动,上下移动的距离由丝杠副调节,松开固定螺钉时,旋转丝杆带动上丝臂移动。调整完毕后,拧紧固定螺钉,上丝臂位置就固定下来了。

3. 导轮

为了适应丝架、丝臂张开高度的变化,在丝架上下部分增设副导轮,导轮结构示意图如图 2.10 所示。导轮装置作定期维护时应把各零件清洗干净,将底盖用螺钉拧紧在导轮座上。将轴承填上高速润滑脂,装入导轮座中。将螺塞旋入轴承盖螺孔上。在导轮座孔中装入外隔套后,将轴承盖旋入导轮座螺孔中,压紧外套端面,将陶瓷导轮压入导轮座组件中,旋开轴承盖,装入内隔套、轻型弹簧垫圈将六角螺母拧紧在陶瓷导轮螺纹上,再旋紧轴承盖。用上述方法,装好陶瓷导轮另一端导轮座。要求导轮转动灵活,无径向跳动和轴向窜动,无异常尖叫声等。并将导轮装置装入上、下丝臂导轮孔中,再将止动螺钉拧紧。为防止工作液进入轴承,在结构上采用离心形式有效地防止工作液进入轴承内部。因此,在要使用工作液时,先开走丝电机,然后再开工作液水泵电机。

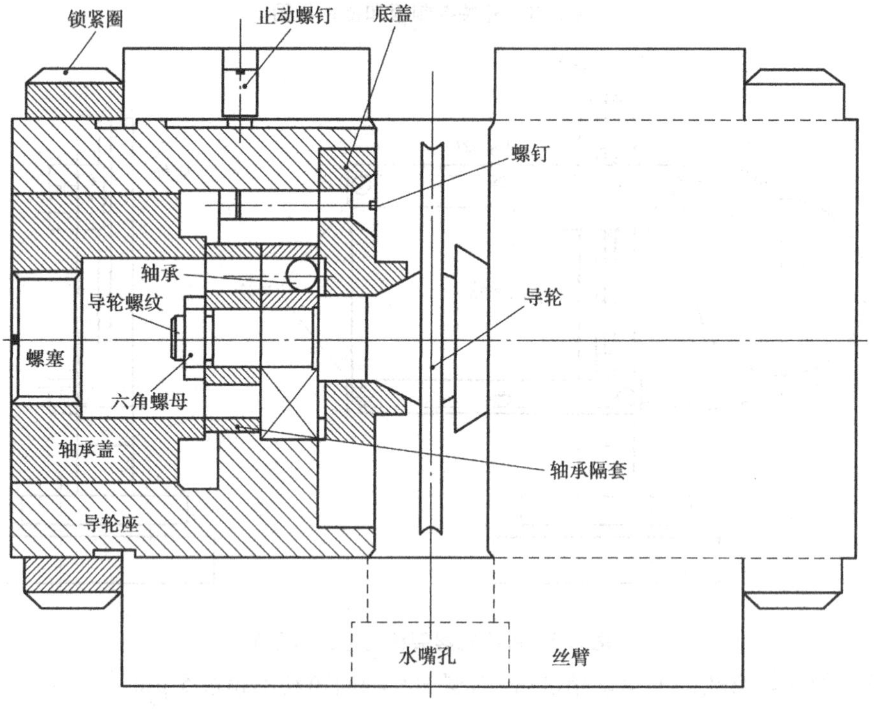

图 2.10 导轮装置示意图

三、工作液循环系统

电火花线切割加工必须在工作液中进行。可将被加工工件浸入工作液中,也可以采用电极丝冲液的方式。在线切割加工中,工作液是循环使用的,使用时要求工作液进行过滤。线切割机床中的工作液循环系统一般由工作液泵、液箱、过滤器、流量控制及上下喷嘴组成,如图

2.11 所示。

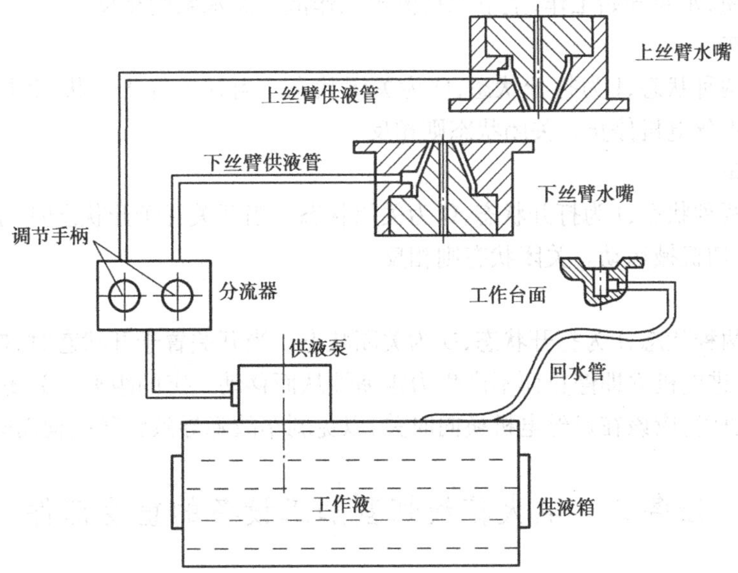

图 2.11　工作液循环装置示意图

四、机床控制电器

机床电器主要包括机床电器开关箱、行程开关、走丝电机、水泵电机，X,Y 步进电机及带锥度的 U,V 步进电机，机床电器是利用接触器的触点控制机床及其他电器的运行，并采用断电器、熔断器作保护。

储丝筒的运丝由走丝电机带动，X,Y 两个拖板分别由 X,Y 步进电机带动，锥度机床有 X,Y,U,V 四个拖板，U,V 分别由 U,V 步进电机带动，乳化液由水泵电机供给。机床电器面板说明如图 2.12 所示：

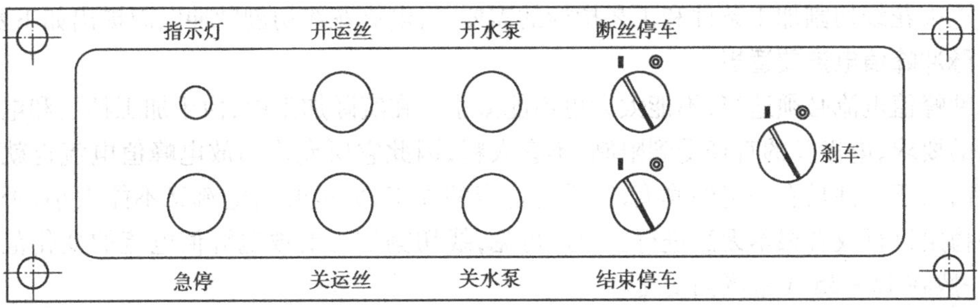

图 2.12　机床电源控制面板

1. 急停

它用于紧急停止。一按此按钮，一切机械运动立即停止。当机床电源接通时，指示灯亮；灭表示电源未接通。

2. 开运丝

按下此按钮，储丝筒走丝电机开始旋转，钼丝开始移动。关运丝则相反。

3. 开水泵

按下此按钮，水泵开始工作，上下水嘴流出工作液。关水泵则相反。

4. 断丝停车

有开和关两种状态，I 为打开状态，O 为关闭状态。当开关置于开状态时，发生断丝现象时，进给停止，走丝电机停止。关闭状态则相反。

5. 结束停车

有开和关两种状态，I 为打开状态，O 为关闭状态。当开关置于开状态时，加工程序执行完后，机床停止一切机械运动。关闭状态则相反。

6. 刹车

有开和关两种状态，I 为打开状态，O 为关闭状态。当开关置于开状态时，按下关运丝按钮关储丝筒时，步进电机立即停止而不产生力矩惯性从而移动一定的距离。关闭状态则相反，所以在关走丝电机时，应该在走丝电机换向时关，以免刹车故障导致钼丝撞程而断丝。

任务二　电火花线切割加工设备的重要部件

课题一　脉冲电源

电火花线切割脉冲电源是线切割加工设置的重要组成部分，是影响线切割加工工艺指标最关键的设置之一。一台线切割机床加工质量的优劣和加工的速度，在一定条件下，主要取决于线切割脉冲电源的性能。

一、电火线切割脉冲电源的基本要求

电火花线切割脉冲电源与成型电火花加工脉冲电源的工作原理类似，只是由于加工条件和加工要求不同，对其又有特殊的要求。电火花线切割加工属于中、精加工，往往采用精规准将工件一次加工成形。因此，对加工精度、表面粗糙度和切割速度等工艺指标有较高的要求。为满足电火花线切割加工条件和工艺指标的需要，对电火花线切割脉冲电源提出如下要求：

1. 脉冲峰值电流要适当

脉冲峰值电流必须适当，不能太大也不能太小。在实际加工中，由于加工精度和电极丝运转张力的要求，电极丝的直径受到限制，不宜太粗，因此它所允许的放电峰值电流也就不能太大；此外，由于工件具有一定的厚度，欲维持稳定的加工，放电峰值电流又不能太小，否则加工将不易稳定进行或者根本无法进行。由此可见，线切割加工的放电峰值电流的变化范围不宜太大，一般在 15 ~35 A 范围内变化。

2. 脉冲宽度要窄

在电火花线切割加工中，必须控制单个脉冲能量，使每次放电脉冲在工件上产生的放电凹坑大小适当，从而保证较高的加工精度和较低的表面粗糙度。当根据加工条件选定脉冲峰值电流后，尽量减少脉冲宽度。脉冲宽度越窄，即放电时间越短，放电所产生的热量由于来不及扩散而被局限在工件和电极丝间很小的范围内，这样就减少了热传导损耗，提高了能量利用率，更重要的是在工件上形成的放电凹坑不但小，而且分散重叠较好，表面光滑平整，使放电表面凸凹不平度小，从而可以得到较高的加工精度和较低的表面粗糙度。

当然，线切割脉冲电源的单个脉冲能量又不能太小，否则将会使加工速度大大下降，或者加工根本无法进行。这样脉冲能量就要控制在一定范围内。

3. 脉冲重复频率要尽量高

脉冲宽度窄，放电能量小，虽然有利于提高加工精度和降低表面粗糙度，但是会使切割速度大大降低。为了兼顾这几项工艺指标，应尽量提高脉冲频率，即缩短脉冲间隔，增大单位时间内的放电次数。这样，既能获得较低的表面粗糙度，又能得到较高的切割速度。

但是脉冲间隔不能太短，否则会使消电离过程不充分，造成电弧放电并引起加工表面灼伤。因此，脉冲间隔只能在维持脉冲放电的前提下，尽量缩短这个时间。

4. 有利于减少电极丝损耗

在高速走丝线切割加工中，电极丝往复使用，若电极丝损耗太大将影响加工精度，同时还会增大断丝的几率。因此，线切割脉冲电源应具有使电极丝降低损耗的性能，以便能保证一定的加工精度和维持长时间的稳定加工。

5. 参数调节方便，适应性强

在线切割加工中，由于工件材料是多种多样的，且其厚度是经常变化的，加工形状与要求也各不相同，所以脉冲电源应能适应各种条件的变化，即对于不同材料、不同厚度、不同形状与不同精度、不同粗糙度要求的加工，都能获得满意的加工结果。

二、脉冲电源的种类

电火花线切割脉冲电源的形式种类很多，按电路主要部件可划分为晶体管式、晶闸管式、电子管式、RC 式和晶体管控制 RC 式；按放电间隙状态的依赖情况划分为独立式、非独立式和半独立式；按放电脉冲波形可分为方波（矩形波）、方形加刷形波、馒头波、前阶梯波、锯齿波、分组脉冲等电源，如图 2. 13 所示。

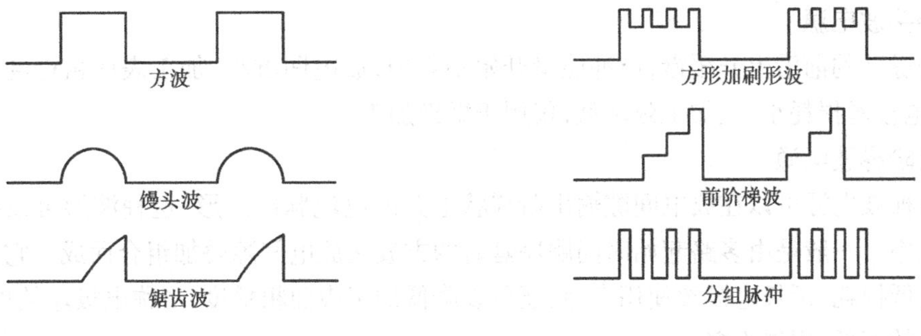

图 2. 13　电压波形图

目前广泛采用的电源是晶体管方波电源、晶体管控制的 RC 式电源和分组脉冲电源。下面简单介绍一下常用的一些典型的脉冲电源。

1. 晶体管方波脉冲电源

晶体管方波脉冲电源是目前普通使用的一般电源。电源电路形式较多，但原理基本相同。图 2. 14 是电源组成的方框图。

由图 2. 14 可知，晶体管方波脉冲电源由四部分组成：主振级、前置放大器、功率放大器和直流电源。主振级是脉冲电源的核心部分，由它给出所要求的脉冲波形和参数。一般情况下，主振级均采用自激多谐振荡器直接形成方波，该电路由两晶体管组成或四晶体管组成，也由采

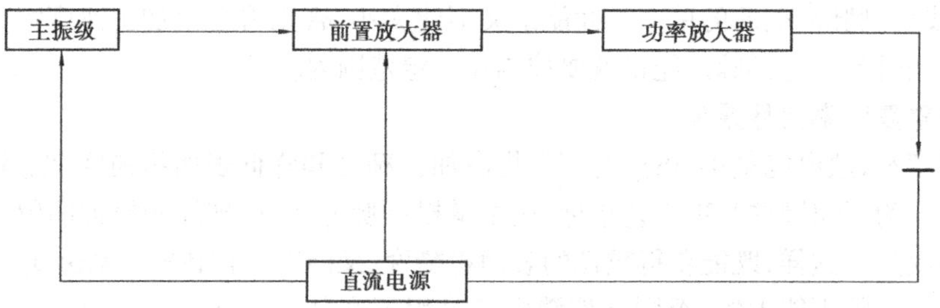

图 2.14　方波脉冲电源组成的方框图

用锯齿波发生器经单稳态触发器形成方波的，还有用组件和集成块环形振荡形成方形波的。

前置放大器是把主振级信号放大，以推动功率放大器。其电路多采用脉冲方向器或射极输出电路。后者能起到很好的阻抗匹配作用，并得到适当的电流放大倍数，故优于前者，被较多采用。射极输出电路起耦合作用，它的输入阻抗高，输出阻抗低，在功率放大器与主振级之间，起到互不影响的作用。它的电压放大倍数≤1，但能将输入电流放大，即起到改变脉冲电流的作用，也就是前述的阻抗匹配作用。

功率放大器是把前置放大器的脉冲信号进行功率放大，然后输出，功率放大器多采用反相器电路和射极输出电路。

这种电源电路的特点是：脉冲电源和脉冲频率可调，制作简单，成本低，但只能用于一般精度和一般表面粗糙度加工。

2. 方形加刷形波电源

这种电源的性能比方波电源要好。由于带有下方波关不断现象，容易形成电弧烧断电极丝和不稳定的现象，结构比方波复杂，而且成本高，应用范围有限。

3. 馒头波电源

这种脉冲的前沿上升缓慢，脉冲能量开始不集中，放电凹坑小，加工表面粗糙度比方波要小，而且电极丝损耗小，但加工效率低，仅用于微细加工。

4. 前阶梯波电源

前阶梯波电源可以在放电间隙输出阶梯状上升的电流脉冲波形，这种波形可以有效减少电流变化率。一般是由多路起始时间顺序延时的方波在放电间隙叠加组合而成。它有利于减少电极丝低损耗，延长电极丝使用寿命，还可以降低加工表面粗糙度，俗称电极丝低损耗电源，但是加工效率低，用得不多。

5. 锯齿波电源

锯齿波形电源其脉冲波形前沿幅度缓变，可以降低加工表面粗糙度，但加工效率不高。锯齿波电源俗称电极丝的低损耗电源。由于其电路比较简单成本低，应用比较广泛。

6. 分组脉冲电源

分组脉冲电源是高速走丝（WEDM—HS）和低速走丝（WEDM—LS）两种线切割机床使用效果比较好的电源，比较有发展前途。这种电源有分立元件式、集成电路式、数字式等几种，其原理方框图如图 2.15 所示。脉冲形式电路是由高频短脉冲发生器、低频分组脉冲发生器和门电路组成。高频短脉冲发生器是产生小脉冲宽度与小脉冲间隔的高频多谐振荡器。低频分组脉冲发生器是产生大脉冲宽度和大脉冲间隔的低频多谐振荡器，两个多谐振荡器输出的脉冲信号经过“与门”（或者“非与门”）后，就可以输出分组脉冲波形。这样的波形再经过脉冲放大器和功率输出器，就能在放电间隙得到同样波形的电压脉冲。

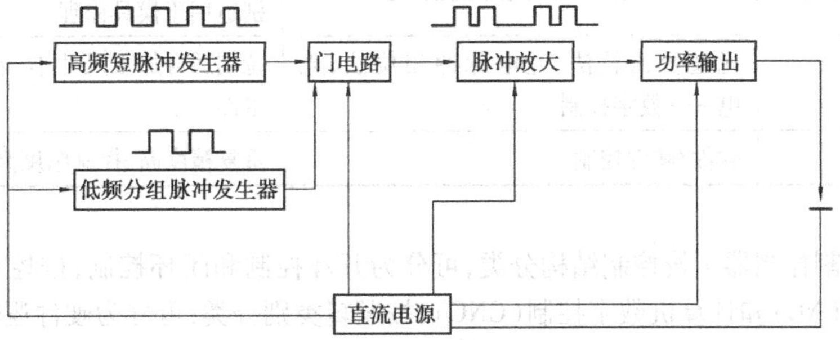

图 2.15　分组脉冲电源原理方框图

前面曾经分析了将峰值电流限制在一定范围内后，脉宽越窄，单个脉冲能量就越小，得到的表面粗糙度就越低，但单个脉冲蚀除量就越低。为了保证切割速度，必须尽可能地提高脉冲重复率。不过脉冲间隔压缩到一定程度后，会使消电离不足而引起加工不稳定的现象。这样，降低表面粗糙度和提高切割速度就出现矛盾。分组脉冲波正是为了解决这一矛盾而提出的一种比较有效的电源形式：每组高频短脉冲之间有一个稍长的停歇时间，在间隙内可充分消电离。这样高频短脉冲的频率可以提得很高，缓和了表面粗糙度与切割速度的矛盾，二者就得到了较好的兼顾；而且两极之间有充分的消电离机会，以保证加工的稳定性。

现在再从多通道放电理论来分析一下这种电源。在一个波形的加工过程中，放电次序是这样的：首先在放电最佳点处进行放电腐蚀，从而形成一个放电凹坑，下一个脉冲紧跟着便在第一个凹坑的周围继续加工，使凸出的部分加工掉，形成一个平凹坑。当然这种排列组合是十分复杂的，从波形上来看，一个波形的加工过程中，有击穿延时、正常加工、微电弧、微短路等各种复杂的现象。由于多通道电火花加工放电点是多点的，多点放电存在于一次加工中。一个脉冲中存在着加工状态、微电弧、微短路等多种状态，从而造成高频的电磁振荡。这种电磁振荡反过来又影响着放电通道的转移和产生。因为在线切割加工中电极丝高速运动，加工的凹坑随着放电状态的变化而变化。在一般电极丝速度（6 ~ 11 m/s）下，凹坑呈现不规则的长条状。由于加工中的二次放电使加工表面恶化，使用分组窄脉冲可以在一定程度上消除这些不利因素，因为在 1 μs 以下的窄脉冲将产生微短路，微电弧的成分则大大减少。单个放电脉冲能量小，则电极丝振幅也会随之减少。

课题二　控制器

控制器是电火花线切割加工设备的重要部件，其主要作用是控制工件相对于电极丝的运动轨迹及进给速度。它的控制方式有 3 种：电气靠模仿形控制、光电跟踪控制和数字程序控制，参见表 2.3 所示。

表 2.3　线切割机床的控制方式

控制方式	控制系统	特　点
电气靠模仿形控制	单机——电子/晶体管伺服系统	线路简单、制造维修方便、复制度高，特别适用于模具修理
光电跟踪控制	光通量比较法、光电脉冲相位法、光电——数字控制	特别适合加工尺寸小、形状复杂的模具零件
数字程序控制	软件/硬件控制	重复精度高、控制精度高

数控线切割控制器可按控制结构分类，可分为开环控制和闭环控制；按控制形式分类，可分为数字控制（NC）和计算机数字控制（CNC）；按逻辑类别分类；可分为硬件逻辑（NC）和软件逻辑（CNC）。简介如下：

1. 数字控制系统（NC）

数字控制系统又称硬件逻辑，通常是利用一台串行专用计算机，根据预先编好的数控程序来控制机床的动作。数字控制系统主要由 5 大部分组成：运算器、控制器、存储器、输入设备、输出设备。其每一部分的功能如下：

1）运算器。对各种数据信息进行算术或逻辑运算。

2）控制器。根据事先给定的命令，综合运算器、存储器等部分的有关要求，向机床发出各种控制命令，使机床按一定的顺序自动工作。

3）存储器。用于存放程序代码或数据以及运算的结果。

4）输入设备，把数据、指令代码及某些信息输入到数控系统中去，常见的输入设备有键盘、磁带输入机等。

5）输出设备。把程序代码译成机床的运动信息或其他设备的动作信息。

2. 计算机数字控制系统（CNC）

计算机数字控制系统又称软件逻辑，是由各种指令组合而成的程序。由于程序的指令系统十分丰富，并且编写程序具有很大的灵活性，所以它不仅可以大大扩展控制功能，而且成本低、功耗小、体积小、可靠性高、翻新快。另外，由于计算机内装有大容量的存储器，所以可以将加工程序一次性输入，以减少输入错误。

线切割数控装置除具有最基本的轨迹控制功能外，在采用了 CNC 技术后，还可以增加下述功能：

1）加工过程的最优化控制，如最佳进给速度、短路回退、断丝回零、加工图形的缩放、旋转和平移，自动变换加工条件的自适应控制等。

2）操作自动化，如自动定位、自动退回原点、停电后自动恢复加工、自动穿丝和多轴控制等。

3）故障分析及安全检查，如自动诊断、出错显示、接口检查等。

【自己动手 2-1】　现场认识电火花线切割机床、高频脉冲电源、控制器。

【自己动手 2-2】　动手拆装水嘴、导轮。

【自己动手 2-3】　仔细观察储丝筒运丝过程，注意微动开关、左右拨叉、撞块之间的位置。

【自己动手 2-4】　简述脉冲电源的基本要求。

项目三　线切割控制器和高频脉冲电源的操作

项目内容　1）HX—Z5 型控制器操作说明；
2）YJF—3 型脉冲电源操作说明。

项目目的　1）认识并掌握控制器、高频脉冲电源各按键的具体含义；
2）能独立进行程序的输入及编辑；
3）能独立调整高频脉冲电源各参数到最佳状态。

项目实施过程

任务一　HX—Z5 型控制器

课题一　概述

HX—Z5 型线切割机床控制器适用于二维坐标的数控线切割机床的控制器。其中心控制部分采用目前国内流行的 MCS—52 系列单片机处理器，具有集成度高，体积小，功耗低，功能多，抗干扰能力强，可靠性好，使用方便等优点。

一、主要功能与技术指标

1. 并行工作

加工控制同时可输入、编辑程序和进行快速校零工作。

2. 程序容量

可以储存 2 158 条加工指令。

3. 输入方式

键盘、纸带和直接与编程机通信。

4. 最大控制长度和圆弧半径

最大长度为 10 m，最大圆弧半径为 100 m。

5. 间隙补偿

3B 直接间隙补偿，补偿量为 0 ~ 9 999 μm。

6. 齿隙补偿

用于提高旧机床的传动精度，补偿量为 0 ~ 49 μm。

7. 数据保护

在切割加工过程中，对被加工程序段和参数数据进行保护，不能进行修改、插入、删除等编辑操作。

8. 运行方式

任意角度旋转、平移、指令倒走、比例缩放、快速校零瞬间完成。

9. 回退功能

短路自动回退，消除短路后自动转为切割，也可以按键手动回退。自动回退等待时间在 1 ~99 s内任意设定。

10. 断丝功能

按键控制 *XYUV* 四轴返回起始点。

11. 清棱功能

段末高频延时消除钼丝滞后，可加工出清棱角工件，高频延时时间在 0. 1 ~0. 9 s 内任意设定。

12. 锥度控制

具有一般等锥体加工控制功能和上下异型面加工控制功能。

13. 停机控制

加工结束报警并输出机床停机信号。

14. 断电保护

断电保存加工程序和加工状态，来电后从掉电处继续加工。

15. 驱动方式

三相六拍，五相十拍（锥度）任选。

16. 电脑传输

应答传输和同步传输兼容使用。同步传输可根据电脑的速度来快速传输程序。

17. 坐标自动清零

新工件加工时控制器内部坐标自动回零，这样便于用户在加工过程的回原点操作。

二、系统结构与工作原理

1. 硬件结构

控制器由 78E58 单板机，存储器，键盘显示电路，通信接口，变频电路与步进驱动电路构成。

2. 工作原理

控制器有待命、上档和第三功能三种运行状态。在待命状态下可进行程序输入、检查、修改、插入、删除和恢复操作以及执行正割、倒割等功能。在上档状态下可执行电报头程序输入、编程器数据通信、程序作废、校零、旋转、平移、缩放操作。间隙补偿量的设置等功能在第三功能状态下操作。

一般线切割控制器的监控与加工运行状态是互斥的，即加工控制时，不能输入加工程序。而 HX—Z5 型控制器在加工控制的同时可输入其他程序，还可进行快速校零运算。

课题二　操作说明

一、开机状态

控制器开机，有下列三种显示状态。

1. 显示 Good

此时控制器内部正常，停电保护可靠。

2. 显示原有加工状态（计数长度 *J*）

此时开动机床即可继续切割加工；暂停后，连续按三次【D】键，将退出原有加工状态。

3. 显示 Error

表明控制器内部 ROM 数据出错，不能按原有状态进行继续加工。

二、控制器布局如下

1. 控制器显示板、面板示意图

如图 3.1 所示。

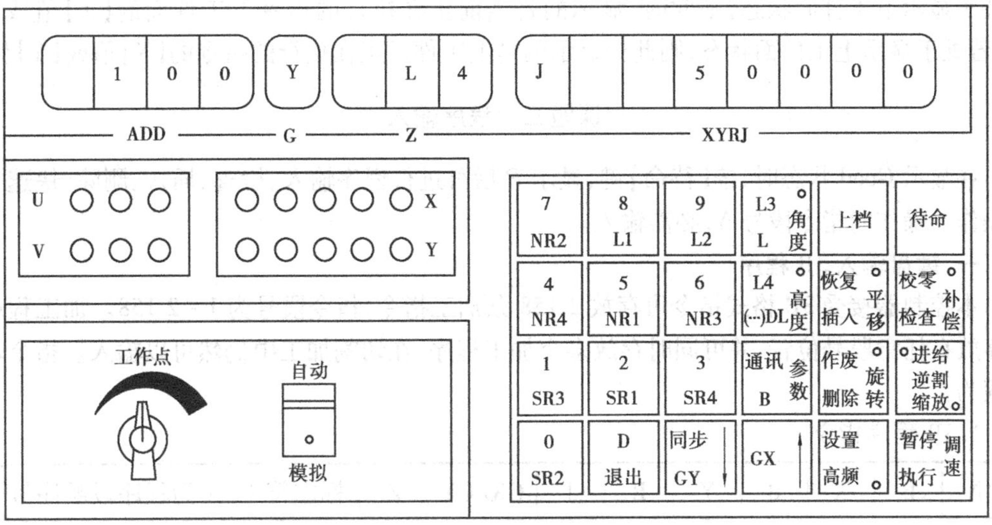

图 3.1　控制器显示板和面板示意图

2. 控制器后板示意图

如图 3.2 所示。

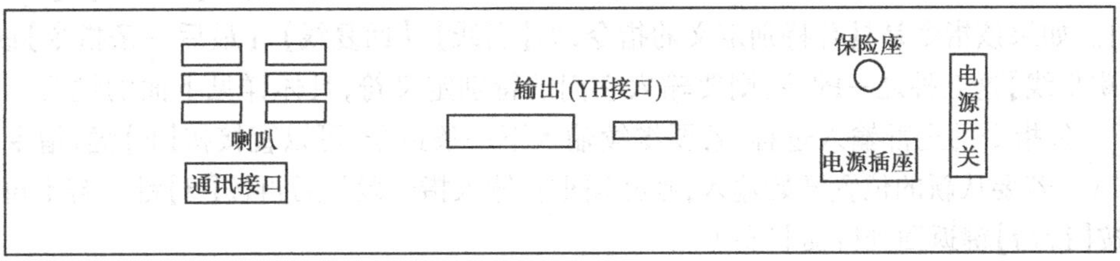

图 3.2　控制器后板示意图

三、正常待命和指令执行状态下显示

在待命状态下，有两种显示状态，正常待命和指令执行状态。

1. 正常待命

此状态下，控制器只显示一个【P】值，按【X】或【Y】键时显示的是总的 X 或 Y 轴走过的步数，当切换到上档【P.】状态后，按【X】或【Y】键时显示的是总的 UV 轴走过的步数。

同时此状态下，可以输入具有功能参数的值和控制状态，也可以删除它们。

2. 执行状态

此状态时的待命状态不再是显示【P】值，而是显示正在执行的指令计数长度，即【J】值，同时还有指令段号和加工指令。

当连续按【待命】键两次时，显示的符号在【J】和【U】之间切换，同时可能数值也在变换，表示控制器在显示下工件面的指令和显示上工件面的指令之间切换；当显示符号【J】时，表示显示的是下工件面的指令，当显示符号【U】时，表示显示的是上工件表面的指令。

此时按【GX】键或【GY】键分别显示的是当前指令的【X】值或【Y】值，并且还有指令特定符。具体显示的是上工件面还是下工件面，取决于在待命状态时，控制器是处于哪一种状态；若处于显示下工件面状态，则此时，显示的是当前正在执行的指令下工件面的【X】值或【Y】值，若处于显示上工件面状态，则此处显示的是上工件面正在执行的指令的【X】值或【Y】值。

课题三　程序输入

在显示 Good 状态时，按【待命】键，显示 P 后可进行程序输入、检查、插入、删除、快速校零等操作。操作时指令段号 N，必需输入。

一、键盘输入 3B 程序

本控制器接受 3B 格式指令可存放 2 158 条加工指令，指令段号为 1 ~ 2 158。加工程序可以存放在任意段号位置，并可同时存放多个加工程序，在切割加工中仍然可以输入。指令输入步骤为：

1. 3B 程序指令

N	B	X	B	Y	B	J	GX/GY	Z	标志符	N 为程序段顺序号

开始输入新程序时，首先要输入起始段指令段号，接着按【B】键，便可开始输入 3B 指令的第一个 B 值即 X 值；再按一次【B】键后，输入第二个 B 值即 Y 值；再按一次【B】键后，输入第三个 B 值即 J 值；再按【GX】或【GY】键，输入加工方向，最后输入加工指令【SR1-4】、【NR1-4】或【L1-4】。如果该指令是具有特别定义的指令，如【引线】、【回复线】、【最后一条指令】或【等圆弧】、【跳步线】这五种之一的话，则要输入它们的特别定义符，具体详见下面的说明。到此即完成了一条指令的全部输入过程，若要继续输入下一条指令，可以直接按【B】键，指令段号会自动加 1。若要从新的位置开始输入，则必须重新输入指令段号后再按【B】键。若不再输入指令，则按【待命】键返回到待命状态下。

特别定义符（标志符）的说明：

（1）引线（显示 L）：斜度加工时也称自斜线。在指令后按一次【L3】键，显示【L】，表示该指令为引线。

（2）跳步线（显示 JL）：用于加工跳步模，在执行跳步线时不能装钼丝，应将钼丝卸下采用模拟状态。在指令后按两次【L3】键，显示【JL】，表示该指令为跳步线。

（3）等圆弧加工指令（显示 DL）：标有该符号的指令在斜度加工时都作等圆弧处理。在指令后按一次【L4】键，显示【DL】，表示该指令为等圆弧加工。

（4）暂停符/回复线（显示 END）：与引线对应使用。D 单独使用，表示暂停符。在指令后按一次【D】键，显示【END】，表示该指令为回复线。

（5）停机符（显示 AEND）：有时也与引线配合使用兼作回复线功能。在指令后按两次【D】键，显示【AEND】，表示该指令为最后的指令，当执行完这条指令后，控制器将输出关机床信号。

提示：

●每个程序中可设置暂停指令；当程序输入完毕后，则必须在程序末设置停机指令。设置步骤为按【D】（暂停符，显示【EDN】）或按两次【DD】（全停符，AEND）。

2. 在加工时输入程序

在加工时，16 位显示器显示当前加工状态。按待命键显示当前加工状态，再按数字键（输入指令起始段号）显示器左 4 位显示输入的起始段号，此时可按 3B 格式输入指令。一条指令输入完后，按【B】键段号自动加 1，接着可输入下一条指令。到段末后一定要输入暂停符 D 或停机符 DD。

3. 在显示 Good 状态时输入程序

按待命键显示器显示 P，再按数字键输入起始段号后可按 3B 格式输入指令。

（1）3B 指令输入举例（一）

按键操作	数码显示状态																说　明
待命	P																处于待命状态
100		1	0	0													输入起始段号
B2000		1	0	0				H					2	0	0	0	输入 X 坐标值
B		1	0	0				Y									Y 坐标值为 0 可以省去 0
B8000		1	0	0					J				8	0	0	0	输入 J 计数长度
GY		1	0	0	y	n	r	1	J				8	0	0	0	输入计数方向
NR1																	加工指令
B		1	0	1				H									显示下一段号等待输入

（2）3B 指令输入举例（二）

按键操作	数码显示状态																说　明
待命	P																处于待命状态
100		1	0	0													输入起始段号
B2000		1	0	0				H					2	0	0	0	输入 X 坐标值
B		1	0	0				Y									Y 坐标值为 0 可以省去 0
B8000		1	0	0					J				8	0	0	0	输入 J 计数长度
GY		1	0	0	y	n	r	1	J				8	0	0	0	输入计数方向
NR1																	加工令
D		1	0	0	y	n	r	1	J					E	n	D	输入暂停符
D		1	0	0	y	n	r	1	J				A	E	n	D	输入暂停符，转为全停符

二、纸带输入和编程机通信

本控制器能与各种类型的编程机直接通信。它可以接收与纸带读入器完全兼容的数据接口,即“8421”码,但不能直接连接纸带读入器,必须加装驱动接口。目前市场上流行的【OXY】、【YH】、【CAXA】等自动编程软件即是该接口,本控制器可以直接与它相连。

首先将传输线(该线必须按规定配套制作)的一端插入本控制器的通讯口,另一端插入计算机的并行端口,然后将本控制器设置为通讯等待状态。具体为:

1. 应答通讯

此种通讯方式应把编程软件的输出方式设置为:数据方式底电平有效;联机方式为应答传输。先按【上档】键将本按制器由待命状态转入上档状态(显示 P.),再输入指令的首段号,最后按【通信】键。控制器即处于通讯等待状态(这种状态下控制器只有按【待命】键后退出,其他键不予理会),此时再将计算机的自动编程软件启动到【传数控程序】功能,让计算机开始发送指令即可。

2. 同步通讯

此种通讯方式应把编程软件的输出方式设置为:数据方式高电平有效;联机方式为同步传输。先按【上档】键将本按制器由待命状态转入上档状态(显示 P.),再输入指令的首段号,最后按【同步】键。控制器即处于通讯等待状态(这种状态下控制器只有按【待命】键后退出,其他键不予理会),此时再将计算机的自动编程软件启动到【穿数控程序或穿数控纸带】功能,让计算机开始发送指令。

在控制器接收过程中,显示器不停地变换显示接收到的指令,在接收完一条指令后,指令段号会自动加 1,直到最后一条指令输入停机符【DD】后即自动返回至待命状态,表示通讯传送完成。

若要提前中断接收过程,可以直接按【待命】键,强行返回待命状态,控制器会自动停止接收。

课题四　编辑程序

一、检查

在待命状态下,首先输入要检查的指令段号,再按【检查】键,显示器即开始显示该指令的第一个 B 值即 X 值。按【检查】键后接着显示第二个 B 值即 Y 值,再按【检查】键后显示第三个 B 值即 J 值,再按【检查】键后则显示加工方向和加工指令。如果是特别定义的指令,则同时显示该指令的特别定义符。到此该指令已检查完成,若要继续检查下一条指令,可以直接按【检查】键后,指令段号自动加 1,同时显示下一条指令的第一个 B 值,依此类推……若需要检查其他段号的指令,则需要重新输入指令段号后,再按【检查】键即可。在任何时候都可按【待命】键返回到待命状态。在检查过程中不按任何键,则每过 5 s 后,控制器会自动显示下一项内容,与按检查键的效果相同。

3B 指令检查举例

按键操作	数码显示状态																说　明
待命	P																处于待命状态
100		1	0	0													输入起始段号
检查		1	0	0				H					2	0	0	0	显示 X 坐标值
检查		1	0	0				Y								0	显示 Y 坐标值
检查		1	0	0					J				8	0	0	0	显示计数长度 J
检查		1	0	0	y	n	r	1	J								显示计数方向和加工指令

二、插入(显示提示符 Inc)

若要在某个段号处插入一条指令,同时将该段号后面的指令向后移动一条,程序段号自动加 1,则可以使用插入功能。具体操作为:在待命状态下,输入需要插入的段号,按【插入】键,控制器显示【INC】,表示已插入成功,此时该段号处的指令为空,再使用键盘输入指令法将需要的指令输入到该段号处即可。

三、删除(显示提示符 DEL)

若要将某个段号处的指令删除,同时将后面的指令向前移动,则可以使用此功能。具体操作为:在待命状态下,输入需要删除的段号,按【删除】键,控制器显示【DEL】,程序段号自动减 1,表示已删除成功,此时该段号处已经是后面的一条指令。

四、修改

以要修改的段号为段号,按输入指令的方法把这条指令修改为正确的指令。另外在检查时发现这条指令没有停机符,可按【D】键插入,这条指令就修改为有停机符的指令。

五、作废

若要将某一段段号内的指令全部作废,使它们全部无效,则可以使用此作废功能。具体操作为:在待命状态下,首先按【上档】键将控制器切换到上档状态,再输入要作废程序段的起始段号后按【L4】键,显示【「】符号;再接着输入这段的结束段号后按【L4】键,显示【」】符号,最后按【作废】键,控制器会自动将该段号内的所有指令作废后返回到待命状态。

指令作废操作举例

按键操作	数码显示状态																说　明
待命	P																处于待命状态
上档	P.																处于上档状态
100		1	0	0													输入起始段号
L4	「																进入“(”状态
150		1	5	0													输入结束段号
L4	」																进入“)”状态
作废	P																作废操作结束返回待命状态

六、恢复

若要将先前已经作废的基本段段号内的指令全部恢复成有效指令，则可以使用恢复指令。具体操作为：在待命状态下，首先按【上档】键将控制器切换到上档状态，再输入要恢复程序段的起始段号后按【L4】键。提示：【「】符号，再接着输入这段的结束段号后按【L4】键，显示【」】符号，最后按【恢复】键，控制器会自动将该段号内的所有指令恢复后返回到待命状态。

提示：

●只有先前已经用作废功能作废的指令，才能用恢复功能将其恢复。

指令恢复操作举例

按键操作	数码显示状态																说　明
待命	P																处于待命状态
上档	P.																处于上档状态
100		1	0	0													输入起始段号
L4	「																进入“(”状态
150		1	5	0													输入结束段号
L4	」																进入“)”状态
恢复	P																恢复操作结束返回待命状态

七、快速校零

所谓快速校零，就是对整个加工程序终点位移量计算，以检测加工图形是否封闭，从而验证程序是否正确。当将一段完整的指令输入到控制器后，在加工开始前，一般都要作封闭性检查，即检查该指令的图形是否封闭，以确认加工出来的工件是否正确。因为一般加工的工件轮廓线都应是封闭的，如果使用人工计算，则工作量太大；如果在机床上模拟加工一遍，则可能时间太长，而快速校零就是为此设计的。它可以自动计算出并显示出某段指令的终点到起点的距离，即快速又准确。当用户需要检查某个指令段的封闭性时，即可使用该功能。

具体方法为：在上档状态下，输入需要检查的指令段的起始段号，然后按【校零】键。控制器立即开始由输入的起始段号计算起，显示器跟踪显示已经计算到的指令段号，一直自动计算到结束段号(程序段后有 DD 符)后停下来。显示出计算的起始段号和结束段号，以使操作者检查是否正确。再按一下任何键，就显示出计算出来的终点到起点的距离：左边八位的数值是 X 方向的距离，右边八位的数值是 Y 方向的距离。

提示：

●当有斜线加工时，第一条指令必须是引线。快速校零可以加补偿量，加补偿量校零与不加补偿校零可能有点不同，这是因为四舍五入法的关系，但是只要不影响加工精度，就可以加工；另当带补偿切割时不能校零，不带补偿加工时可以在任意时候、任意条指令校零；校零末段号以停机符 DD 为界。

例如：从 1000 条开始校零。按【上档】键显示【P.】，按【1000】输入起始段号；再按【校零】。当校零结束后左右显示换位，左面显示以 1000 开始至停机符的段号；按任意键，显示器

左边八位显示 X 值、右边八位显示 Y 值。

课题五　控制计算功能和参数定义

本控制器具有平移、旋转、等锥体计算及控制、尖角间隙补偿、齿隙补偿、指令缩放等多种控制计算及加工功能。它们都带有自己的特定的参数。下面说明这些功能的使用方法和参数输入及定义。

一、平移功能

平移功能是指让规定段号内的指令重复执行规定的次数的一种加工控制方法。它的作用是当编程的指令有相同的连续重复加工的时候，可以允许用户只输入一段指令，其他的相同指令可以不必输入，从而减少用户输入的指令条数，减少工作量。

提示：

●相同的指令段必须是连续的，中间不能有其他指令。

具体使用方法为：首先按【上档】键将控制器切换到上档状态，再按【设置】键将控制器切换到设置状态。接着输入要平移程序段的起始段号后按【L4】键，显示【「】符号。再接着输入这段的结束段号后按【L4】键，显示【」】符号。最后输入需要平移的次数后按【平移】键。到此已经将所有平移参数输入完成，显示器显示出刚输入的三个参数，控制器面板上的平移指示灯会点亮，表示已经规定了平移功能。任何时候当程序执行到该段指令内时，平移功能都将起作用，而指令在该段程序外执行则不起作用。

当需要检查以前的平移参数时：首先按【上档】键，再按【设置】键将控制器切换到设置状态，再按【平移】键。如果没有平移功能，则显示一个【0】，并且控制器面板上平移指示灯不亮；如果有平移功能，则显示出规定的三个平移参数。显示器从左到右分别是：平移指令段的起始段号、结束段号和平移次数，并且平移指示灯亮。

如果要删除已经输入的平移参数，则在显示平移参数时按【D】键，控制器将删除平移功能，平移指示灯也将同时熄灭。

指令平移操作举例

按键操作	数码显示状态																说　明
待命	P																处于待命状态
上档	P.																处于上档状态
设置	E.																处于设置状态
100		1	0	0													输入平移起始段号
L4	「																进入“(”状态
150		1	5	0													输入平移结束段号
L4	」																进入“)”状态
99			9	9													输入平移次数
平移		1	0	0		1	5	0							9	9	显示平移段落号和次数
待命	P																恢复操作结束返回待命状态

二、旋转功能

旋转功能是指让规定段号内的指令重复执行规定的次数的一种加工控制方法。执行旋转功能时要事先设定旋转的角度，且每次旋转的角度都随着次数在增大。它的作用与平移相似，当编程的指令有相同的连续重复加工且每次旋转一个特定的角度的时候，可以允许用户只输入一段指令，其他的相同指令可以不必输入，从而减少用户输入的指令条数，减少工作量。

提示：

●相同的指令段必须是连续的，中间不能有其他指令。

具体使用方法为：首先按【上档】键将控制器切换到上档状态，再按【设置】键将控制器切换到设置状态；接着输入要旋转程序段的起始段号后按【L4】键，显示【「】符号；再接着输入这段的结束段号后按【L4】键，显示【」】符号；再输入需要旋转的次数后按【旋转】键，最后输入每次旋转的角度后就已经将所有旋转参数输入完成。控制器面板上的旋转指示灯会点亮，控制器转到显示旋转参数功能上，表示已经规定了旋转功能。显示器首先显示出起始段号和结束段号，按【旋转】键后显示旋转次数和角度。任何时候当程序执行到该段指令内时，旋转功能都将起作用。而指令在该段程序外执行则不起作用。

当需要检查以前的旋转参数时，首先按【上档】键，再按【设置】键将控制器切换到设置状态，再按【旋转】键，如果没有旋转功能，则显示一个【0】，并且控制器面板上旋转指示灯不亮；如果有旋转功能，则首先显示出旋转段的起始段号和结束段号，按【旋转】键后显示器显示出旋转次数和角度，并且旋转指示灯一直是点亮的。如果要删除已经输入的旋转参数，则在显示旋转次数和角度时按【D】键，控制器将删除旋转功能，旋转指示灯也将同时熄灭。

提示：

●删除旋转参数时只能在显示旋转次数和角度时按【D】键，在显示旋转起始段号和结束段号时按【D】键的效果等同于按【旋转】键，而不能删除旋转参数。

输入旋转角度的方法是，显示器显示出【°】即度的符号时，首先输入整数部分，最多三位；然后按【旋转】键，显示器显示出小数点，再输入角度的小数部分，按【旋转】键即可。

提示：

●这里的角度是由整数和小数两部分组成的，而不是角分秒方式，并且角度的计算是以逆时针为准的。

●当旋转次数为1次时，指令在启动旋转功能时，就开始旋转计算，而当旋转次数大于1时，指令在第一次执行时不旋转，而从第二次执行时开始旋转计算。

指令旋转操作举例

按键操作	数码显示状态																说　明
待命	P																处于待命状态
上档	P.																处于上档状态
设置	E.																处于设置状态
1000	1	0	0	0													输入旋转起始段号
L4	「																进入“(”状态
1150	1	1	5	0													输入旋转结束段号
L4	」																进入“)”状态
12			1	2													输入旋转次数
旋转			1	2	°												确认旋转次数
15			1	2	°		1	5									输入旋转角度整数部分
旋转			1	2	°		1	5	.								确认旋转角度整数部分
123456			1	2	°		1	5	.	1	2	3	4	5	6		输入旋转角度小数部分
旋转	1	0	0	0									1	1	5	0	完成操作并点亮指示灯
旋转			1	2	°	0	1	5	.	1	2	3	4	5	6		显示旋转次数和角度
待命	P																返回待命状态

三、间隙补偿和齿隙补偿

1. 间隙补偿

间隙补偿是指控制器自动将钼丝半径的加工损耗考虑到工作指令中，自动预留间隙空间，使加工出来的工件大小与设计的指令相同。本控制器可以作任意角度的尖角间隙补偿，同时也可以只作圆弧间隙补偿。

间隙补偿功能的参数值只有钼丝半径和补偿正反两种：其中补偿正反向的定义方法为，按【GX】键显示正号，为正向补偿。逆时针加工时工件轮廓扩大，顺时针加工时工件轮廓缩小。直线指令向上或左平移，逆时针圆弧指令半径扩大，顺时针圆弧指令半径缩小。按【GY】键显示负号，为负向补偿，其工件的轮廓变换和指令的修改与正向时相反。补偿具体输入及显示方法为：

首先按【上档】键将控制器切换到上档状态，再按【设置】键将控制器切换到设置状态；然后按补偿键即进入【补偿】参数显示状态，当没有定义间隙补偿值时显示一个【0】，间隙补偿指示灯不亮。当已经定义了参数时，显示原先输入的钼丝半径和补偿正负值，且间隙补偿指示灯亮。此时要输入或修改参数时，首先按【GX】或【GY】键，定义补偿方向，显示【+】或【-】符号后，再开始输入间隙补偿量($r_{丝}+0.01$)mm。按一下【补偿】键后，就定义好了补偿参数，若要取消间隙补偿功能，可以在显示参数时按【D】键即可。

2. 齿轮间隙补偿

因为机床的啮合传动一般都有间隙，正向传动后转入负向时，齿轮的最初几步执行都会用于补偿这个间隙,反之一样。因此为了提高机床的传动精度,可以设置齿轮间隙补偿大小,让控制器自动抵消这个间隙。

提示:

●齿隙补偿量最大只能为【49】,当不需要某个方向的齿隙补偿时,将补偿量输入为【0】即可。

●补偿(间隙补偿和齿隙补偿)输入举例

按键操作	数码显示状态																说　明
待命	P																处于待命状态
上档	P.																处于上档状态
设置	E.																处于设置状态
补偿																0	没有补偿参数显示 0
GY												-					选择正负 GX 为 + ,GY 为 -
90												-			9	0	输入间隙补偿值可按待命返回
补偿									。	1					0	0	输入 X 齿隙补偿
补偿									。	2					0	0	输入 Y 齿隙补偿
补偿									。	3					0	0	输入 U 齿隙补偿
补偿									。	4					0	0	输入 V 齿隙补偿
待命	P																输入结束返回并点亮指示灯

提示:

●当定义了间隙补偿后,在校零和加工开始时,如果第一条指令不是引线,控制器会自动变成只作圆弧间隙补偿;而如果第一条指令是引线时,控制器将自动作尖角间隙补偿。

四、参数设置

1. 回退延时时间

该参数规定控制器启动自动回退功能时的等待变频时间,它是以秒为最小单位的,最大为 99 s,如果为零,则为系统默认值 10 s,重新上电后也将变成默认值 10 s。

具体操作为:按【上档】键→【设置】键→【参数】键→此时显示 *XX* 值就是原先控制器的设置值;此时按数字键,就可以更改短路回退等待时间。

2. 关高频延时时间

在每条指令执行完,准备执行下条指令时,控制器将延时规定的时间后再关高频,以便让钼丝的滞后效应得到补偿。该延时时间是以 0.1 s 为最小单位的,最大为 99,即 9.9 s。

具体操作为:按【上档】键→【设置】键→2 次【参数】键→此时显示 *XX* 值就是原先控制器的设置值;此时按数字键,就可以更改关高频延时时间。

3. 运行速度的调节

本控制器可以设置执行时取样变频的次数,以达到调节执行速度的功能。此功能方便操作者通过实际情况和工件的高度来选择执行的速度。

具体方法为：按【上档】键→【设置】键→【调速】键→此时显示 *XXX* 值就是原先控制器的设置值；此时按【GX】键，可以增大 *XXX* 值，从而提高执行的速度；按【GY】键则缩小 *XXX* 值，就降低执行的速度。

本控制器还具有启动时的缓加速功能，在指令开始启动时，执行速度从 150 Hz/SEC 开始，当变频信号够高时将缓慢加速，一直加速到设定挡的最高值。

每挡的设定最高值为：第 1 挡：250 Hz/SEC；第 2 挡：300 Hz/SEC；第 3 挡：350 Hz/SEC；第 4 挡：400 Hz/SEC；第 5 挡：450 Hz/SEC；第 6 挡：500 Hz/SEC。

另外，在 *XY* 回零和 *UV* 回零时，控制器的最高执行速度设定为 1 000 Hz/SEC，因此在执行中最好不要随便断电，否则可能失步。在跳步线的执行中（采用空走方式）最高速度也是设定为 1 000 Hz/SEC。

以上操作可随时按【待命】键结束返回。

参数输入操作举例

按键操作	数码显示状态																说　明
待命	P																处于待命状态
上档	P.																处于上档状态
设置	E.																处于设置状态
参数									。	。	。	1			1	0	输入，修改回退时间
参数									。	。	。	2			0	1	输入，修改高频延时时间

五、指令缩放

该功能是将执行的所有指令全部按输入的比例参数缩小或放大，以使加工工件的轮廓按比例缩小或放大。这种功能一般用在塑料模具的加工上。

本控制器的缩放比例是以【1 000】为基准，大于【1 000】的值为放大的比例，小于【1 000】的值为缩小的比例。具体输入方法为：

首先按【上档】键，【设置】键将控制器切换到设置状态，然后输入缩放比例值，最后按一下【缩放】键即可。输入完后缩放指示灯将点亮。

提示：

●缩放功能每将一段指令全部执行完并且关机床后，都将自动删除。

课题六　加工方法

本控制器具有正常加工、逆向加工、上下异型面及逆向加工等多种加工方法，配合以上说明的控制功能，就可以帮助用户通过简单的指令编程设计并输入在线切割机床上，从而准确方便地加工出各种复杂的图形工件。

一、高频开关

控制器可以通过键盘操作高频开关。在待命状态下，按【高频】键让控制器在打开高频和关闭高频之间切换，打开高频开关时，高频指示灯亮；关闭高频开关时，高频指示灯灭。

提示：

> ●手动高频控制只有在待命显示【P】状态时和执行暂停时起作用。指令执行时系统自动锁定，手动控制不起作用。

二、高频允许

在待命状态下，按【上档】键，按【D】键，高频指示灯跳动，反之高频指示灯灭。当高频指示灯跳动时，按【高频】键打开高频，此时高频指示灯亮。

三、开关进给输出

使用此功能可以松开步进电机或锁紧步进电机，以便手动 X,Y 轴或 U,V 轴。具体方法与高频操作方法相似，只是按【进给】键来执行此功能。同时进给指示灯将给出指示，灯亮时表示打开输出，灯灭时为关闭输出。

提示：

> ●手动控制进给输出只有在待命显示【P】状态时和执行暂停时起作用；指令执行时系统自动锁定，手动控制不起作用。

四、XY 轴回零

有时控制器执行一段时间后，XY 轴已经不在原点，但控制器必须准确地回到原点时，可以使用此功能。具体方法为：在待命状态下首先按【上档】键将控制器切换到上档状态，再按【L3】键，显示器显示出 XY 轴距离原点的数值，左边是 X 轴的值，右边是 Y 轴的值；此时，将控制器置【模拟】状态，让控制器自动产生变频信号后，控制器自动执行回原点。当显示的 XY 值变为零时，就表示已经回到原点；最后按【待命】键返回。在执行回零的中间，控制器不接收任何按键，只能关闭电源后再上电才能返回待命状态。同时在指令执行状态下，该功能不能使用。

五、UV 轴回零

该功能与 XY 轴回零功能一样，不同的是按【上档】键和【L4】键来执行，而执行的是 UV 轴。

提示：

> ●在 X,Y 轴，U,V 轴回零之前，必须将控制器坐标清零。方法如下：在待命状态下按【GX】或【GY】，再按【D】即可。

六、暂停执行、恢复和退出

使用此功能可以暂时停止执行指令。具体方法为：按【暂停】键，显示器的最右边的数码管的小数点亮，表示处于暂停状态。在暂停状态下，再按【暂停】键，可以取消暂停状态，恢复到正常，此时显示器最右边的小数点将熄灭。在暂停状态下也可以按【D】键，将控制器从执行状态下强行退出。只要连续按三下【D】键即可。显示器显示“——X”，这里的 X 表示按的次数。如果控制器没有处于执行状态下，则此功能会将控制器内的所有设置全部恢复到出厂状态，但指令不变。

七、段末停

该功能用于设置控制器在执行完当前指令后，自动处于暂停状态，以便操作者作出处理。

具体方法为:在执行状态下,按【D】键后,显示一个【d】字,表示已经将该指令设置为段末停状态。取消段末停的方法与设置时一样,只是显示【——d】表示已经取消。

八、指令执行

正常情况下,操作者将编程设计好的指令输入到控制器的指定段号内后,就可以通过指令执行功能,让控制器控制机床切割出预期的设计图形来。

具体方法为:在待命状态下,输入需要加工的指令段的起始段号后,按【执行】键,控制器首先自动显示出该指令段的起始段号和结束段号,让操作者比较是否正确。如果是正确,则可以再按一下【执行】键,控制器就从起始段号起开始执行指令,一直执行到结束地址指令完成后即自动关机床退出;如果不正确,则应该按【待命】键返回,再检查需加工的指令段是否正确无误,待修改正确后,方可重新开始执行。

指令开始执行后,控制器即处于指令执行状态。处于执行状态时,控制器在待命状态下显示的是正在加工的指令的计数长度 J 值,并且随着指令的执行,计数长度在不停地减小;一条指令执行完成后,控制器会自动取出下一条正确的指令继续执行,直到执行完该指令段的所有指令。每执行完一条指令后变换指令时,控制器会自动延时关闭一下高频电源,等待下条指令取出并开始执行时再自动打开。

九、逆向加工

逆向加工方法是指让控制器从指令段的结尾开始向起始段号执行即倒着走,一般情况下是不会使用此方法的。只是当加工过程中钼丝拉断,短路不能继续切割时造成中途退出执行,而再次开始执行时又无法找准中断点时,就可以利用逆向加工功能。让控制器从起始位置倒着切割,直到与原中断点重合。

具体使用方法为:在上档状态下,首先输入待加工指令段的起始段号,然后按【L4】键,显示【「】符号,再输入结束段号,再按【逆割】键。控制器同正常执行时一样显示出两个段号,但这两个段号不是自动找出来的。而是操作者刚才输入的,且前大后小。此时再按一下【逆割】键或【执行】键,控制器就会从大的结束段号处开始执行,且变换指令时自动向小的段号处取新的指令,直到执行到操作者指定的起始段号处后关机床并自动退出。逆向加工过程中的其他情况与正常加工一样。

操作举例

按键操作	数码显示状态																说　明
待命	P																处于待命状态
上档	P.																处于上档状态
1				1													输入起始段号
L4	「																进入“(”状态
7				7													输入结束段号
逆割				7												1	进行逆割运算
逆割/执行				7	y		L	2	J			1	9	6	6	0	执行逆割

十、回退执行

回退是指让控制器朝着刚才执行的方向反向执行，一般是当机床的钼丝与工件短路后造成没有变频信号，控制器无法自动执行而处于停止状态。此时必须让钼丝沿着刚才加工的路径返回，以便让钼丝与工件脱开，机床从新产生变频信号，这样控制器才能重新启动向前加工。本控制器具有手动回退和自动回退两种回退方法。手动回退在执行状态下的任何时候都可以执行，只要在上档状态时按下【执行】键即可。手动回退可以执行任意步长，直到执行到一条指令的起始位置才停止。按下【执行】键不放时，控制器会自动连续的回退。自动回退功能是控制器在规定的时间内没有接收到变频信号后，即自动开始连续回退，每次回退 200 步，共可回退 2 次。若再手动回退一次后，控制器又可以自动连续回退 200 步，并执行两次。

十一、定中心定端功能

首先将控制器置【模拟】状态；关【高频】；打开机床运丝电机，让钼丝移动。

1. 定端面

按【待命】键→【上档】键→【设置】键→【GX】→【L1】或【L2】，为机床坐标系的 $L1$，$L3$ 方向。即在 X 方向碰数建坐标。

按【待命】键→【上档】键→【设置】键→【GY】→【L1】或【L2】，为机床坐标系的 $L2$，$L4$ 方向。即在 Y 方向碰数建坐标。

2. 定中心

按【待命】键→【上档】键→【设置】键→【D】键。

十二、坐标显示功能

在加工过程中，当计数长度显示 J 时，按【上档】键→【GX】或【GY】显示 X，Y 坐标。再按一次【待命】键，计数长度显示 U 时，按【上档】键→【GX】或【GY】显示 U，V 坐标。

任务二 YJF—3 型高频脉冲电源

课题一 概述

YJF-3 型线切割高频电源采用时基集成电路作振荡单元，VMOS 场效应管作功放，具有结构简单，操作方便，性能稳定，输出功率大，切割速度快，电极丝损耗小等特点，特别适合超厚工件的快速加工，也适合为低表面粗糙度的精加工。

一、高频电源技术参数

1）脉冲宽度（t_i）：8 ~ 80 μs；

2）脉冲间隔（t_o）：1 ~ 10 μs；

3）加工电压：70 ~ 110 V；

4）加工电流：0.5 ~ 5 A；

5）功率输出：12 级；

6）最大切割厚度：≥300 mm；

7）最大加工效率：≥100 mm^2/min；

8）电源电压：交流 220 ± 10% V，50 ± 1 Hz。

二、高频电源工作原理

如图 3.3 所示。

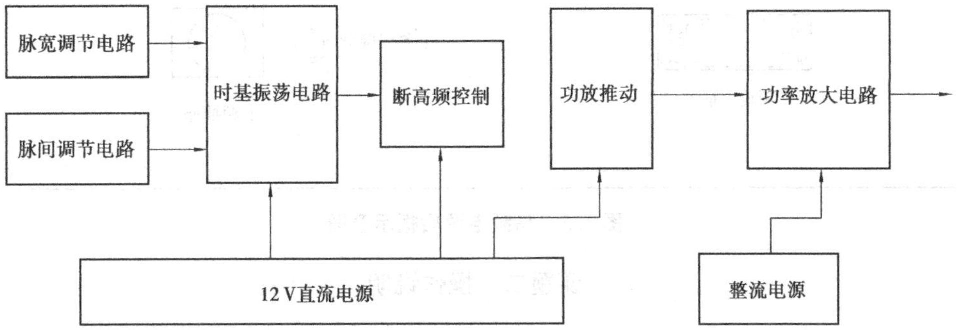

图 3.3　高频电源工作原理方框图

YJF—3 型高频电源由时基振荡电路、脉宽调节电路、间隔调节电路、功放推动电路、功率放大电路和电源等构成。

时基振荡电路由 555 集成电路和外围的阻容电路构成，调整阻容电路即能得到高精度的稳定宽度和间隔的矩形脉冲，经前置放大后，驱动 VMOS 功率管输出加工信号。

脉宽调节电路由一只双刃五掷开关选择不同的阻值得到，调节范围为 8 ~ 80 μs；间隔调节电路由 4.7 K 电位器及电阻值确定，调节范围为 1 ~ 10 倍的脉宽；功率放大电路采用 2 只 VMOS 场效应管，5 只开关加电阻，12 个组合选择工作。

三、高频电源布局图

1. 高频电源显示板示意图

如图 3.4 所示。

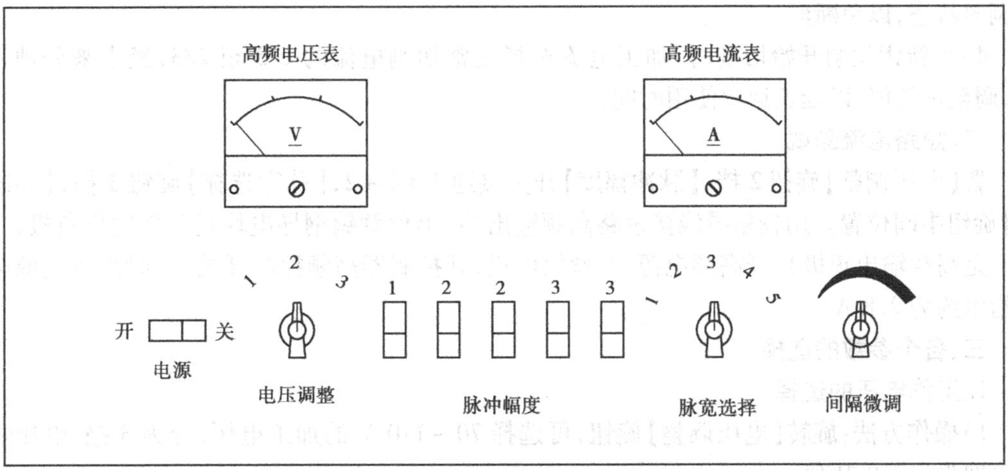

图 3.4　高频电源显示板示意图

2. 高频电源后板示意图

如图 3.5 所示。

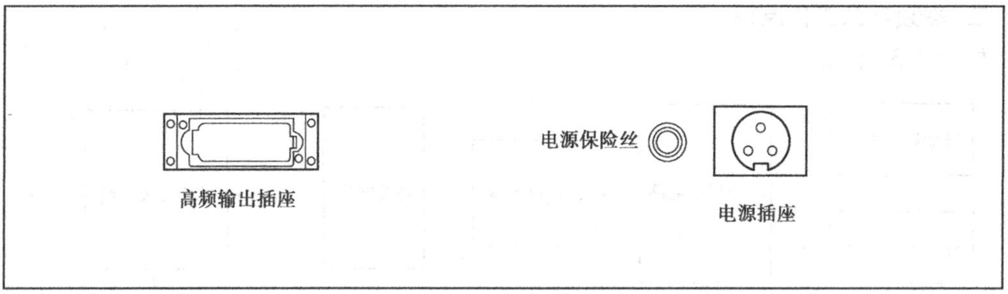

图 3.5　高频电源后板示意图

课题二　操作说明

电火花线切割加工是利用电火花放电对导电材料产生电蚀现象实现加工的一种方法，它是电、热和流体动力综合作用的结果。在火花放电过程中，脉冲电压是产生电火花放电的必要条件，而高频电源就是产生脉冲电压的一个大功率高频脉冲信号源，是数控线切割机床中的一个重要组成部件。在使用中要学会正确调节高频电源的各个参数。

一、调节原则

1）若工件高度为 50 mm 左右，钼丝直径采用 0.16 mm，则切割加工时，一般置【电压调整】旋钮 2 挡，【脉冲幅度】开关接通 1 +2 +2 级，【脉宽选择】旋钮 3 挡，【间隔微调】旋钮中间位置，切割电流稳定在 2.0 A 左右（不同高度工件详见表 3.1 切割参数选择）。

2）进给速度（由控制器选定）选定：在确定电压、幅度、脉宽、间隔后，先用人为短路的办法，测定短路电流，然后开始切割，调节控制器的变频挡位和跟踪旋钮（即工作点）等，使加工电流达到短路电流的 70% ~75% 为最佳。

3）在切割加工时，各个状态的切换尽量在丝筒换向或关断高频时进行，且不要单次大幅度调整状态，以免断丝。

4）当新钼丝刚开始切割时，加工电流选择正常切割电流的 1/3 至 2/3，经十来分钟切割后，调至正常值，以延长钼丝使用时间。

二、短路电流测试

置【电压调整】旋钮 2 挡，【脉冲幅度】开关接通 1 +2 +2，【脉宽选择】旋钮 3 挡，【间隔微调】旋钮中间位置。用较粗导线接短路高频输出端（上丝臂钨钢导电块是高频输出负极，工作台上是高频输出正极），开高频电源，开丝筒电机，开控制器高频控制开关，此时高频电源电流表指示约为 2.8 A。

三、各个参数的选择

1. 工作电压的选择

1）操作方法：旋转【电压调整】旋钮，可选择 70 ~110 V 的加工电压，分为 3 挡，电压表指示值即为加工电压值。

2）选择原则说明：

①高度在 50 mm 以下的工件，加工电压选择在 70 V，即第一挡；

②高度在 50 ~150 mm 的工件，加工电压选择在 90 V，即第二挡；

③高度在 150 mm 以上的工件，加工电压选择在 110 V，即第三挡。

2. 工作电流的选择

改变【脉冲幅度】开关和调节【脉宽选择】和【间隔微调】旋钮都可以改变工作电流，这里指的工作电流的选择就是指改变脉冲幅度开关的调节。

1)操作方法：改变【脉冲幅度】5个开关的通断状态，可有12个级别的功率输出，能灵活地调节输出电流，保证在各种不同工艺要求下所需的平均加工电流。如两个标有2的开关接通，等于1个标有1和标有3的开关接通；其他类同。

2)选择原则说明：【脉冲幅度】开关接通级数越多(相当于功放管数选得越多)，加工电流就越大，加工速度也就快一些，但在同一脉冲宽度下，加工电流越大，表面粗糙度也就越差。一般情况下：

①高度在50 mm以下的工件，脉冲幅度开关接通级数在1~5级。如1,2,3或1+2,1+3或2+2,1+2+2或2+3。

②高度在50~150 mm的工件，脉冲幅度开关接通级数在3~9级。如3或1+2,2+2或3+1,2+3或1+2+2,3+3,2+2+3或3+3+1,3+3+2或3+2+2+1。

③高度在150~300 mm的工件，脉冲幅度开关接通级数在6~11级。如3+3,2+2+3或3+3+1,3+3+2或3+2+2+1,3+3+2+1,3+3+2+2,3+3+2+2+1。

3. 脉冲宽度的选择

1)操作方法：旋转【脉宽选择】旋钮，可选择8~80 μs脉冲宽度。脉冲宽度分五挡：分别为一挡为8 μs，二挡为20 μs，三挡为40 μs，四挡为60 μs，五挡为80 μs。

2)选择原则说明：脉冲宽度宽时，放电时间长，单个脉冲的能量大，加工稳定，切割效率高，但表面粗糙度较差。反之，脉冲宽度窄时，单个脉冲的能量就小，加工稳定较差，切割效率低，但表面粗糙度较好。一般情况下：

①高度在15 mm以下的工件，脉冲宽度选1~5挡；

②高度在15~50 mm的工件，脉冲宽度选2~5挡；

③高度在50 mm以上的工件，脉冲宽度选3~5挡。

4. 脉冲间隔的选择

1)操作方法：旋转【间隔微调】旋钮，调节脉冲间隔宽度的大小，顺时针旋转间隔宽度变大，逆时针旋转间隔宽度变小。

2)选择原则说明：加工工件高度较高时，适当加大脉冲间隔，以利排屑，减少切割处的电蚀污物的生成，使加工较稳定，防止断丝。调节间隔大小就是旋转【间隔微调】旋钮。在有稳定高频电流指示的情况下(即确定了脉冲宽度)，旋转【间隔微调】旋钮时，电流变小表示间隔变大，电流变大表示间隔变小。

5. 切割参数

如表3.1所示(仅供参考)。

表3.1 切割参数表

工件厚度/mm	加工电压/V	电工电流/A	脉宽选择/挡位	间隔微调/位置	脉冲幅度/级
≤15	70	0.8~1.8	1~5	中间	3
15~50	70	0.8~2.0	2~5	中间	5
50~99	90	1.2~2.2	3~5	中间	7

续表

工件厚度/mm	加工电压/V	电工电流/A	脉宽选择/挡位	间隔微调/位置	脉冲幅度/级
100～150	90	1.2～2.4	3～5	间隔变大	9
150～200	110	1.8～2.8	3～5	间隔变大	9
200～250	110	1.8～2.8	3～5	间隔变大	9
250～300	110	1.8～2.8	3～5	间隔变大	11

【自己动手 3-1】 现场加深理解控制器、高频脉冲电源的各按键的作用。

【自己动手 3-2】 动手操作：(1)将控制器 X,Y 坐标清零；(2)锁紧、松开 X,Y 步电机并将其坐标清零；(3)开关高频。

【自己动手 3-3】 将如图 3.6 所示梅花形工件程序(见表 3.2 所示)手工输入到控制器，并进行程序的校零、检查。

表 3.2　梅花形工件程序

1	B	51 962	B	0	B	51 962	GX	L1	第一段
2	B	0	B	30 000	B	75 000	GY	NR4	第二段
3	B	25 981	B	15 000	B	90 000	GY	NR4	第三段
4	B	25 981	B	15 000	B	85 981	GX	NR1	第四段
5	B	0	B	30 000	B	75 000	GY	NR2	第五段
6	B	25 981	B	15 000	B	90 000	GY	NR2	第六段
7	B	25 981	B	15 000	B	85 981	GX	NR3	第七段
8	B	51 962	B	0	B	51 962	GX	L3	第八段
9	DD	停机码							

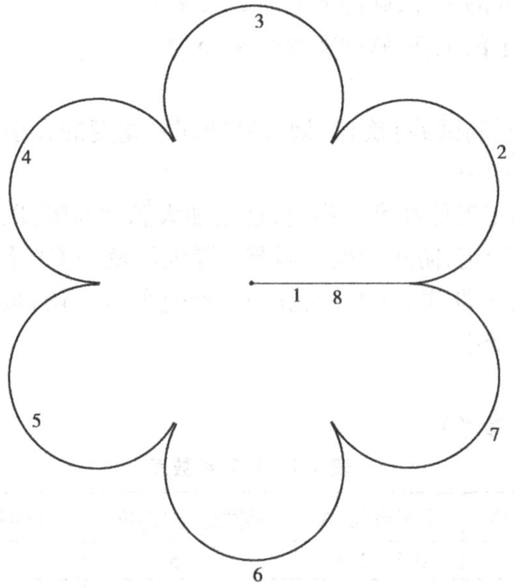

图 3.6　【自己动手 3-3】的图形

项目四　线切割编程技术

项目内容　1)线切割3B代码;

2)手工编写3B程序案例。

项目目的　能够独立地采用3B代码对简单图形进行手工编程。

项目实施过程

任务一　3B代码编程

课题一　直线编程和圆弧编程

一、程序格式

1. 数控线切割编程的含义

数控线切割机床的控制系统是根据人的“命令”控制机床进行加工的。所以必须先将要进行线切割加工的工件的图形,用线切割控制系统所能接受的“语言”编好“命令”,输入控制系统。这种“命令”就是线切割程序,编写这种命令的工作叫做数控线切割编程,简称编程。

2. 数控线切割编程的分类

编程分为手工编程和微机自动编程。手工编程是线切割编程的一项基本功,它能使你比较清楚地了解编程所需要进行的各种计算和编程过程。当零件的形状复杂或有非圆曲线时,人工编程的工作量就会非常的大,而且难以保证尺寸的精度,同时也容易出错。自动编程方法则是采用人机交互的方法,由计算机绘制图形,再按照这一图形和指定的其他参数进行程序的自动生成。因此自动编程已成为目前国内外普遍采用的数控编程方法。

3. 3B程序

高速走丝线切割机床一般采用3B代码格式,低速走丝线切割机床通常采用*G*代码。本书以HX—Z5型控制器为例,进行3B程序的简单图形手工编,复杂的自动编。

3B程序也可称“5指令3B”格式,见表4.1所示。

表4.1　3B程序格式

B	*X*	*B*	*Y*	*B*	*J*	*G*	*Z*
	*X*轴绝对值		*Y*轴绝对值		计数长度	计数方向	加工指令

其中　*B*——分隔符,它将*X*,*Y*,*J*的数值分隔开;

X——*X*轴绝对值,μm;

Y——*Y*轴绝对值,μm;

J——计数长度，取绝对值，μm；

G——计数方向，分为按 X 方向计数（G_x）和按 Y 方向计数（G_y）；

Z——加工指令（共有 12 种指令，直线 4 种，圆弧 8 种）。

提示：

●X,Y,J 的数值最多为 6 位，而且取绝对值，即不能用负数。当 X,Y 数值为零时，可以省略，即“$B0$”可以省略成“B”。

二、直线编程

1. 直线编程坐标系的建立原则

1）坐标轴的方向。尽管对 3B 格式程序来说，程序中的数据与坐标原点所处的位置无关，但其总的坐标轴方向应该是确定不变的，否则将无法进行加工，坐标轴的方向应根据安装到机床上的预定方向来决定。

2）坐标系原点。建立一个原点固定的编程坐标系，对编程计算是非常方便的，通常这个坐标系原点，应定在图纸尺寸标注的相对基准点上。

2. 直线编程内容的说明

1）建立坐标系。以线段的起点为坐标原点建立坐标系。

2）格式中每项的意义。格式中每项的意义如下：

①X,Y 是线段的终点坐标绝对值（X_e,Y_e），也就是切割直线的终点相对于起点的相对坐标的绝对值。

当直线与 X 轴或 Y 轴相重合，编程时 X,Y 均可作 0，且在 B 后可不写。例如程序：$B0B1000B1000G_yL_2$ 可简化为 $BBB1000G_yL_2$。但是分隔符【B】不能省略。

②计数长度 J。计数长度 J 由线段的终点坐标绝对值较大的值来确定。如 $X_e>Y_e$，则取 X_e，反之取 Y_e。

③计数方向 G。计数方向 G 由线段终点坐标绝对值较大的方向决定。如 $X_e>Y_e$，则取 G_x，反之取 G_y，如图 4.1（a）所示。当 $X_e=Y_e$ 时，45°和 225°取 G_y；135°和 315°取 G_x，如图 4.1（b）所示。

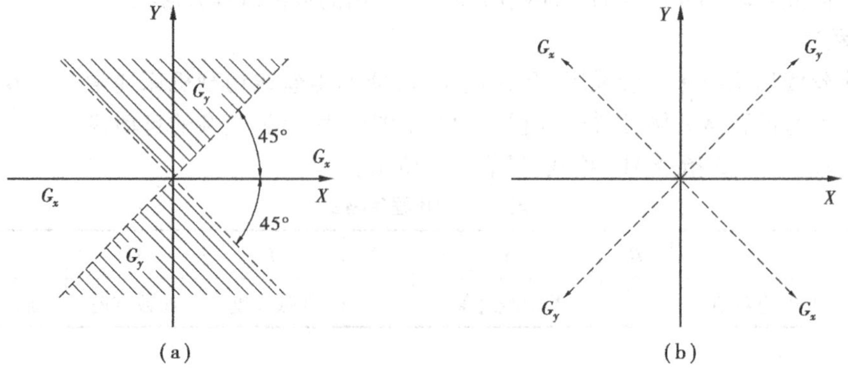

图 4.1　直线计数方向

④加工指令 Z。加工指令 Z 由直线所处的象限决定有 4 种：L_1,L_2,L_3,L_4。第一象限取 L_1，

$0° \leqslant \alpha < 90°$；第二象限取 L_2，$90° \leqslant \alpha < 180°$；第三象限取 L_3，$180° \leqslant \alpha < 270°$；第四象限 L_4，$270° \leqslant \alpha < 360°$，如图 4.2 所示。

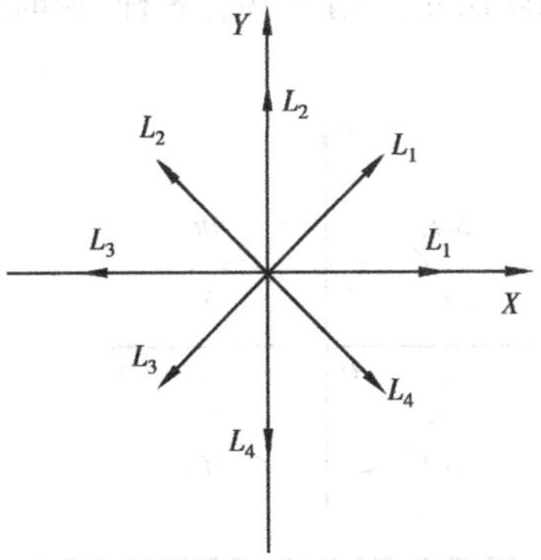

图 4.2 直线加工指令示意图

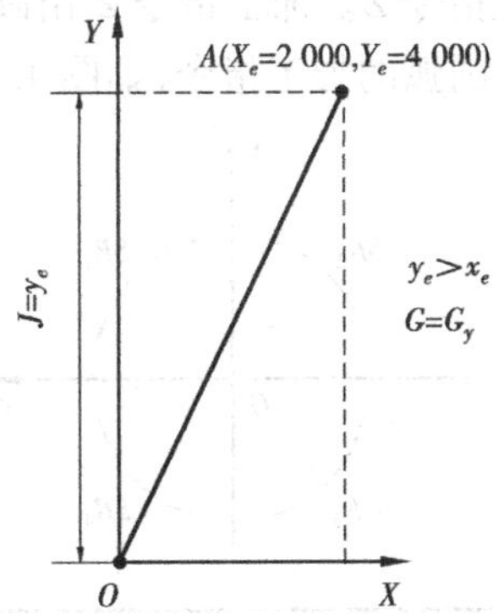

图 4.3 直线编程示例

3. 直线编程示例

编写直线 $O \to A$ 的程序，如图 4.3 所示；单位为 μm。坐标原点设定在线段的起点 O 点，线段的终点 A 坐标为（$X_e = 2\,000$，$Y_e = 4\,000$）。因为 $X_e < Y_e$，所以 $G = G_y$，$J = Y_e = 4\,000$。由于直线位于第一象限，所以加工指令 Z 为 L_1。直线 $O \to A$ 的程序为：$B2000B4000B4000G_yL_1$（$B2B4B4000G_yL_1$）。

三、圆弧编程

1. 圆弧编程内容的说明

1）建立坐标系。以圆弧的圆心为坐标原点建立坐标系。

2）格式中每项的意义。圆弧编程格式中每项的意义如下：

①X，Y。X，Y 是圆弧起点的绝对坐标值，即圆弧的起点相对于圆心的坐标值的绝对值。

②计数方向 G。计数方向 G 由圆弧终点坐标绝对值较小的值来确定。如 $X_e > Y_e$，则取 Y_e，反之取 X_e。当 $X_e = Y_e$ 时，应根据终点坐标趋向那一个轴的反方向来确定（逆时针观察），如图 4.4 所示。

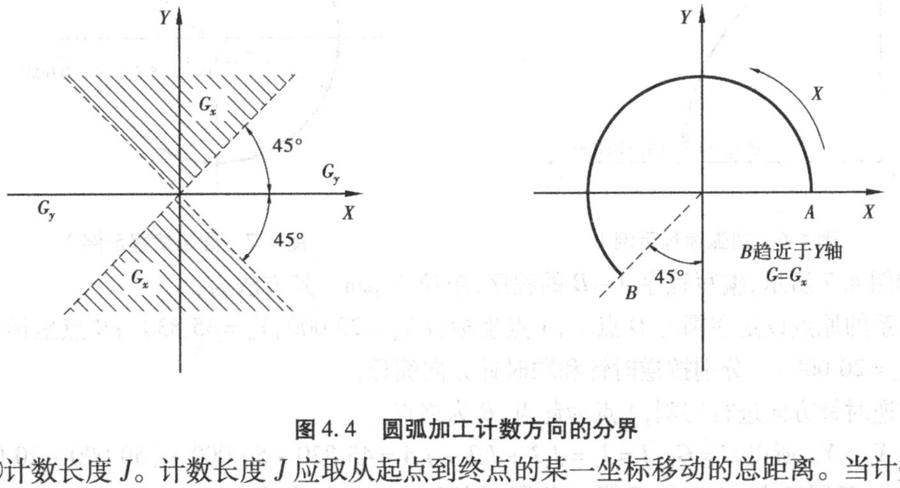

图 4.4 圆弧加工计数方向的分界

③计数长度 J。计数长度 J 应取从起点到终点的某一坐标移动的总距离。当计数方向确

定后,J 就是被加工曲线在该方向(计数方向)上投影长度的总和。对圆来讲,它可能跨越几个象限。

④加工指令 Z。加工指令 Z 由圆弧起点所在的象限决定。指令共有 8 种,逆时针 4 种,顺时针 4 种。圆弧的加工指令,如图 4.5 所示。

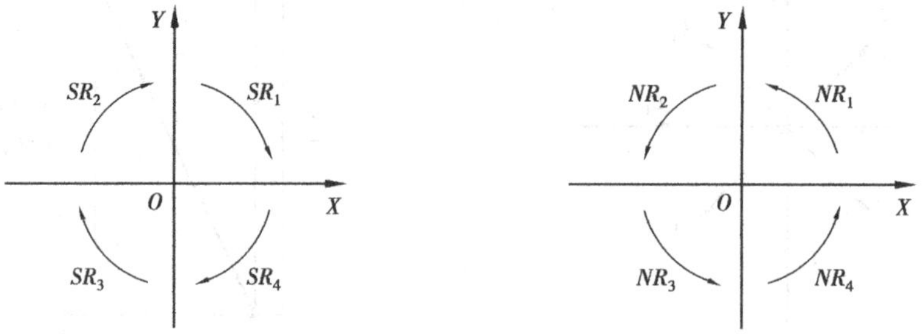

旋转方向 \ 象限	第一象限	第二象限	第三象限	第四象限
逆时针	NR_1	NR_2	NR_3	NR_4
顺时针	SR_1	SR_2	SR_3	SR_4

图 4.5 圆弧加工指令示意图

2. 圆弧编程示例

1)如图 4.6 所示,编写圆弧 $A \to B$ 的程序,单位为 μm。其方法为:

坐标系的原点设定在圆心 O 点,起点 A 的坐标为($X_a = 20\ 000, Y_a = 80\ 000$),终点 B 的坐标为($X_b = 81\ 850, Y_b = 10\ 000$)。因为 $X_b > Y_b$,所以 $G = G_y, J = J_y = Y_a - Y_b = 80\ 000 - 10\ 000 = 70\ 000$。由于圆弧起点 A 位于第一象限,圆弧 $A \to B$ 为顺时针,所以取加工指令为 SR_1。圆弧 $A \to B$ 的程序为 $B20000B80000B70000G_ySR_1$。

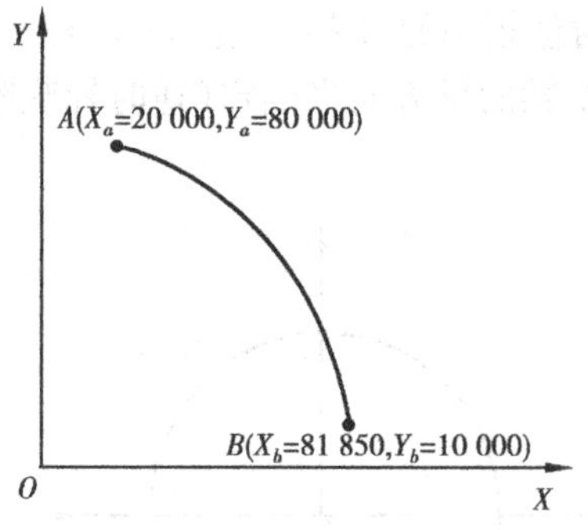

图 4.6 圆弧编程示例 1

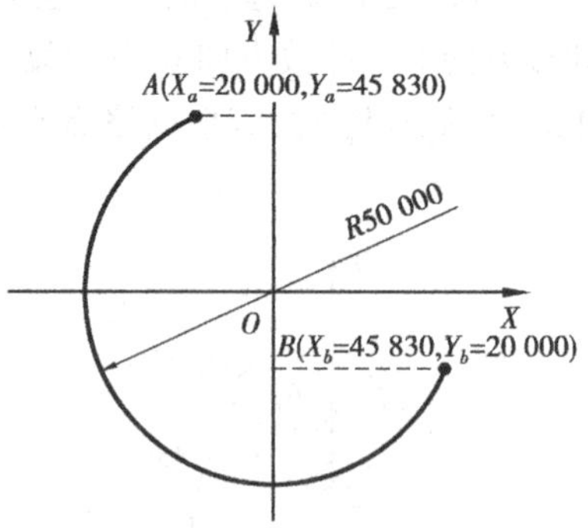

图 4.7 圆弧编程示例 2

2)如图 4.7 所示,编写程序 $A \to B$ 的程序,单位为 μm。其方法为:

坐标系的原点设定在圆心 O 点上,A 点坐标:($X_a = 20\ 000, Y_a = 45\ 830$);$B$ 点坐标:($X_b = 45\ 830, Y_b = 20\ 000$)。分别按逆时针和顺时针方向编程。

①按逆时针方向进行切割,A 点为起点,B 为终点。

因为 $X_b > Y_b$,所以 $G = G_y, J = J_y = J_y2 + J_y3 + J_y4 = 45\ 830 + 50\ 000 + (50\ 000 - 20\ 000) = 125\ 830$。由于圆弧起点 A 位于第二象限,圆弧 $A \to B$ 为逆时针加工,所以取加工指令 Z

为 NR_2。

圆弧 $A \to B$ 的程序为：$B20000B45830B125830G_yNR_2$。

②按顺时针方向进行切割，B 点为起点，A 为终点。

因为 $X_a < Y_a$，所以 $G = G_x$，$J = Jx = J_x2 + J_x3 + J_x4 = (50\ 000 - 20\ 000) + 50\ 000 + 45\ 830 = 125\ 830$。由于圆弧起点 B 位于第四象限，圆弧 $B \to A$ 为顺圆加工，所以取加工指令 Z 为 SR_4。

圆弧 $B \to A$ 的程序为：$B45830B20000B125830G_xSR_4$。

课题二 带公差尺寸编程的计算方法

一、中差尺寸

对于具有公差的尺寸数据，根据大量的统计，加工后的实际尺寸大部分是在公差带的中值附近，因此对注有公差的尺寸，应按中差尺寸编程。中差尺寸的计算公式为：

$$中差尺寸 = 基本尺寸 + \frac{上偏差 + 下偏差}{2}$$

二、中差尺寸计算示例

1. 计算 $\phi30_{-0.24}^{\ 0}$ 的中差尺寸

$\phi30_{-0.24}^{\ 0}$ 的中差尺寸为：$30 + \frac{0 + (-0.24)}{2} = 29.88$ mm；半径中差尺寸为：$\frac{29.88}{2} = 14.94$ mm。

2. 计算 $R6_{\ 0}^{+0.012}$（孔）中差尺寸

$R6_{\ 0}^{+0.012}$ 中差尺寸为：$6 + \frac{0.012 + 0}{2} = 6.006$ mm。

3. 计算尺寸为 $48_{+0.02}^{+0.04}$ 槽宽的中差尺寸

槽宽为 $48_{+0.02}^{+0.04}$ 的中差尺寸是：$48 + \frac{0.04 + 0.02}{2} = 48.03$ mm。

任务二 程序编制举例

课题一 间隙补偿法的确定

编程时，应将工件的加工图形分解成圆弧与直线段，然后逐段编写程序。由于大多数机床通常都只具有直线和圆弧插补运算的功能，所以对于非圆曲线段，应采用数学的方法，用一段一段的直线或小段圆弧去逼近非圆曲线。

线切割加工实际编程时，控制器所控制的是电极丝中心所移动的轨迹（按加工切割时，电极丝中心所走的轨迹进行编程），即还应该考虑电极丝的半径和工件间的放电间隙。但对有间隙补偿功能的线切割机床，可直接按工件图形编程，其间隙补偿量可在加工时置入。如图 4.8 所示，电极丝中心轨迹为虚线。

加工凸模时，电极丝中心轨迹在所加工图形的外面；加工凹模时，电极丝中心轨迹在所加工图形的里面。所加工工件图形与电极丝中心轨迹之间的距离，在圆弧的半径方向或在线段的垂直方向上都等于间隙补偿量 f。

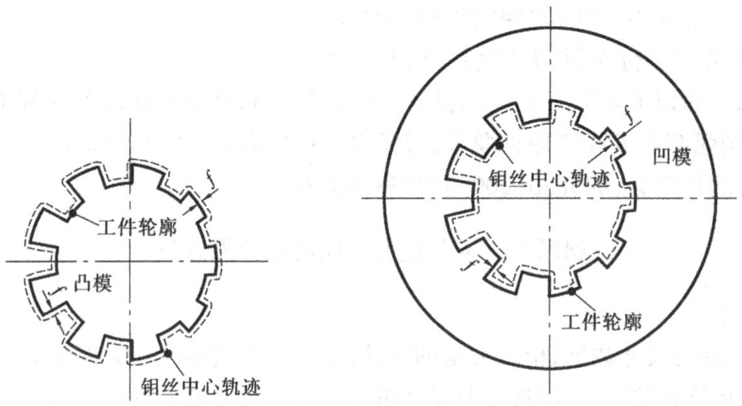

图 4.8　电极丝中心

一、判定 $\pm f$ 的方法

如图 4.9 所示。间隙补偿量的正负,可根据在电极丝中心轨迹图形中,圆弧半径和直线段法线长度的变化情况来确定。

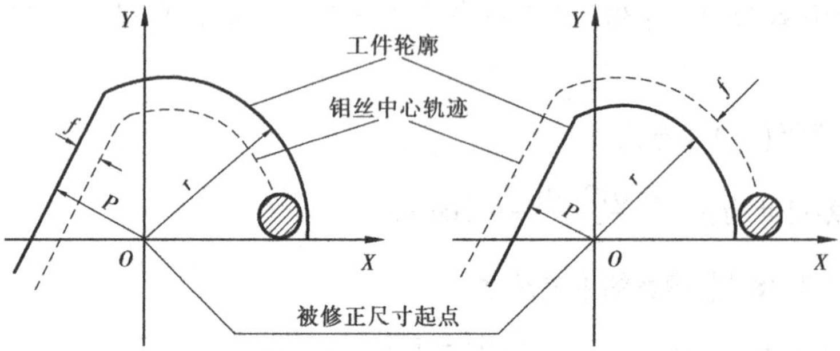

图 4.9　间隙补偿量的符号判定

1. 圆弧

对圆弧, $\pm f$ 是用于修正半径 r。当考虑到电极丝中心轨迹后,圆弧半径比原图形半径增大时,取 $+f$;减小时,取 $-f$。

2. 直线

对直线,是用于修正法线长度 P。当考虑到电极丝中心轨迹后,使该线段法线长度 P 增大时,取 $+f$;减小时,取 $-f$。

二、间隙补偿量 f 的算法

1. 加工五金模中的凸、凹模时应考虑的因素

1)考虑钼丝的半径 $r_{丝}$。

2)电极丝与工件之间的单边放电间隙 $\delta_{电}$。

3)凸模与凹模之间的配合间隙 $\delta_{配}$。

2. 加工冲孔模时,间隙补偿量 f 的算法

当加工冲孔模时(即冲后要求保证孔的尺寸),以凸模尺寸为准,凸模尺寸由孔的尺寸确

定。此时 $\delta_{配}$ 在凹模尺寸上扣除，即凹模的单边尺寸应加大 $\delta_{配}$。故：

1）凸模的间隙补偿量 $f_{凸} = r_{丝} + \delta_{电}$。

2）凹模的间隙补偿量 $f_{凹} = r_{丝} + \delta_{电} - \delta_{配}$。

3. 当加工落料模时，间隙补偿量 f 的算法

当加工落料模时（即冲后要求保证冲下的工件尺寸），以凹模尺寸为准，凹模尺寸由工件的尺寸确定。此时 $\delta_{配}$ 在凸模尺寸上扣除，即凸模的单边尺寸应减去 $\delta_{配}$。故：

1）凹模的间隙补偿量 $f_{凹} = r_{丝} + \delta_{电}$。

2）凸模的间隙补偿量 $f_{凸} = r_{丝} + \delta_{电} - \delta_{配}$。

三、冷冲模加工中，间隙补偿量的算法

当用线切割加工冷冲模具时，凸模、凹模、固定板及卸料板的间隙补偿量 f 的确定方法如下（分冲孔模、落料模两种冷冲模具来具体说明其确定方法）。

1. 冲孔模具 $f_{凸}$、$f_{凹}$、$f_{固}$、$f_{卸}$ 的确定方法

冲孔时，要求冲出孔的尺寸等于零件图样上孔的尺寸，因此，冲孔模时，以凸模为准，这就要求冲头的尺寸等于零件图样上孔的尺寸。此时凸模与凹模之间的单边配合间隙 $\delta_{配}$ 应在凹模尺寸上扣除，即凹模尺寸单边加大 $\delta_{配}$，故 $f_{凸} = r_{丝} + \delta_{电}$，$f_{凹} = r_{丝} + \delta_{电} - \delta_{配}$。固定凸模的固定板尺寸单边应比凸模尺寸小 $\delta_{固}$（凸模与固定板之间的单边配合过盈量）。卸料板应比凸模大，用 $\delta_{卸}$ 表示凸模与卸料板之间的单边配合间隙。下面通过一个例子来说明。

1）已知条件：现冲一个直径为 16 mm 的孔。钼丝半径 $r_{丝} = 0.09$ mm，单边放电间隙 $\delta_{电} = 0.01$ mm，$\delta_{配} = 0.015$ mm，$\delta_{固} = 0.01$ mm，$\delta_{卸} = 0.02$ mm。

2）计算各个补偿量。$f_{凸}$、$f_{凹}$、$f_{固}$、$f_{卸}$ 的值如下：

$f_{凸} = r_{丝} + \delta_{电} = 0.09 + 0.01 = 0.1$ mm；

$f_{凹} = r_{丝} + \delta_{电} - \delta_{配} = 0.09 + 0.01 - 0.015 = 0.085$ mm；

$f_{固} = r_{丝} + \delta_{电} + \delta_{固} = 0.09 + 0.01 + 0.01 = 0.11$ mm；

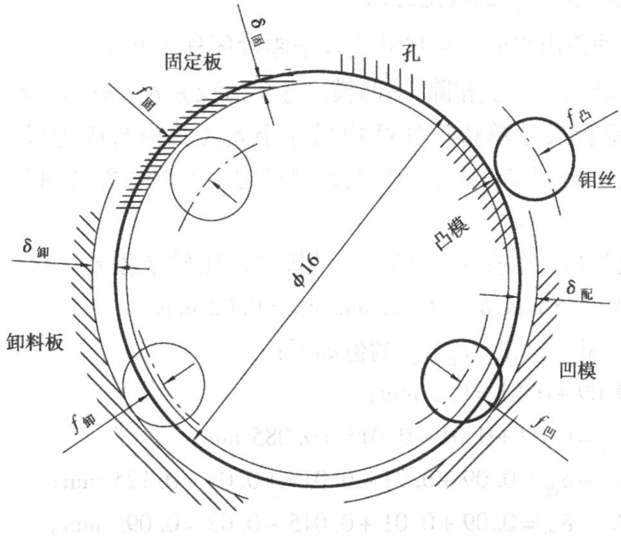

图 4.10 在孔的横向剖面表示各种间隙补偿量的位置

$f_{卸} = r_{丝} + \delta_{电} - \delta_{配} = 0.09 + 0.01 - 0.02 = 0.08$ mm。

3）在孔的横向剖面中，标出各种间隙补偿量及相应的钼丝位置，如图 4.10 所示。各种间隙补偿量都是以凸模为基准。若补偿后尺寸值增大，则间隙补偿量为正值；若补偿后尺寸值减小，则间隙补偿量为负值。

4）在孔的纵向剖面中表示各种间隙补偿量，如图 4.11 所示。

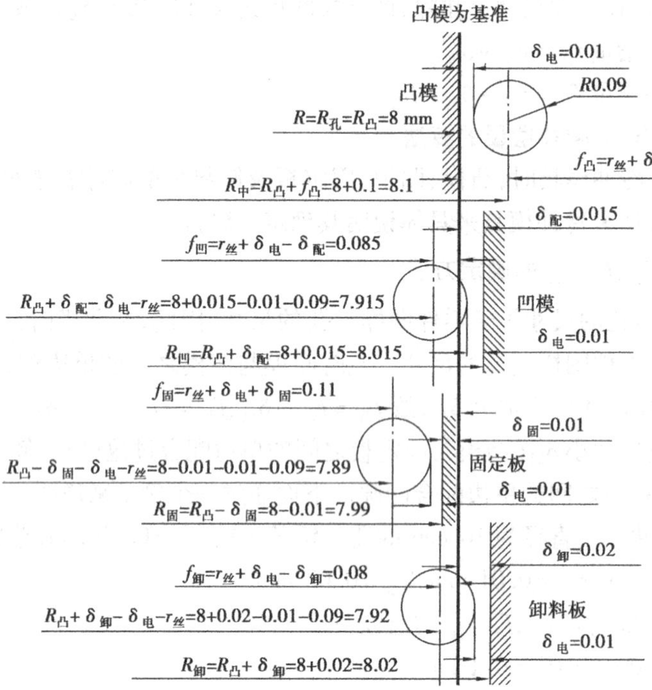

图 4.11　孔的纵向剖面表示各种间隙补偿量

2. 落料模具 $f_{凸}$, $f_{凹}$, $f_{固}$, $f_{卸}$ 的确定方法

落料模落料时，冲裁出来的工件尺寸应等于零件图样上相应尺寸。凸模与凹模之间的单边配合间隙 $\delta_{配}$ 应在凸模尺寸上扣除，即凸模尺寸单边减去 $\delta_{配}$，故 $f_{凹} = r_{丝} + \delta_{电}$；$f_{凸} = r_{丝} + \delta_{电} - \delta_{配}$。固定凸模的固定板尺寸单边应比凸模尺寸小 $\delta_{固}$（凸模与固定板之间的单边配合过盈量）。卸料板应比凸模大，用 $\delta_{卸}$ 表示凸模与卸料板之间的单边配合间隙。下面通过一个例子来说明。

1）已知条件：现落料一个直径为 16 mm 的圆片。钼丝半径 $r_{丝} = 0.09$ mm，单边放电间隙 $\delta_{电} = 0.01$ mm，$\delta_{配} = 0.015$ mm，$\delta_{固} = 0.01$ mm，$\delta_{卸} = 0.02$ mm。

2）计算各个补偿量。$f_{凸}$, $f_{凹}$, $f_{固}$, $f_{卸}$ 的值如下：

$f_{凹} = r_{丝} + \delta_{电} = 0.09 + 0.01 = 0.1$ mm；

$f_{凸} = r_{丝} + \delta_{电} - \delta_{配} = 0.09 + 0.01 - 0.015 = 0.085$ mm；

$f_{固} = r_{丝} + \delta_{电} + \delta_{配} + \delta_{固} = 0.09 + 0.01 + 0.015 + 0.01 = 0.125$ mm；

$f_{卸} = r_{丝} + \delta_{电} + \delta_{配} - \delta_{卸} = 0.09 + 0.01 + 0.015 - 0.02 = 0.095$ mm。

3）在凹模的横向剖面中，表示出各种间隙的补偿量及钼丝位置，如图 4.12 所示。

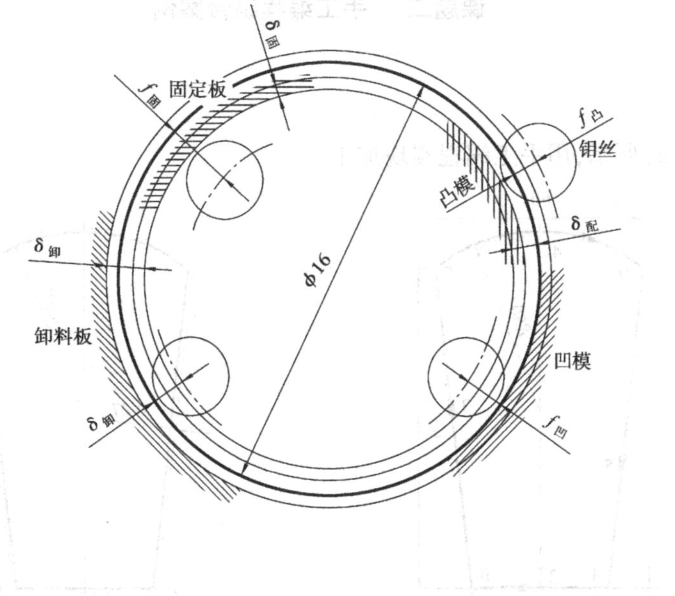

图 4.12 凹模横向剖面中各种间隙补偿量的位置

4)在凹模的纵向剖面中,表示出各种间隙补偿量及钼丝位置,如图 4.13 所示。

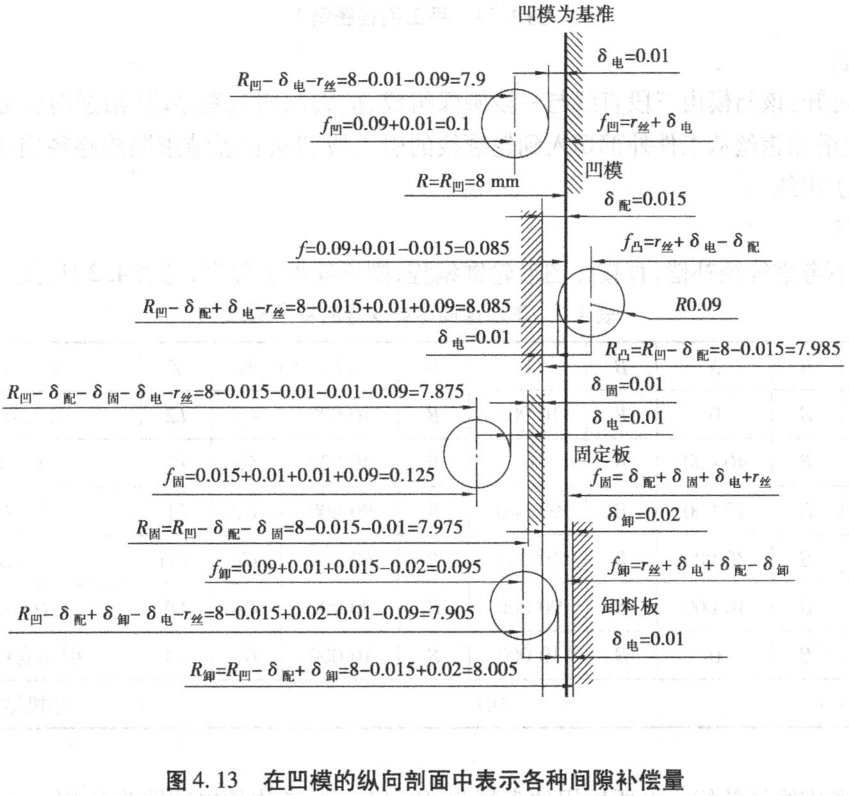

图 4.13 在凹模的纵向剖面中表示各种间隙补偿量

课题二　手工编程综合案例

一、例一

1. 题意

如图 4. 14 (a)所示,用手工编程实现加工。

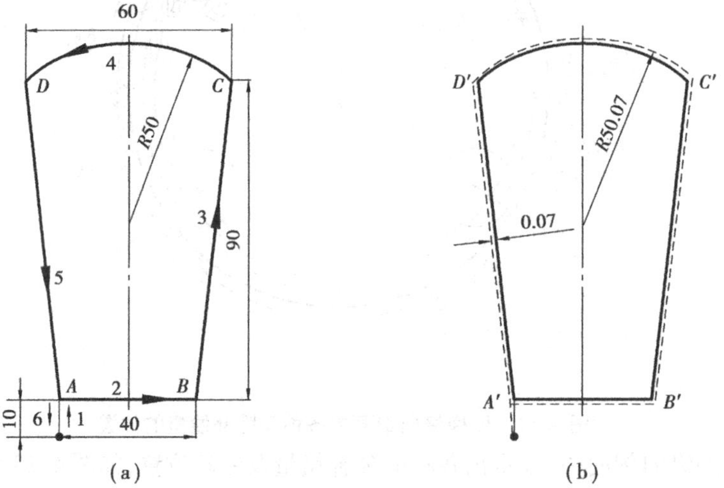

图 4. 14　手工编程图例 1

2. 分析

由图可知:该凸模由三段直线与一段圆弧组成,应编制四条程序段(沿逆时针方向加工)。此外,还应增加钼丝从工件外部切入到轮廓线的引入段和从轮廓结束顺原路径引出的程序段(即引入、引出线)。

3. 程序

1)若不考虑线径补偿,直接按图形轮廓编程,则所编加工程序,见表 4. 2 所示。

表 4. 2　不考虑间隙补偿量的程序清单

序号	B	X	B	Y	B	J	G	Z	注　释
1	B	0	B	10 000	B	10 000	Gy	L2	引入直线
2	B	40 000	B	0	B	40 000	Gx	L1	A—B
3	B	10 000	B	90 000	B	90 000	Gy	L1	B—C
4	B	30 000	B	40 000	B	60 000	Gx	NR1	C—D
5	B	10 000	B	90 000	B	90 000	Gy	L4	D—A
6	B	0	B	10 000	B	10 000	Gy	L4	引出直线段
7	DD								停机结束

2)若考虑线径补偿。设所用钼丝直径为 ϕ0. 12 mm,单边放电间隙为 0. 01 mm,则应将整个零件图形轮廓沿周边均匀增大一个间隙补偿量【0. 01 + 0. 12/2 = 0. 07】的值,得到图

4.14(b)中虚线所示的轮廓,按虚线轮廓(即钼丝中心轨迹)编程,所编加工程序清单,如表4.3所示。

表4.3 考虑间隙补偿量的程序清单

序号	B	X	B	Y	B	J	G	Z	注　释
1	B	63	B	9 930	B	9 930	Gy	L2	引入直线
2	B	40 126	B	0	B	40 126	Gx	L1	A—B
3	B	10 011	B	90 102	B	90 102	Gy	L1	B—C
4	B	30 074	B	40 032	B	60 148	Gx	NR1	C—D
5	B	10 011	B	90 102	B	90 102	Gy	L4	D—A
6	B	63	B	9 930	B	9 930	Gy	L4	引出直线段
7	DD								停机结束

二、例二

1. 题意

如图4.15(a)所示,要切割一个直径为$\phi 20$ mm的圆孔,用手工编程实现加工。

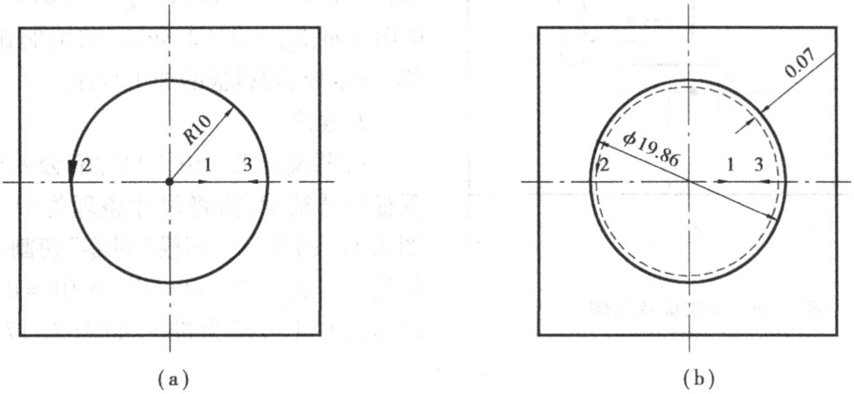

(a)　　(b)

图4.15 手工编程图例2

2. 程序

1)设穿丝孔,钻在孔中心处,若不考虑线径补偿,直接按图形轮廓编程,则所编加工程序,见表4.4所示。

表4.4 不考虑间隙补偿量的程序清单

序号	B	X	B	Y	B	J	G	Z	注　释
1	B	10 000	B	0	B	10 000	Gx	L1	"1"引入直线
2	B	10 000	B	0	B	40 000	Gy	NR1	"2"切割整圆
3	B	10 000	B	0	B	10 000	Gx	L3	"3"引出直线
4		DD							停机结束

2）若所用钼丝直径为ϕ0. 12 mm，单边放电间隙为0. 01 mm，则切割时，钼丝中心应在直径为ϕ19. 86 mm 的圆上，如图4. 15（b）所示，即整个零件图形轮廓，沿周边均匀减小一个间隙补偿量【0. 01 + 0. 12/2 =0. 07】的值，则整个加工程序，见表4. 5 所示。

表4. 5　考虑间隙补偿量的程序清单

序号	B	X	B	Y	B	J	G	Z	注　释
1	B	9 930	B	0	B	9 930	Gx	L1	"1"引入直线
2	B	9 930	B	0	B	39 720	Gy	NR1	"2"切割整圆
3	B	9 930	B	0	B	9 930	Gx	L3	"3"引出直线
4		DD							停机结束

三、例三

1. 题意

1）根据如图4. 16 所示的凹模尺寸图，用线切割加工出凹模、凸模、固定板、卸料板。

2）所用钼丝半径 $r_{丝}$ =0. 09 mm，单边放电间隙 $\delta_{电}$ = 0. 01 mm，$\delta_{配}$ = 0. 015 mm，$\delta_{固}$ = 0. 01 mm，$\delta_{卸}$ = 0. 02 mm。试编制出凹模、凸模、固定板、卸料板的加工程序。

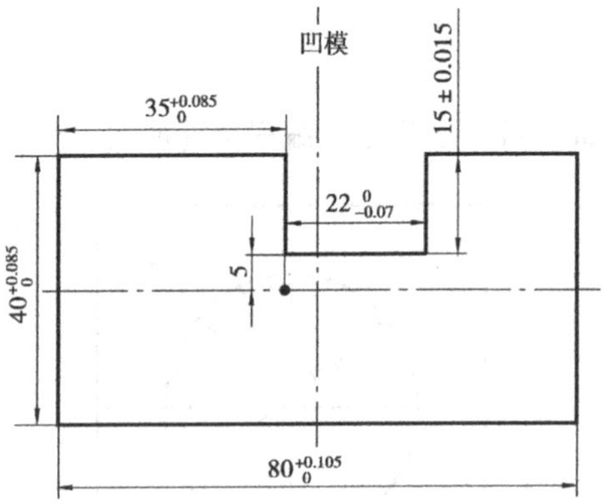

图4. 16　手工编程图例3

2. 程序

1）凹模加工。由于尺寸有公差要求，为了保证尺寸精度，需将尺寸整理为中差尺寸，如图4. 17（a）所示。凹模"对零"切割，即间隙补偿量 $f_{凹} = r_{丝} + \delta_{电}$ =0. 09 +0. 01 =0. 1 mm；钼丝走内（以凹模为准），如图4. 17（b）虚线所示。

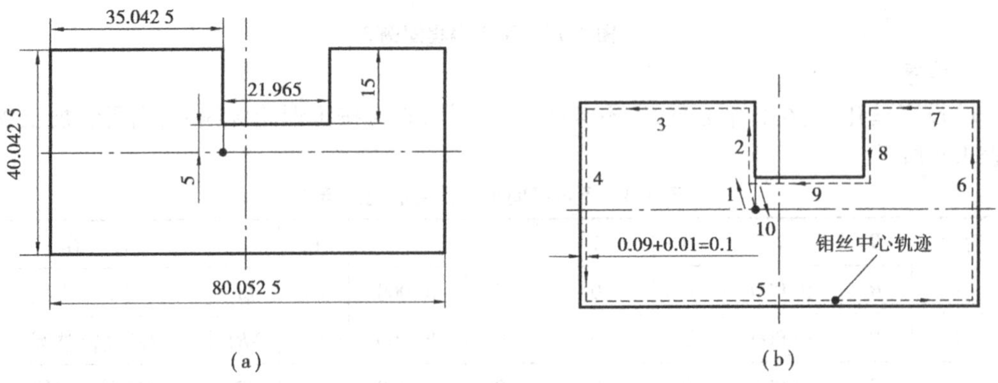

图4. 17　凹模加工

程序清单,见表4.6所示。

表4.6 考虑间隙补偿量,凹模程序清单

序号	B	X	B	Y	B	J	G	Z	注 释
1	B	100	B	4 900	B	4 900	Gy	L2	"1"引入直线
2	B	0	B	15 000	B	15 000	Gy	L2	"2"程序段
3	B	34 842	B	0	B	34 842	Gx	L3	"3"程序段
4	B	0	B	39 843	B	39 843	Gy	L4	"4"程序段
5	B	79 852	B	0	B	79 852	Gy	L1	"5"程序段
6	B	0	B	39 843	B	39 843	Gy	L2	"6"程序段
7	B	22 845	B	0	B	22 845	Gx	L3	"7"程序段
8	B	0	B	15 000	B	15 000	Gy	L4	"8"程序段
9	B	22 165	B	0	B	22 165	Gx	L3	"9"程序段
10	B	100	B	4 900	B	4 900	Gy	L4	"10"引出直线
11	DD								停机结束

2)凸模加工。凸模尺寸应在凹模尺寸基础上减去一个配合间隙。即凸模尺寸在凹模尺寸基础上单边减去0.015 mm。因此,凸模间隙补偿量 $f_{凸} = r_{丝} + \delta_{电} - \delta_{配} = 0.09 + 0.01 - 0.015 = 0.085$ mm;钼丝走外(以凹模为准),如图4.18所示。程序清单,见表4.7所示。

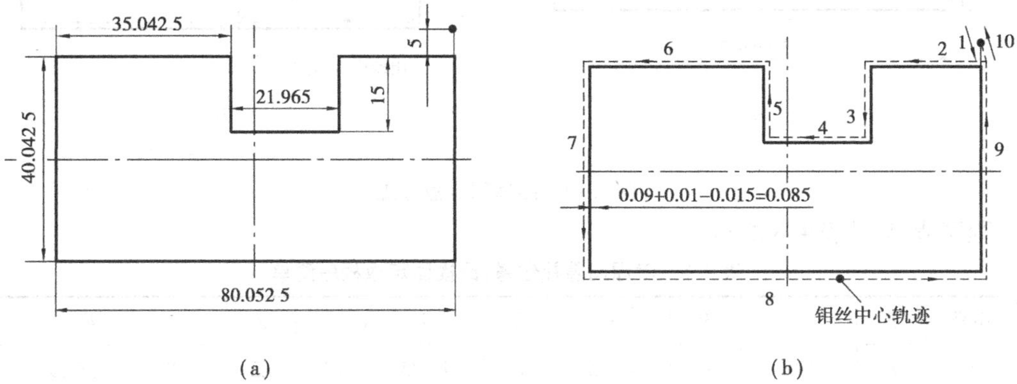

图4.18 凸模加工

表4.7 考虑间隙补偿量凸模程序清单

序号	B	X	B	Y	B	J	G	Z	注 释
1	B	85	B	4 915	B	4 915	Gy	L4	"1"引入直线
2	B	23 215	B	0	B	23 215	Gx	L3	"2"程序段
3	B	0	B	15 000	B	15 000	Gy	L4	"3"程序段
4	B	21 795	B	0	B	21 795	Gx	L3	"4"程序段

续表

序号	B	X	B	Y	B	J	G	Z	注　释
5	B	0	B	15 000	B	15 000	Gy	L2	“5”程序段
6	B	35 212	B	0	B	35 212	Gx	L3	“6”程序段
7	B	0	B	40 212	B	40 212	Gy	L4	“7”程序段
8	B	80 222	B	0	B	80 222	Gx	L1	“8”程序段
9	B	0	B	40 212	B	40 212	Gy	L2	“9”程序段
10	B	85	B	4 915	B	4 915	Gy	L2	“10”引出直线
11	DD								停机结束

3)凸模固定板加工。凸模固定板尺寸在凸模尺寸基础上单边减去 $\delta_{固}=0.01$ mm 。因此，凸模固定板间隙补偿量 $f_{固}=r_{丝}+\delta_{电}+\delta_{配}+\delta_{固}=0.09+0.01+0.015+0.01=0.125$ mm，钼丝走内(以凹模为准)，如图 4.19 所示。

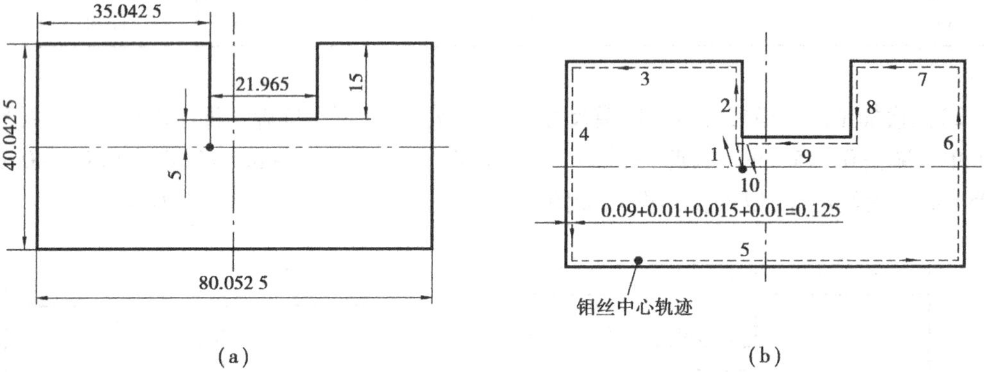

图 4.19　凸模固定板加工

程序清单，见表 4.8 所示。

表 4.8　考虑间隙补偿量，凸模固定板程序清单

序号	B	X	B	Y	B	J	G	Z	注　释
1	B	125	B	4 875	B	4 875	GY	L2	“1”引入直线
2	B	0	B	15 000	B	15 000	GY	L2	“2”程序段
3	B	34 792	B	0	B	34 792	GX	L3	“3”程序段
4	B	0	B	39 793	B	39 793	GY	L4	“4”程序段
5	B	79 802	B	0	B	79 802	GX	L1	“5”程序段
6	B	0	B	39 793	B	39 793	GY	L2	“6”程序段
7	B	22 795	B	0	B	22 795	GX	L3	“7”程序段
8	B	0	B	15 000	B	15 000	GY	L4	“8”程序段

续表

序号	B	X	B	Y	B	J	G	Z	注　释
9	B	22 155	B	0	B	22 155	GX	L3	“9”程序段
10	B	125	B	4 875	B	4 875	GY	L4	“10”引出直线
11	DD								停机结束

4)卸料板加工。凸模卸料板尺寸应比凸模尺寸单边加大一个 $\delta_{卸}=0.02$ mm 配合间隙,因此,卸料板间隙补偿量 $f_{卸}=r_{丝}+\delta_{电}+\delta_{配}-\delta_{卸}=0.09+0.01+0.015-0.02=0.095$ mm。钼丝走内(以凹模为准),如图4.20所示。

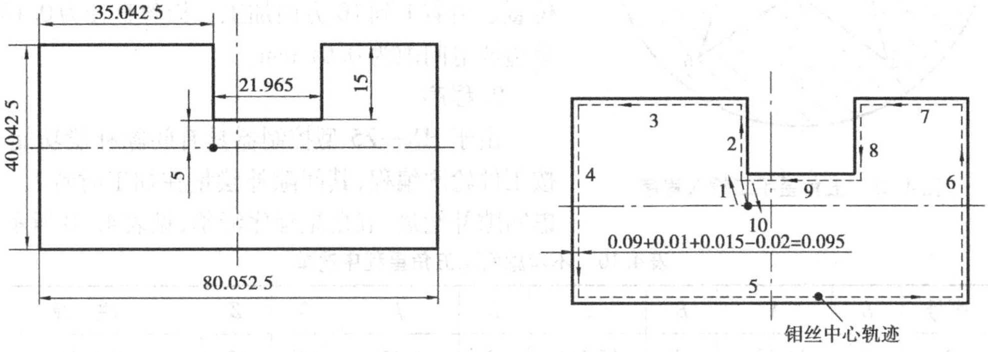

图4.20　卸料板加工

程序清单,见表4.9所示。

表4.9　考虑间隙补偿量卸料板程序清单

序号	B	X	B	Y	B	J	G	Z	注　释
1	B	95	B	4 905	B	4 905	GY	L2	“1”引入直线
2	B	0	B	15 000	B	15 000	GY	L2	“2”程序段
3	B	34 852	B	0	B	34 852	GX	L3	“3”程序段
4	B	0	B	39 853	B	39 853	GY	L4	“4”程序段
5	B	79 862	B	0	B	79 862	GX	L1	“5”程序段
6	B	0	B	39 853	B	39 853	GY	L2	“6”程序段
7	B	22 855	B	0	B	22 855	GX	L3	“7”程序段
8	B	0	B	15 000	B	15 000	GY	L4	“8”程序段
9	B	22 155	B	0	B	22 155	GX	L3	“9”程序段
10	B	95	B	4 905	B	4 905	GY	L4	“10”引出直线
11	DD								停机结束

课题三　程序的输入与调试

一、示例

1. 题意

如图 4.21 所示，加工一五角星凹模对零切割。已知五角星各顶点的坐标为 1(-11.226,15.451)，2(-47.553, 15.451)，3(-18.164, -5.902)，4(-29.389,-40.451)，5(0,-19.098)，6(29.389,-40.451)，7(18.164,-5.902)，8(47.553,15.451)，9(11.226,15.451)，10(0,50) 圆心点(0,0)为穿丝点位置。沿着 1 到 10 方向加工。钼丝直径为 0.18 mm，单边放电间隙为 0.01 mm。

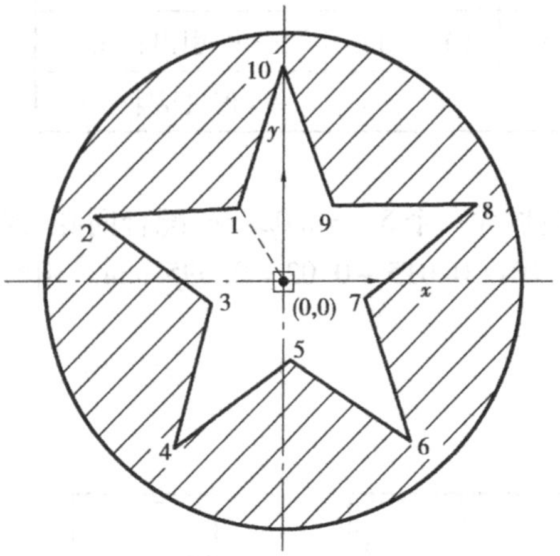

图 4.21　五角星手工输入程序

2. 程序

由于 HX—Z5 型控制器具有间隙补偿功能，因此按工件轮廓编程，其间隙补偿量在加工时置入。不考虑间隙补偿量，五角星程序清单，见表 4.10 所示。

表 4.10　不考虑间隙五角星程序清单

序号	B	X	B	Y	B	J	G	Z	注　释
1	B	11 226	B	15 451	B	15 451	GY	L2	引入直线
2	B	36 327	B	0	B	36 327	GX	L3	1—2
3	B	29 389	B	21 353	B	29 389	GX	L4	2—3
4	B	11 225	B	34 549	B	34 549	GY	L3	3—4
5	B	29 389	B	21 353	B	29 389	GX	L1	4—5
6	B	29 389	B	21 353	B	29 389	GX	L4	5—6
7	B	11 225	B	34 549	B	34 549	GY	L2	6—7
8	B	29 389	B	21 353	B	29 389	GX	L1	7—8
9	B	36 327	B	0	B	36 327	GX	L3	8—9
10	B	11 226	B	34 549	B	34 549	GY	L2	9—10
11	B	11 226	B	34 549	B	34 549	GY	L3	10—1
12	B	11 226	B	15 451	B	15 451	GY	L4	引出直线
13	DD								停机结束

二、操作步骤

1. 程序输入到控制器

1）打开 HX—Z5 型控制器电源开关。

2）在显示 Good 状态时，按【待命】键。

3)显示【P】后,再按数字键。

4)输入程序起始段,例如100后,按3B格式,输入指令见表4.11所示。

表4.11 输入到控制器的输入指令

按键操作	数码显示状态																说明
待命	P																处于待命状态
100		1	0	0													输入起始段号
*B*11226		1	0	0				*H*				1	1	2	2	6	输入 *X* 坐标值
*B*15451		1	0	0				*Y*				1	5	4	5	1	输入 *Y* 坐标值
*B*15451		1	0	0					*J*			1	5	4	5	1	输入 *J* 计数长度
*GY L*2		1	0	0	*y*		*L*	2	*J*			1	5	4	5	1	输入计数方向和加工指令
*B*36327		1	0	1				*H*				3	6	3	2	7	输入下一段 *X* 坐标值
B		1	0	1				*Y*									*Y* 坐标值为0,可省略输入0
*B*36327		1	0	1					*J*			3	6	3	2	7	输入 *J* 计数长度
*GX L*3		1	0	1	*H*		*L*	3	*J*			3	6	3	2	7	输入计数方向和加工指令
⋮																	同理输入其他程序段
*B*11226		1	1	1				*H*				1	1	2	2	6	输入111段 *X* 坐标值
*B*15451		1	1	1				*Y*				1	5	4	5	1	输入111段 *Y* 坐标值
*B*15451		1	1	1					*J*			1	5	4	5	1	输入 *J* 计数长度
*GY L*4		1	1	1	*y*		1	4	*J*			1	5	4	5	1	输入计数方向和加工指令
D		1	1	1	*y*		1	4	*J*			1	5	4	5	1	输入暂停符
D		1	1	1	*y*		1	4	*J*			1	5	4	5	1	输入暂停符,转为全停符

2. 输入钼丝补偿量

现用0.18 mm的钼丝加工,则钼丝间隙补偿量(0.18 +0.02)/2 =0.1 mm,操作见表4.12所示。

表4.12 输入钼丝补偿量的操作

按键操作	数码显示状态																说明
待命	P																处于待命状态
上档	P.																处于上挡状态
设置	E.																处于设置状态
补偿																0	没有补偿参数显示0
GY												–					*GX* 为 +,*GY* 为 –
100												–		1	0	0	输入间隙补偿值
待命	P																输入结束返回指示灯亮

3. 进行程序校零操作

进行程序校零的操作，见表 4.13 所示。

表 4.13　进行程序校零的操作

按键操作	数码显示状态																说　明
待命	P																处于待命状态
上档	P.																处于上挡状态
100		1	0	0													输入起始段号
校零		1	0	0										1	1	1	执行校零运算
校零								0								0	显示校零结果
待命	P																返回待命状态

4. 程序执行

程序执行的操作，见表 4.14 所示。

表 4.14　程序执行的操作

按键操作	数码显示状态																说　明
待命	P																处于待命状态
100		1	0	0													输入起始段号
执行		1	0	0										1	1	1	进行结束指令查找并显示
执行		1	0	0	γ		L	2	J			1	5	4	5	1	执行切割

【自己动手 4-1】如图 4.22 所示，分析该产品哪个部位适合用线切割加工。如果需要，采用手工编程的方法，将 3B 程序编写出来，然后将程序输入到控制器。

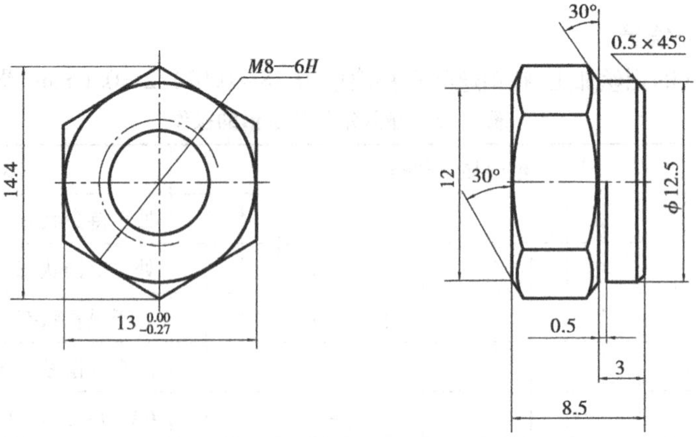

图 4.22　【自己动手 4-1】的图形

【自己动手 4-2】现用 ϕ0.18 mm 的钼丝切割如图 4.23 所示工件。不考虑间隙补偿量，按工件轮廓编程。其间隙补偿量在加工时置入。完成其 3B 程序，并输入到控制器。

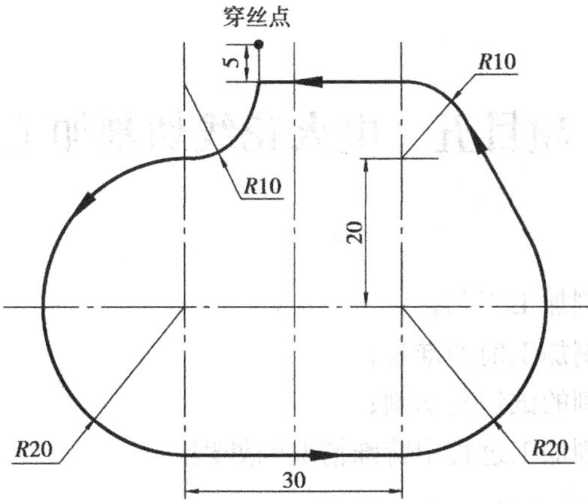

图 4.23 【自己动手 4-2】的图形

【自己动手 4-3】现用 ϕ0.18 mm 的钼丝切割如图 4.24 所示工件。考虑间隙补偿量编写 3B 程序。

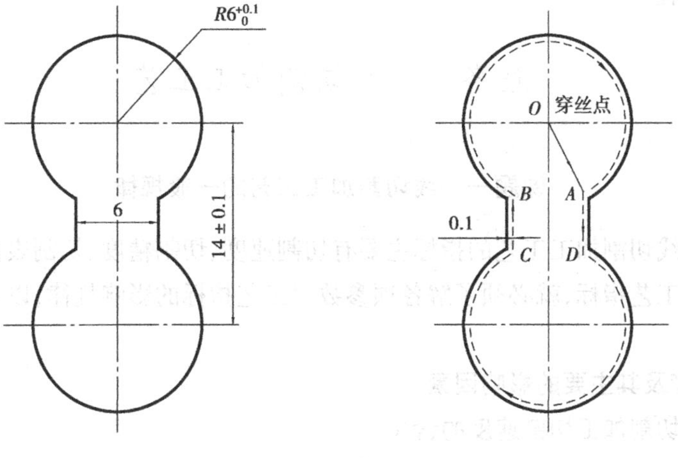

图 4.24 【自己动手 4-3】的图形

项目五　电火花线切割加工

项目内容　1)线切割加工工艺;

2)线切割加工前的准备;

3)线切割的试切与切割;

4)线切割加工过程中特殊情况的处理。

项目目的　1)掌握线切割加工基本流程;

2)能独立的完成丝架的垂直度校正,工件的装夹找正;

3)能独立的确定合理的加工路径以及调节最佳的切割参数。

项目实施过程

任务一　线切割加工工艺

课题一　线切割加工工艺的一般规律

衡量电火花线切割加工工艺的指标主要有切割速度、切割精度、切割表面粗糙度等。为了获得较好的加工工艺指标,就必须了解各项参数对工艺指标的影响规律,以及各工艺指标的相互影响。

一、切割速度及其主要的影响因素

1. 电火花线切割加工切割速度的含义

电火花线切割加工的切割速度 v_{wi}(mm^2/min),是反映效率的一项重要指标,也就是通常所说的加工快慢。因此,可用电极丝沿图形加工轨迹的进给速度,作为电火花线切割加工的切割速度。但是对于不同的工件厚度,这个进给速度是不一样的,为此,采用电极丝沿图形加工轨迹的进给速度乘以工件厚度,来表示电火花线切割的加工速度,也就是用电极丝的中心线在单位时间内,在工件上扫过的面积总和来表示实际切割效果。也可以认为是在单位时间内,机床的 X 轴和 Y 轴电动机驱动工作台相对电极丝移动的距离乘上工件的厚度,即:

切割速度 v_{wi}(mm^2/min) = 加工进给速度 v_f(mm/min) × 工件厚度 H(mm)。

2. 影响切割速度的主要因素

1)脉冲电源对切割速度 v_{wi}的影响。脉冲电源对切割速度 v_{wi}的影响主要有:

①峰值电流的影响。峰值电流就是单个脉冲能量对切割速度的影响。切割速度与峰值电流的 1.4 次方成正比,因此,增大脉冲电源的峰值电流,对提高切割速度是有效的。

②平均加工电流的影响。平均加工电流是指在放电时间内,放电电流的算术平均值。切

割速度大致跟平均加工电流成正比例地增加，因此，增大脉冲电源的平均加工电流对提高切割速度是有效的。

③脉冲电流上升时间的影响。脉冲电流上升速度越快，也就是脉冲电流上升时间越小，切割速度越高。

④脉冲电源空载电压的影响。要使加工间隙产生电火花放电击穿，需要一定的电场强度，而电极丝与工件之间的放电间隙不能太小，否则容易产生短路，也不利于冷却和电蚀物的排除。因此，脉冲电压不能太低，否则就难以维持稳定的加工。提高脉冲电源的空载电压，可增大放电间隙，有利于冷却和排屑，切割速度相应提高。但是过高的电压会使加工间隙过大，切割速度反而下降，因此空载电压也不能太高。

⑤脉冲间隔的影响。减少脉冲间隔，相当于提高了脉冲频率，增加了单位时间的放电次数，切割速度相应提高。但是当脉冲间隔减少到一定程度后，加工间隙的绝缘强度来不及恢复，破坏了加工的稳定性，切割速度反而下降。

⑥脉宽的影响：在其他加工条件相同的情况下，切割速度是随脉宽的增加而增加。按经验公式可知，切割速度与脉冲宽度的 1.1 次方成正比，但是当它增大到一定范围后，切割速度反而下降，这是由于脉宽的增加，蚀除量也增加，排屑条件变差，加工不稳定，影响了切割速度。

2）电极丝对切割速度的影响。电极丝对切割速度的影响主要有：

①电极丝材料对切割速度的影响。不同材质的电极丝，其切割速度有很大的差别。在高速走丝线切割工艺中，目前普遍使用钼丝作为电极丝；在低速走丝线切割工艺中，一般使用铜、铁金属丝和各种专用合金丝，或镀层的电极丝。切割速度主要决定于电极丝表面层的状态：表面层含锌浓度越大，切割速度越高；含锰浓度越低，切割速度越高。

②电极丝直径对切割速度的影响。目前，电火花线切割加工，电极丝直径一般在 0.03 ~ 0.35 mm。电极丝直径越粗，切割速度越快，越有利于厚工件的加工。但是电极丝直径的增加，要受到工艺要求的约束，增大加工电流，加工表面的表面粗糙度会变差，所以，电极丝直径的大小，要根据工件厚度、材料和加工要求而定。

③电极丝张力对切割速度的影响。电极丝张力越大，切割速度越高。这是由于电极丝拉得紧时，电极丝振动的幅度变小，加工的切缝变窄，也不易引起短路，节省了放电能量的损失，进给速度就加快。但是过大的张力，容易引起断丝，加工速度反而下降。

④电极丝的走丝速度对切割速度的影响。电极丝通过加工间隙的走丝速度的快慢，会影响电极丝在加工区的逗留时间，以及在这一逗留时间内的放电次数。

a. 走丝快，逗留时间少，承受的放电次数就少，放电所产生的热量对电极丝的影响就小。

b. 提高电极丝的走丝速度，会使工作液容易被带入狭窄的加工间隙，加强电极丝的冷却，这样可允许同一线径的电极丝通过更大的电流，使切割速度提高。

c. 提高电极丝的走丝速度容易将放电间隙中的电蚀产物带到间隙外，间隙恢复绝缘快，减少了二次放电和电弧放电，提高了能量的利用率，有利于提高切割速度。

⑤电极丝振动对切割速度的影响。电极丝在加工中的振动，当振幅很小时，可提高切割速度，因此，在低速走丝线切割机床的电极丝上，安装一个可控制振幅的微弱振动器，切割速度可

以明显的提高,尤其对于精加工,效果更为明显。振幅太大或不等振幅的无规则振动,容易引起与工件之间的短路,反而造成切割速度下降或产生断丝,所以要尽量减少机床和走丝系统的振动,以提高切割的速度和精度。

3)工作液对切割速度的影响。工作液对切割速度的影响主要有:

①不同的工作液对切割速度的影响。在高速走丝切割加工中,不同的乳化液有不同的切割速度,乳化液中的乳化剂对切割速度的影响很大。在低速走丝线切割加工中,目前普遍使用去离子水。为了提高切割速度,在加工中,有时加入有利于提高切割速度的导电液。工作液的导电率越低,切割速度有增加的倾向,这是因为电阻率低,放电间隙增大,加工稳定。

②工作液压力对切割速度的影响。提供适当的工作液压力,可以有效地排除加工屑,同时可以增强对电极丝的冷却效果,有利于提高切割速度。

4)工件对切割速度的影响。工件对切割速度的影响主要有:

①工件材质对切割速度的影响。不同材质的工件,切割速度有很大的差别。切割铝合金的速度比较高,而切割硬质合金、石墨和聚晶等材料的速度就比较低。

②工件厚度对切割速度的影响。工件越厚,在进给方向的加工面积就越大,对电火花线切割加工来说,面积效应有利于提高切割速度。但是,当工件厚度增大到一定程度后,切割速度反而会下降,这是由于随着工件厚度的增加,排屑条件变差,迫使一般性能的电火花线切割机床的切割速度下降。随着控制技术的发展,在加工中,可根据工件的不同厚度,自动地进行参数的转换,使厚度的变化对切割速度的影响变得很小。

5)进给方式对切割速度的影响。进给方式对切割速度的影响主要有:

数控电火花线切割机床的切割进给方式有恒速进给、伺服进给、自适应控制和模糊控制等。目前,高速走丝都采用伺服进给方式,而早期的低速走丝采用恒速进给,现在已发展为伺服进给、自适应控制和模糊控制,使切割速度不断提高。

①恒速进给方式。这种进给方式是按设定的某个速度进给,而无视加工间隙状态的变化,因而在加工中只能以较低的切割速度进给,所以是切割速度较低的一种进给方式。

②伺服进给方式。这是根据加工间隙加工状态的变化,不断地自动修正进给速度的一种方式,因而能保持较佳的进给状态,加工比较稳定,切割速度较高。

③自适应进给方式。能根据加工的几何形状,由数控系统自动地改变进给速度,脉冲电源中的电流、脉宽、脉间、工作液的喷射强度,以及走丝部分的参数,因而有较高的切割速度。

二、加工精度及其主要的影响因素

线切割加工的加工精度大致可以分为四个方面,即加工面的尺寸精度、间距尺寸精度、定位精度和角部形状精度。影响线切割加工精度的因素很多,主要有脉冲电源、电极丝、工作液、工件、进给方式、机床和环境等。影响电火花线切割加工精度的主要因素,见表 5.1 所示。

表 5.1 影响电火花线切割加工精度的主要因素

线切割加工精度	脉冲电源	1. 类型
		2. 电源电压的波动
		3. 波形对电极丝的损耗
	电极丝	1. 电极丝线径精度
		2. 张力大小及稳定性
		3. 走丝速度及稳定性
		4. 电极丝损耗
	工作液	1. 工作液流量、压力的稳定性
		2. 液温变化
		3. 电阻率
		4. 供液方式(喷射、浸入)
		4. 过滤精度
	工件	1. 材质
		2. 残余应力
	进给方式	1. 恒速进给
		2. 伺服进给
		3. 自适应控制
	机床	1. 刚性
		2. 热变形
		3. 传动精度
	环境	1. 电网电压的波动
		2. 振动
		3. 室温变化

1. 影响切缝精度的主要因素

切缝误差是影响线切割加工形状尺寸精度的重要因素之一。在其他条件一定的条件下，它与脉冲电源、电压、峰值电流、脉宽、间隔都有着密切的关系。

1)切缝与空载电压的关系。空载电压高，切缝宽。切缝越窄，加工切缝的变化量相应地减少，因此，其加工面的平直度和形状精度都可得到改善。

2)平均加工电压与切缝的关系。当采用恒速进给，改变加工电源参数时，无论采用较慢的进给速度，还是采用较快的进给速度，切缝宽的变化较为显著。所以平均加工电压对加工槽宽的影响较大。显然，降低加工电压，使切缝变宽，有利于提高加工精度。

3)切缝宽与加工进给速度的关系。采用伺服进给，既有利于提高进给速度，也有利于提高加工精度。在不影响断丝的情况下，应尽量提高加工的进给速度。

在慢走丝线切割加工中，使用去离子水作为工作液时，不同电阻率的去离子水对切缝宽有很大的影响。工作液的电阻率越高，切缝越窄，越有利于提高加工形状尺寸精度。但是由于加工工件的电蚀物容易产生二次放电，使其沿工件高度方向的电阻率变化，即上、下部的电阻率高，中间部分低，因此，加工工件会形成腰鼓形，在这种情况下，去离子水的电阻率不宜选择得太高。另一方面，还应提高工作液的流量和压力，加快对电蚀物的排除，使更多更新的工作液充满工件的中间部位。

2. 影响垂直度的各种因素

所谓垂直度，是指沿工件高度方向的上、中、下的尺寸误差。为了减少沿高度方向的垂直度，在安装工件时，应尽量使工件跟上、下导向器的距离基本一致，以减少加工工件间上、下端部的尺寸误差。在加工厚工件时，进给速度会降低，而且中部的电蚀物会使它的电阻率下降，这样就增大了垂直度的误差。如果电极丝的走丝速度太慢，也将影响平直度的误差。走丝速度慢，电极丝在加工区产生损耗，使进入加工区的电极丝由粗变细，造成被加工工件的上部和下部的尺寸不一样，从而产生垂直度误差。

3. 影响间距精度的主要因素

线切割加工的间距误差，主要取决于机械精度、室温变化、工件内部残余应力、工作液的电阻率和电源参数的变化，而数控装置的精度目前较高，可以忽略其影响。

在加工跳步模和复合模时，间距尺寸精度非常重要。为了获得较高的间距精度，需要有较高精度的线切割机床，而且要有较好的环境恒温条件，对工作液进行监控，对工件进行热处理，高温回火以消除残余应力。在加工时，采用多次切割方法是提高间距精度的有效措施。

4. 影响定位精度的主要因素

线切割加工的定位方法，有以孔为基准和以端面为基准两种。采用火花法或自动定位，由电极丝与工件的电接触进行判断。工件基准面的状态、电极丝的张力及工作台的惯性，都会给定位精度带来一定的影响。

5. 影响表面粗糙度的主要因素

影响表面粗糙因素很多，脉冲电源的峰值电流、平均加工电压、放电电容、工作液电阻率等，对加工表面粗糙度都有一定的影响，另外电极丝的振动、走丝速度和张力的稳定性以及进给方式，也会影响加工表面的粗糙度。

6. 影响角部形状精度的主要因素

由于电极丝半径尺寸和放电间隙的原因，无法使凹模的内拐角加工成清角，加工尖角会被倒圆。同时由于放电力的作用，电极丝产生滞后，在拐角处产生塌角现象，使圆弧及拐角，在加工时造成圆弧误差和拐角误差。为了克服角部加工误差，目前发展了计算机自动控制角部变化的功能，采用最佳控制加工速度和自动转换加工条件的自适应控制，可使角部误差减少到最小。

三、加工表面粗糙度及其主要影响因素

电火花线切割是利用放电能量的热作用使工件材料熔化、蒸发以达到尺寸加工的目的。由于线切割的工作液具有介电作用，因此，在加工过程中还伴有一定的电解作用。切割时的热作用和电解作用，使加工表面产生变质层，致使线切割加工的模具发生早期磨损，缩短了模具的使用寿命。

1. 表面加工痕迹

电火花线切割的加工表面从宏观上看，是带有切割条纹的，但又不像机械切削那样，有明显的切痕表面。切割条纹的浓度和条纹之间的宽窄,主要与放电能量、电极丝的走丝方式、张力和振动的大小以及工作液、机床精度、进给方式和进给速度等因素有关。高速走丝的条纹一般较低速走丝的条纹明显,使用浮化油的水溶液,还容易形成黑白相间的条纹。

从微观上来看,加工表面是由许多放电痕重叠而成。因为在加工中,每次脉冲放电都在工件表面形成一个放电痕,连续放电,使放电痕相互重叠,就形成了无明显切痕的表面。放电痕的深度和直径,主要取决于单个脉冲放电能量和脉冲参数。

2. 表面变质层

电火花线切割表面变质层与工件材料、工作液和脉冲参数有关。

1)金相组织及元素成分。由于火花放电的热作用,使材料急剧加热熔化,放电停止后,立即在工作液的冲洗下急剧冷却,因此工件表面层的金相组织发生了明显的变化,形成不连续的、厚薄不均匀的变质层,通常称为白层。金相分析认为,该层残留了大量的奥氏体。在使用钼丝和含碳工作液时,光谱分析和电子探针分析表明,在白层内,钼和碳的含量大幅度增高。而使用铜电极丝和去离子水的工作液时,发现变质层内铜的含量增加,但无渗碳现象。

2)显微硬度。由于变质层金相组织和元素含量的变化,使显微硬度明显下降,加工表面产生一层组织脆松的熔化层。

3)变质层厚度。变质层厚度即白层的厚度。由于放电的随机性,在相同加工条件下,白层的厚度明显不均。

4)显微裂纹和应力。线切割加工表面的变质层,一般存在拉应力,甚至出现显微裂纹。在加工硬质合金时,在一般的电参数条件下,更加容易出现裂纹,并存在空洞,这是要注意的。对于线切割加工表面的缺陷,可采用多次切割的方法,尽量减少其缺陷,对要求高的工件,可采用各种措施,抛除变质层。

课题二 电参量对加工工艺指标的影响

脉冲电源的波形和参数对材料的电腐蚀过程影响极大,它们决定着表面粗糙度、蚀除率、切缝宽度的大小和钼丝的损耗率,进而影响加工的工艺指标。

一般情况下,线切割加工脉冲电源的单个脉冲放电电源能量较小,除受工件加工表面粗糙度要求限制外,还受电极丝允许承载放电电流的限制。欲获得较好的表面粗糙度,每次脉冲放电的能量不能太大。表面粗糙度要求不高时,单个放电脉冲能量可以取大些,以便得到较高的切割速度。

在实际应用中,脉冲宽度为1~60 μs,而脉冲重复频率为10~100 kHz,有时也可以在这个范围之外。脉冲宽度窄、重复频率高,有利于降低表面粗糙度,提高切割速度。

一、短路峰值电流对工艺指标的影响

短路峰值电流$\hat{i}_s$对切割速度v_{wi}和表面粗糙度R_a影响的曲线,如图5.1所示。增加短路峰值电流,切割速度提高,表面粗糙度变差。这是因为短路峰值电流越大,相应的加工电流峰值就越大,单个脉冲能量也越大,所以放电痕大,切割速度高,表面粗糙度就比较差。

增大短路峰值电流,不但使工件放电痕增大,而且使电极丝损耗变大,这两者均使加工精度有所降低。

二、脉冲宽度对工艺指标的影响

脉冲宽度 t_i 对切割速度 v_{wi} 和表面粗糙度 R_a 的影响曲线，如图 5.2 所示。增加脉冲宽度，切割速度提高，但表面粗糙度下降。这是因为脉冲宽度增加，单个脉冲放电能量增大，所以放电痕也变大。同时随着脉冲宽度的增加，电极丝损耗变大。

通常，在线切割精加工和半精加工时，单个脉冲放电能量应限制在一定的范围内。当短路峰值电流选定后，脉冲宽度要根据具体的加工要求而定。精加工时，脉冲宽度可在 20 μs 内选择；半精加工时，可在 20 ~ 60 μs 内选择。

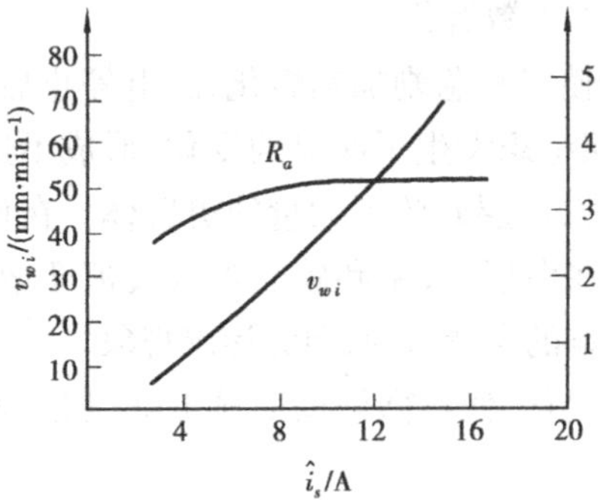

图 5.1 $\hat{i}_s$ 对 v_{wi} 和 R_a 影响曲线

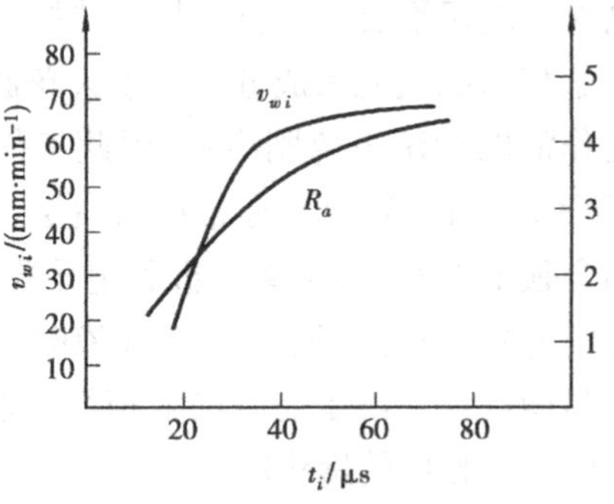

图 5.2 t_i 对 v_{wi} 和 R_a 影响曲线

三、脉冲间隔对工艺指标的影响

脉冲间隔 t_o 对切割速度 v_{wi} 和表面粗糙度 R_a 的影响曲线，如图 5.3 所示。减少脉冲间隔，表面粗糙度稍微增大，这表明脉冲间隔对切割速度影响较大，对表面粗糙度的影响较小。因为在单个脉冲放电能量确定的情况下，脉冲间隔变小，脉冲频率增大。即单位时间放电加工的次数增多，平均加工电流增大，故切割速度提高。

实际上，脉冲间隔不能太小，它受间隙绝缘恢复速度的限制。如果脉冲间隔太小，放电产物来不及排出，放电间隙来不及充分消电离，将使加工变得不稳定，容易烧伤工件或断丝。但是脉冲间隙不能太大，否则会使切割速度明显下降，严重时不能连续进给，使加工变得不稳定。一般脉冲间隔在 10 ~ 250 μs 以内，基本上能适应各种加工条件，进行稳定加工。选择脉冲间隔和脉冲宽度与工件厚度有很大的关系。一般来说工件厚，脉冲间隙就要大，这样保持工件的

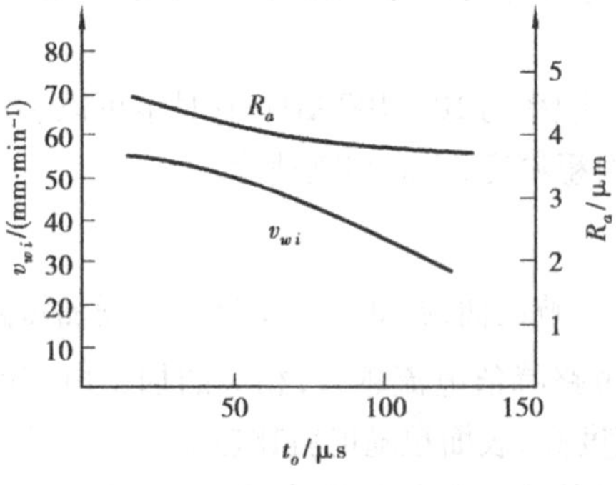

图 5.3 t_o 对 v_{wi} 和 R_a 影响曲线

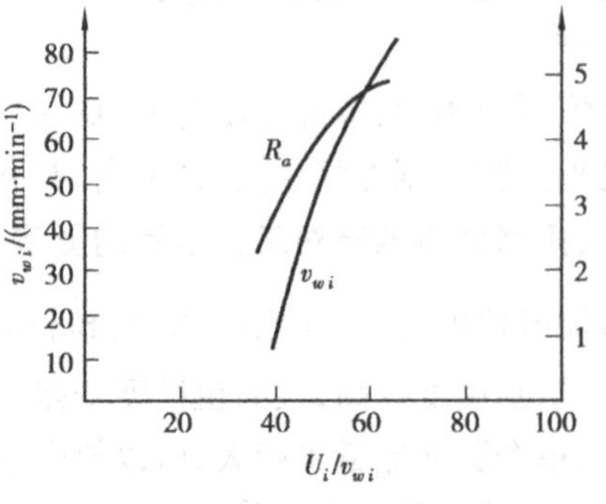

图 5.4 U_i 对 v_{wi} 和 R_a 影响曲线

稳定性就越好。

四、开路电压对工艺指标的影响

开路电压 U_i 对切割速度 v_{wi} 和表面粗糙度 R_a 的影响曲线，如图 5.4 所示。随着开路电压峰值的提高，加工电流增大，切割速度提高，表面粗糙下降。这是因为电压高，使加工间隙变大，所以加工精度略有下降。加工间隙大，有利于放电产物的排出和消电离，提高了加工的稳定性和脉冲利用率。采用乳化液介质和高速走丝方式时，开路电压峰值一般在 60 ~ 150 V，个别的用到 300 V 左右。

课题三　电极丝对线切割工艺性能的影响

一、常用电极丝材料的种类、名称和规格

现有的线切割机床分高速和低速走丝两种。高速走丝机床的电极丝在加工过程中反复使用，主要有钼丝、钨丝和钨钼丝，常用的规格为 ϕ0.1 ~ 0.18 mm。当需要切割较小的圆弧或缝槽时，也用 ϕ0.06 mm 的钼丝。钨丝的优点是耐腐蚀，抗拉强高。缺点是脆而不耐弯曲，且价格昂贵，仅在特殊情况下使用。

低速走丝线切割机床一般用黄铜丝作为电极丝。电极丝作单向的低速运行，用一次就弃掉。专用电极丝规格为 ϕ0.10 ~ 0.30 mm，最小直径为 ϕ0.03 mm。

二、电极丝直径的影响

电极丝直径对切割速度影响很大。若电极丝直径过小，则承受电流小，切缝也窄，不利于排屑和稳定加工，不可能获得理想的切割速度。因此，在一定的范围内，电极丝的直径加大对切割速度是有利的。但是，电极丝直径超过了一定程度，造成切缝过大，反而又影响了切割速度的提高。因此，电极丝直径也不宜过大。另外，电极丝直径对切割速度的影响，也受脉冲参数等综合因素的制约。

三、电极丝上丝、紧丝对工艺指标的影响

电极丝的上丝、紧丝是线切割操作中一个重要的环节，它的好坏，直接影响到加工零件的质量和切割速度，如图 5.5 所示。当电极丝张力适中时，切割速度最大。

在上丝、紧丝的过程中，如果上丝过紧，电极丝超过弹性变形的范围，由于频繁地往复弯曲、摩擦，加上放电时遭受急热、急冷变换的影响，容易发生疲劳而造成断丝。高速走丝时，上丝过紧所造成的断丝往往发生在换向的瞬间，严重时即使空走也会断丝。

但若上丝过松，在切割较厚工件时，由于电极丝具有延展性，且跨距较大，除了它的振动幅度大以外，还会在加工过程中，受放电压力的作用而弯曲变形，结果电极丝切割轨迹落后并偏离工件轮廓，即出现加工滞后现象，如图 5.6 所示，从而造成形状与尺寸误差，影响工件的加工精度。如切割较厚的圆柱体，会出现腰鼓形状，严重时电极丝快速运转，容易跳出导轮槽或限位槽，电极丝被卡断或拉断，所以电极丝的张力，对运行时电极丝的振幅和加工稳定性有很大影响，故在上电极丝时，应采取张紧电极丝的措施。

为了不降低电火花线切割的工艺指标，电极丝张紧力在电极丝抗拉强度允许范围内应尽量可能大一点，电极丝张紧力的大小，应视电极丝的材料与直径的不同而异，一般高速走丝线切割机床，钼丝张力应在 5 ~ 10 N。

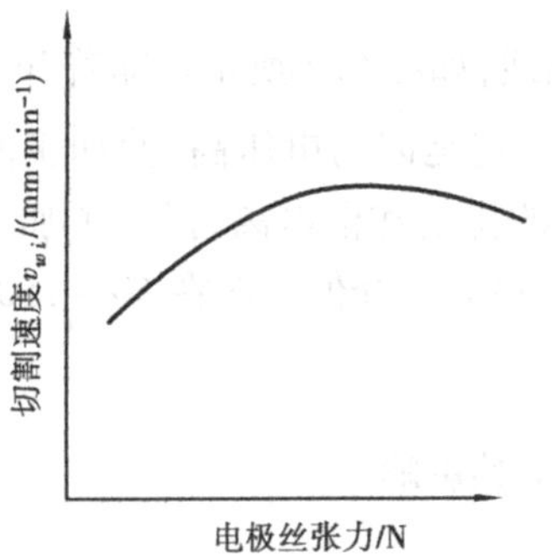

图 5.5　张力与切割速度关系

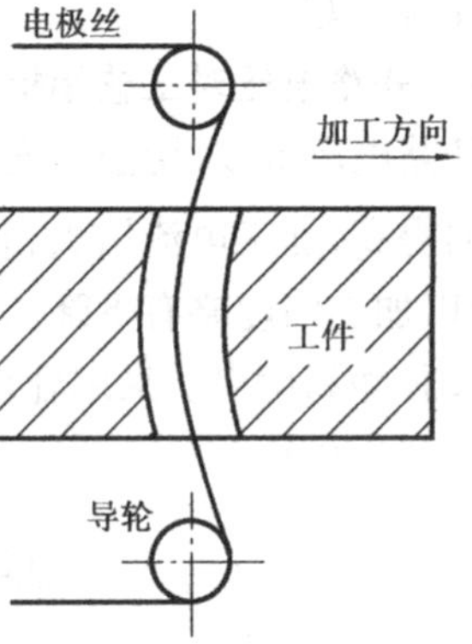

图 5.6　电极丝滞后现象

四、电极丝垂直度对工艺指标的影响

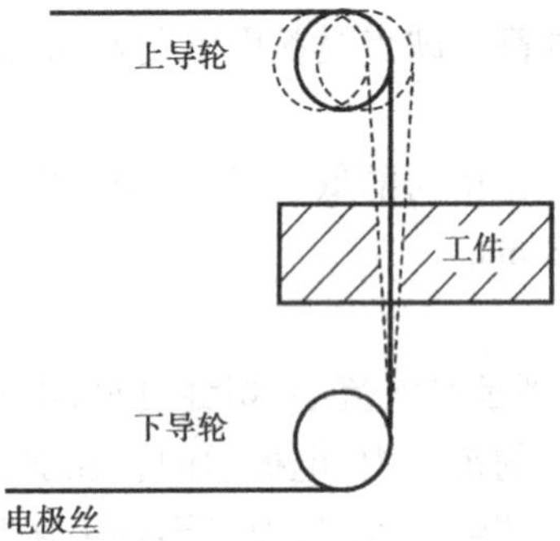

图 5.7　导轮径向跳动示意图

电极丝运动的位置主要由导轮决定,若导轮有径向跳动(如图 5.7 所示)和轴向窜动,电极丝就会发生振动,振动幅度决定于导轮跳动或窜动值。假定下导轮是精确的,上导轮在水平方向上有径向跳动,这时切割出的圆柱体工件,必须出现圆柱度偏差;如果上、下导轮都不精确,两导轮的跳动方向不可能相同,因此,在工件加工部位各空间位置上的精度,均可能降低。

导轮 V 型槽的圆角半径超过电极丝半径时,将不能保持电极丝的精确位置。两只导轮的轴线不平行,或者两导轮轴线虽然平行,但 V 型槽不在同一平面内,导轮的圆角半径会较快地磨损,使电极丝正反向运动时不靠在同一侧面上,加工表面产生正反向条纹。这就直接影响加工精度和表面粗糙度。同时由于电极丝的抖动,电极丝与工件间瞬间开路次数增多,切割效率降低。因此,应提高电极丝的位置精度,以提高各项加工工艺指标。

课题四　线切割工作液对工艺性能的影响

一、正确选择工作液对于线切割加工十分重要

线切割工作液使用性能的优劣,不仅影响到人们可以直观感觉到的加工工艺指标,如切割速度、表面质量、表面均匀性等,而且还影响到其他的诸多因素,如:

1. 加工的稳定性

加工稳定性不佳,容易产生短路、开路或交替出现,极易造成加工表面不平整,甚至引起断丝,导致加工无法继续或工件报废。这种情况通常出现在对厚工件或难加工材料(硬质合金、磁钢、紫铜)的加工。

2. 电极丝的损耗及使用寿命

由于性能不佳的工作液不能很好地对加工区域里的电极丝进行充分冷却,同时由于切缝中的润湿性不好,加大了电极丝运动的磨损和拉长,从而大大降低电极丝的使用寿命。

3. 加工产品的使用寿命

线切割的加工过程是一个材料的分离及内部应力释放和重新分布的过程，如果加工表面材料得不到及时充分的冷却，就极易导致工件的应力增加和表面热影响区的增厚，甚至开裂，从而影响零件的使用寿命。

二、快走丝线切割工作液的特点

1. 有一定的绝缘性能

乳化液水溶液的电阻率为 $10^4 \sim 10^5\ \Omega \cdot cm$，适合于快走丝对放电介质的要求。另外，由于快走丝的独特放电机理，乳化液会在放电区域金属材料表面形成绝缘膜，即使乳化液使用一段时间后，导致电阻率下降，也能起到绝缘介质的作用，使放电正常进行。

2. 具有良好的洗涤性能

工作液的洗涤排屑性能好，对于切割表面均匀性的改善，切割速度的提高及加工精度的改善，均有良好的帮助。同时排屑性好，对于大厚度切割还能保持较好的加工稳定性，但排屑性能的改善，并不意味着切缝中电蚀产物愈少愈好，因为电蚀产物对电极丝的振动具有阻尼吸收作用，因此电蚀产物同样十分重要。通常，好的工作液在工件加工表层的电蚀产物，应该是呈现油性的“湿”状态，切割后的工件易取，且表面光亮。

3. 有良好的冷却性能

高频放电局部温度高，工作液起到了冷却作用，由于乳化液在高速运行的电极丝带动下易进入切缝，因而整个放电区能得到充分冷却。

4. 其他

对环境污染少，对人体无害，不对机床和工件产生锈蚀，不使机床油漆变色，价格便宜，使用寿命长。

三、判断工作液的优劣及使用寿命

1. 判断工作液的优劣

目前线切割专用乳化液的使用，仍然占据了绝大多数市场，线切割专用乳化液实际上是由普通乳化液经改进后的产品。在一般切割要求不高的条件下，它体现出较强的通用性，但随着工件切割厚度的增加、切割锥度的加大、单位面积切割收费的降低、难加工材料（硬质合金、磁钢、紫铜）比例的增多，原来一般的线切割专用乳化液已经不能完全满足切割的要求。一般性能较好的工作液应该具有以下几个特征：

1）可以用较大的能量进行稳定的加工。在机床正常条件下，一般对于厚度在 100 mm 以内的工件。如 60 mm 的工件平均加工电流可以达到甚至超过 2.5 ~ 3 A，在此条件下，单位电流的加工效率应该大于 25 mm^2/min 即在加工电流 3 A 时，加工效率应该达到 75 ~ 80 mm^2/min。

2）加工时在工件的出丝口，会有较多的电蚀产物（黑墨状）被电极丝带出，甚至有气泡产生，说明工作液对切缝里的清洗性能良好，冷却均匀、充分。

3）切割工件应容易取下，表面色泽均匀、银白，换向条纹较浅或基本没有。

2. 工作液的使用寿命

工作液使用寿命的概念，没有明确的含义，因为大多数操作人员是采用不断补充水和原液的方法进行加工。这种方法会缩短工作液的使用寿命，增加成本。

一般一箱工作液（按 40 升计）的正常使用寿命，在 80 ~ 100 h（即大约一个星期），超过这个时间，切割效率可能会大幅度地下降，即工作液寿命的判据是根据加工效率情况，一般将加工效率降低了20%以上，作为是否应更换工作液的依据。

性能良好的工作液，因为排屑性能良好，切割速度快，自然就比较容易变黑，但变黑的工作液并不一定就到了使用寿命了，因此以工作液的颜色，作为使用寿命的判据是不准确的。

四、常用乳化液及其配制

1. 常用乳化液的类型

常用乳化液包括：DX-1 型皂化液、JR 系列产品、502 型皂化液、植物油皂化液、线切割专用皂化液。

2. 乳化液的配制方法

乳化液一般是以体积比配制的，即以一定比例的乳化液加水配制而成，浓度根据要求配制如下：

1）加工表面粗糙度和精度要求较高，较薄或中厚的工件时，配制比较浓些，为8% ~15%。

2）要求切割速度高或大厚度工件时，浓度淡些，为5% ~8%，以便于排屑。

3）用去离子水配制乳化液，可提高加工效率和表面粗糙度。对大厚度切割，可适当加入洗涤剂，如“白猫”洗洁精，以改善排屑性能，提高加工稳定性。

根据加工使用经验，新配制的工作液，其切割效果并不是最好，在使用 20 h 左右后，由于工作液中存在一些悬浮的放电产物，这时容易形成放电通道，故切割速度高、表面质量最好。

3. 流量的确定

快走丝线切割是靠高速运行的电极丝把工作液带入切缝的，因此工作液不需多大压力，只要能充分包住电极丝，浇到切割面上即可。

任务二　加工前的准备

课题一　凹模、凸模的准备工序

线切割一般加工模具的工艺过程是：下料—锻造—退火—机械粗加工—淬火与回火—磨削—线切割加工—钳修。这种工艺路线的特点是，经过机械粗加工的整个坯料，淬火与回火后，材料内部的残余应力显著增加了，材料表层，中间区域和心部会有不同的应力分布，呈现出相对平衡状态。当材料进行切割加工时，随着电极丝的移动，残余应力能量不断转变为塑性变形。材料发生变形，会出现加工后的图形与电极丝移动轨迹不一致的现象，甚至会产生断裂。所以，线切割加工的工件毛坯，其锻造与热处理工艺要正确进行，并应采取一切措施减少材料变形对加工精度的影响。模坯的准备工序是指凸模或凹模在线切割加工之前的全部加工工序。

一、凹模的准备工序

1. 下料

用锯床切断所需材料。

2. 锻造

改善内部组织，并锻成所需的形状。

3. 退火

消除锻造内应力,改善加工性能。

4. 刨(铣)

刨六面,并留磨削余量 0.5 mm。

5. 磨

磨出上下平面及相邻两侧面对角尺。

6. 划线

划出刃口轮廓线和孔(螺孔、销孔、穿丝孔等)的位置。

7. 加工型孔部分

当凹模较大时,为减少线切割加工量,需将型孔漏料部分,用铣(车)去除掉,只切割凹模刃口高度。淬透性差的材料,可将型孔的部分材料去除,留 3 ~5 mm 切割余量。

8. 孔加工

加工螺纹孔、销孔、穿丝孔等。

9. 淬火

将毛坯进行淬火,达到设计要求。

10. 磨

磨削上下平面及相邻两侧面,对角尺。

11. 退磁处理

用退磁器去除工件的磁性。

二、凸模的准备工序

1. 凸模的准备工序

凸模的准备工序,可根据凸模的结构特点,参照凹模的准备工序,将其中不需要的工序去掉即可。

2. 凸模的准备工序的注意事项

1)为便于加工和装夹,一般都将毛坯锻造成平行六面体。尺寸、形状相同,断面尺寸较小的凸模,可将几个凸模制成一个毛坯。

2)凸模的切割轮廓线与毛坯侧面之间,应留足够的切割余量(一般不小于 5 mm),毛坯上还要留出装夹部位。

3)在有些情况下,为了防止切割时模坯产生变形,要在模坯上加工出穿丝孔。编程时引入的程序,从穿丝孔开始。

课题二 工件毛坯的准备

一、毛坯尺寸的确定

分析图样,对保证加工质量和工件的综合技术指标具有决定意义。工件材料的选型是由图样设计时确定的。因此,必须仔细分析图样。例如,现加工如图 5.8 所示的凸模,其毛坯尺寸的确定如下:

1. 选用圆形毛坯

加工模具时,根据“技术上要先进,经济上要合理”的原则,该工件毛坯选用圆形毛坯,而不选用方形毛坯材料。

2. 最大轮廓尺寸的确定

该图形的最大半径尺寸为 $R39(R32+R7)$ 的圆，如图 5.8 所示的最大轮廓尺寸。

3. 毛坯尺寸的确定

该凸模加工，采用桥式支撑方式，因此必须保证有装夹位置，以及必须考虑材料在热处理过程中材料的变形等因素。因此，毛坯材料的最大外形尺寸为 $R55$，如图 5.8 所示的毛坯尺寸。

4. 高度尺寸的确定

工件在厚度方向上，要经过机械加工和平面磨加工，因此高度在 100 mm 的基础上再加上总加工余量，取 110 mm。因此，该凸模的毛坯尺寸为 $\phi110\times110$，如图 5.9 所示。

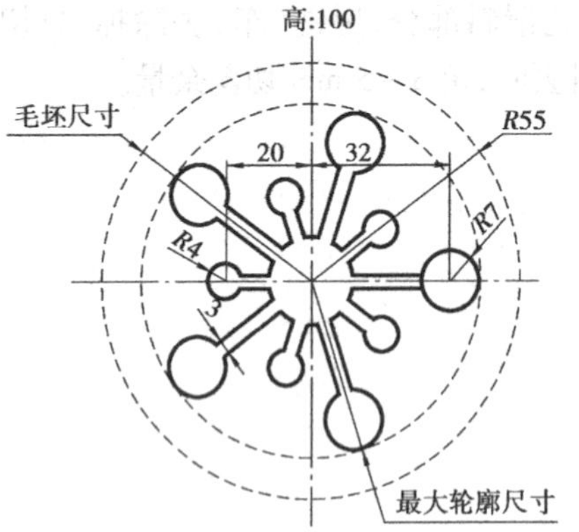

图 5.8 凸模

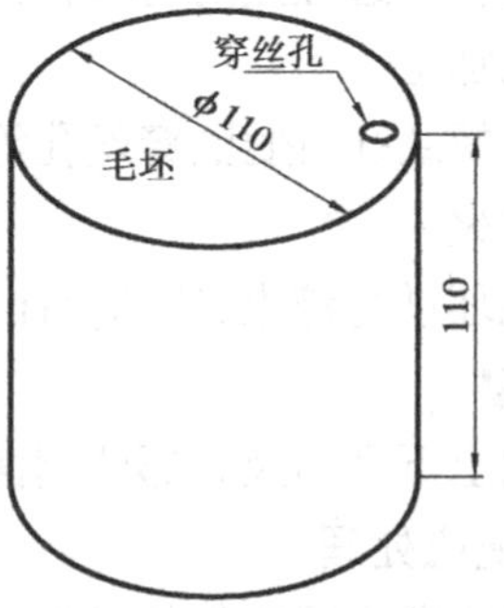

图 5.9 凸模毛坯尺寸的确定

二、工件的工艺基准

电火花线切割时，除要求工件具有工艺基准面或工艺基准线外，同时还必须具有线切割加

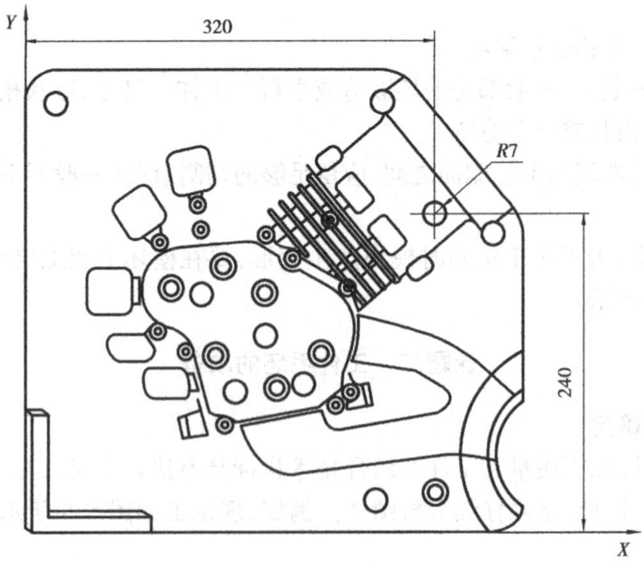

图 5.10 基准面定位

工基准。由于电火花线切割加工多为模具或零件加工的最后一道工序,因此,工件大多数具有规则、精确的外形。若外形具有与工作台 *X*,*Y* 平行并垂直于工作台水平面的两个面,并符合六点定位原则,则可以选取其作为加工基准面,如图 5.10 所示。

若工件侧面的外形不是平面,在工件技术要求允许的条件下,可以加工工艺平面作为基准。当工件上不允许或不能加工出工艺基准面时,可以采用划线法在工件上划出基准线,但划线仅适用于加工精度不高,或者不需要用百分表、钼丝校正的工件,如图 5.11 所示。用划针拉直如图 5.11 所示的基准线,然后以孔的中心为切割起点。

在圆形坯料上,加工的形状如果有指定方向,而且对其加工形状的位置有精度要求时,那么就应分别在毛坯的外周面上,设置 1 ~2 个直线基准面和定位用的基准孔,如图5.12 所示。

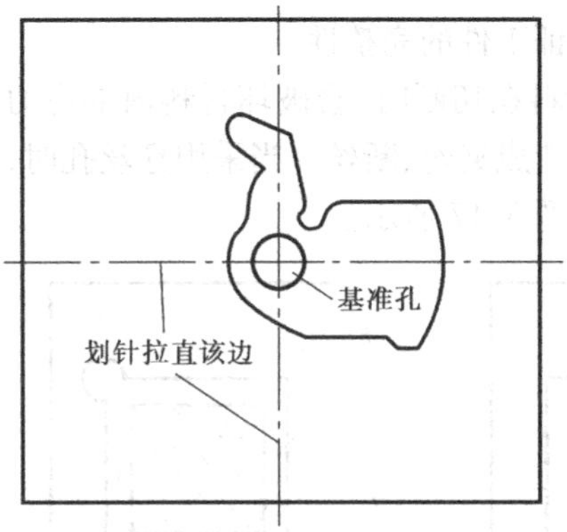

图 5.11 基准孔定位

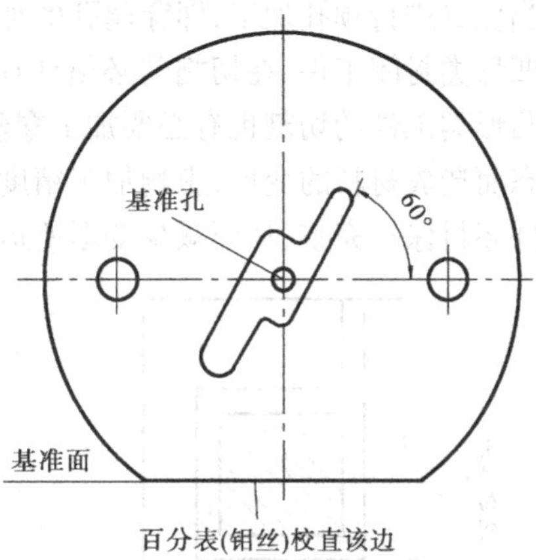

图 5.12 圆周坯料基准面与基准孔

三、合理的穿丝孔

1. 切入点的确定,必须遵从以下几条原则

1)从加工起点(穿丝孔)至切入点的路径要短,如图 5.13 所示。

2)切入点从工艺角度考虑,放在棱边凸起端点易于修磨处为最好,如图 5.14 所示。

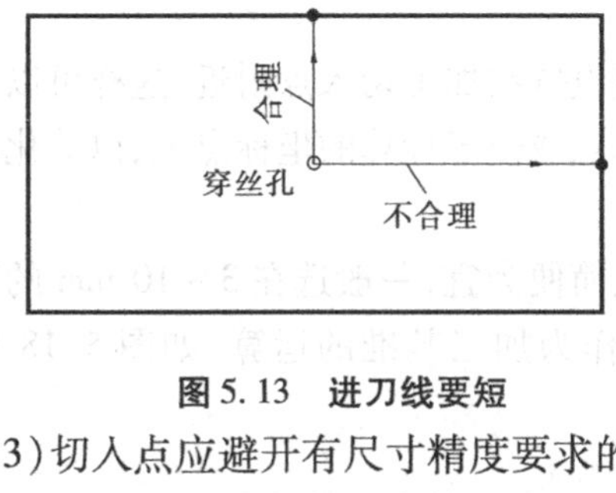

图 5.13 进刀线要短

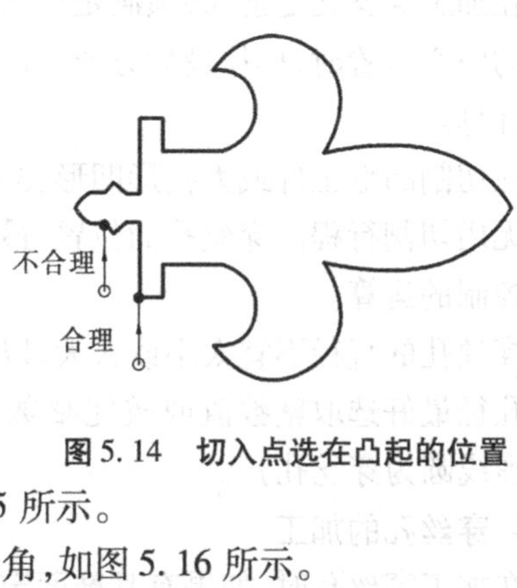

图 5.14 切入点选在凸起的位置

3)切入点应避开有尺寸精度要求的地方,如图 5.15 所示。

4)进刀线应避免与程序第一段、最后一段构成小夹角,如图 5.16 所示。

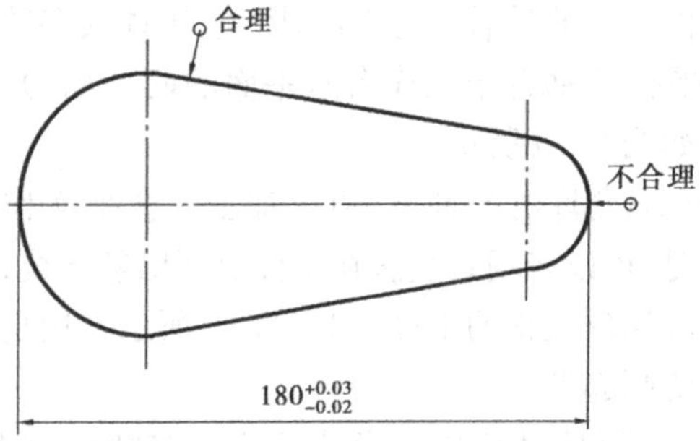

图 5.15　切入点不应在有尺寸精度的位置

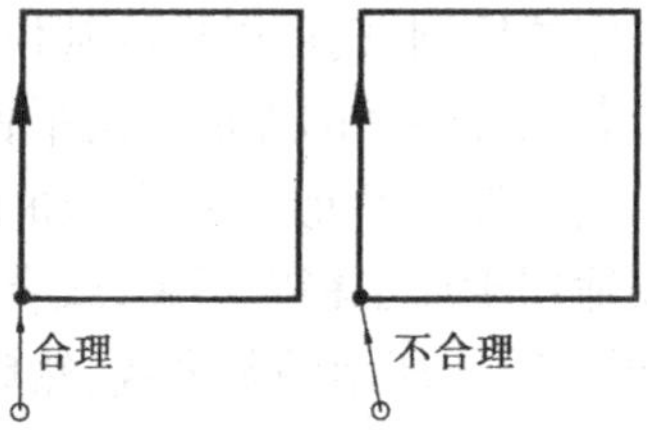

图 5.16　垂直进刀

2. 加工穿丝孔的必要性

为了减少由残余应力所引起的材料变形，不论什么性质的工件（凸模或凹模）都应在毛坯的适当位置进行预孔加工，即穿丝孔的加工。

凹形类封闭工件，在切割前必须具有穿丝孔，以保证工件的完整性。

凸形类工件的切割也有必要加工穿丝孔。由于坯料在切断时，会破坏材料内部应力的平衡状态而造成材料的变形，影响加工精度，严重时甚至造成夹丝、断丝。当采用穿丝孔时，可以使工件坯料保持完整，从而减少变形所造成的误差，如图 5.17 所示。

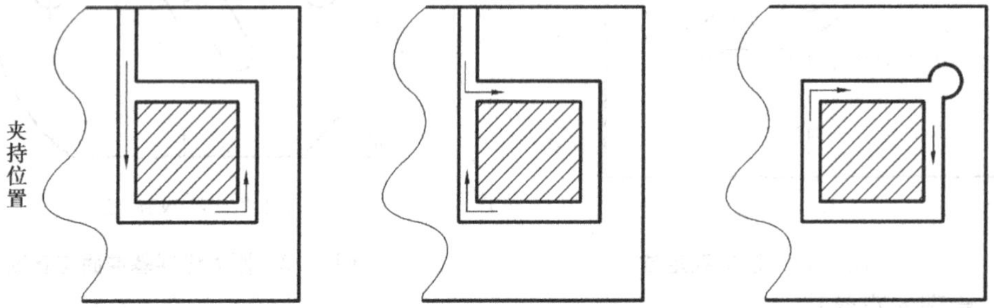

图 5.17　切割凸模时加工穿丝孔与否的比较

3. 穿丝孔的位置和直径

在加工穿丝孔之前，必须满足切入点要求。在切割中、小孔形凹形类工件时，穿丝孔位于凹形的中心位置时，操作最为方便。因为这既便于穿丝孔加工位置的准确，又便于控制坐标轨迹的计算。

在切割凸形工件或大孔形凹形类工件时，穿丝孔应设置在加工切入点附近，这样可以大大缩短无用切割行程。穿丝孔的位置，最好选在已知坐标点或便于计算的坐标点上，以简化有关轨迹控制的运算。

穿丝孔的直径不宜太小或太大，以钻孔或镗孔工艺简便为宜，一般选在 3 ~ 10 mm 的范围内。孔径最好选取整数值或较完整数值，以简化用其作为加工基准的运算，如图 5.18 所示（$R5$ 虚线圆为穿丝孔）。

4. 穿丝孔的加工

在加工穿丝孔时，如果有基准面定位，不需要用穿丝孔定位时，就直接用钻床钻出穿丝孔。

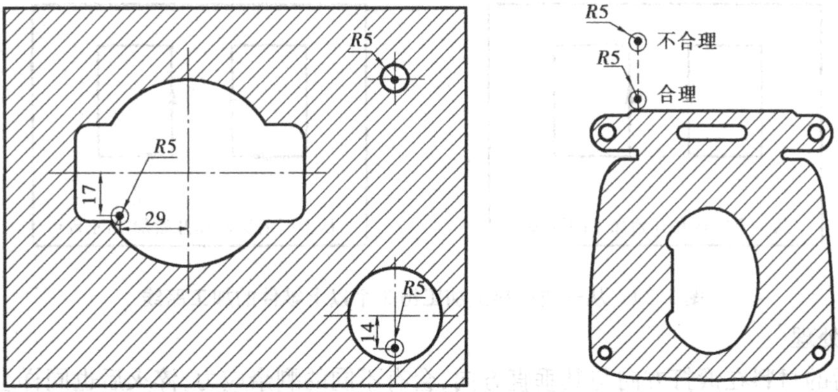

图 5.18 合理的穿丝孔

如果穿丝孔要作为加工基准，在加工时，必须确保其位置精度和尺寸精度。这就要求穿丝孔的加工，要在具有较精密坐标工作台的机床上进行。为了保证孔径尺寸精度，穿丝孔可采用钻铰、钻镗或钻车等较精密的机械加工方法。穿丝孔的位置、尺寸精度，一般要等于或高于工件要求的精度。

四、加工路线的选择

在加工中，工件内部应力的释放要引起工件的变形，所以在选择加工路线时，必须注意以下几点：

1）避免从工件端面开始加工，应从穿丝孔开始加工，如图 5.19 所示。

2）加工的路线，距离端面（侧面）应大于 5 mm。

3）加工路线开始应从离开夹具的方向进行加工（即不要一开始加工就趋近夹具），最后再转向工件夹具的方向。如图 5.19（b）所示，从穿丝孔出发，顺次经过 1，2，3，4 段，最后回穿丝孔。

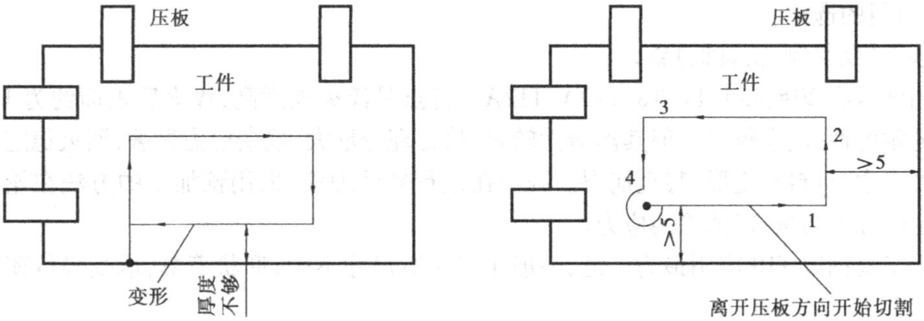

（a）从端面加工不合理　　（b）从穿丝孔加工合理

图 5.19 加工路线的决定方法

4）在一块毛坯上要切出 2 个以上零件时，不应连续一次切割出来，而应从不同预孔开始加工，如图 5.20 所示。

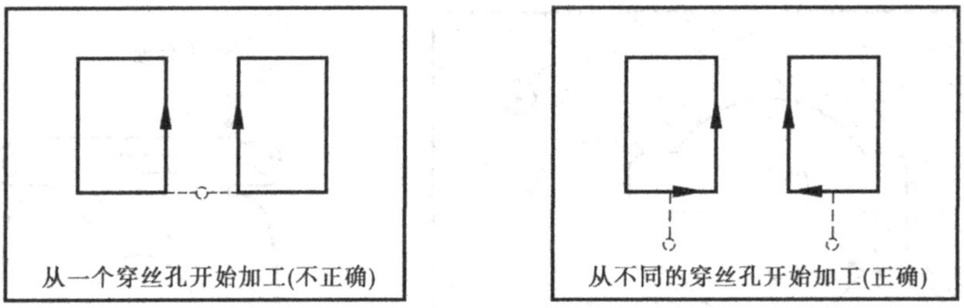

图 5.20　从一块材料上加工出 2 个以上零件的加工路线

五、热处理

锻打后的材料在锻打方向与其垂直方向,会有不同的剩余应力,淬火后也同样会出现剩余应力。对于这种加工,在加工中剩余应力的释放,会使工件变形,而达不到加工尺寸的精度,淬火不当的材料,还会在加工中出现裂纹。为了减少在线切割加工过程中的材料变形对加工精度的影响,工件在回火后才能使用,而且回火要在两次以上,或者采用高温回火(或者在进行热处理前,可采用预加工的办法),如图 5.21 所示,凹模可留 3 ~ 5 mm 的加工余量,凸模可在工件四周切割槽。

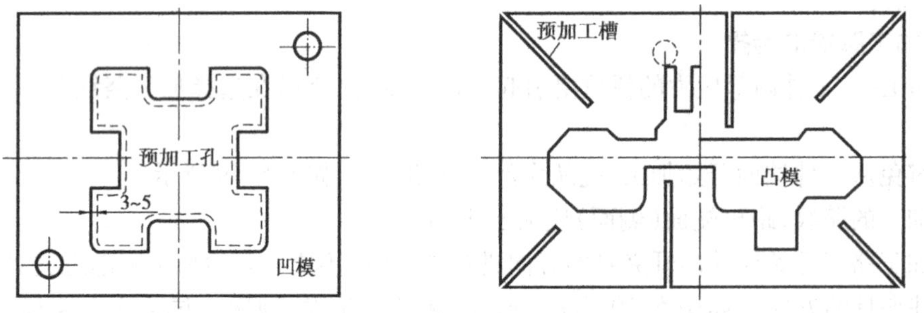

图 5.21　材料预加工

六、材料的选择

1. 碳素(结构钢、工具钢)钢

常用牌号有 20#、45#、T7、T8、T10A、T12A。特点是淬火硬度高,淬火后表面约为 HRC62,有一定的耐磨性,成本较低。但其淬透性较差,热处理变形大,残余应力显著,回火稳定差。在线切割加工中,材料易变形,甚至崩裂。因而在进行热处理前,采用预加工的方法在轮廓线周围留一定的加工余量,以消除内应力。

碳素工具钢以 T10 应用最为广泛,一般用于制造尺寸不大、形状简单、承受轻负荷的冷冲模零件。

20#钢经表面渗碳淬火,可获得较高的表面硬度和芯部的韧性。适用于冷挤法制造形状复杂的型腔模。

45#钢具有较高的强度,经调质处理有较好的综合力学性能,可进行表面或整体淬火以提高硬度,常用于制造塑料模和压铸模。

碳素钢由于含碳量高,加之淬火后切割中易变形,其切割性能不是很好,切割速度较之合金工具钢稍慢,切割表面偏黑,切割表面的均匀性较差,易出现短路条纹。如热处理不当,加工中会出现开裂。

2. 合金钢

常用牌号有 9Mn2V、CrWMn、9CrWMn、Cr12、Cr12MoV、Cr4W2MoV、GCr15、W18Cr4V 等。其特点是淬透性、耐磨性、淬火变形均比碳素钢好。其中 Cr12、Cr12MoV 具有高耐磨性、高红硬性、较高的韧性、热处理变形小,能承受较大的冲击负荷。广泛用于制造承载大、冲次多、工件形状复杂的模具。Cr4W2MoV、W18Cr4V 用于制造形状复杂的高速耐热耐磨刀具,高温轴承、模具、轧辊。

合金钢具有良好的线切割加工性能,加工速度高、加工表面光亮、均匀,有较小的表面粗糙度。

3. 硬质合金

常用硬质合金有 YG 和 YT 两类。其硬度高、结构稳定、变形小,常用来制造各种复杂的模具和刀具。

其线切割加工速度较低,但表面粗糙度好。由于线切割加工时使用水质工作液,其表面会产生显微裂纹的变质层。

4. 紫铜

紫铜就是纯铜,具有良好的导电性、导热性、耐腐蚀和塑性。模具制造行业常用紫铜制作电极(铜公),这类电极往往形状复杂,精度要求高,需用线切割来加工。

紫铜的线切割加工速度较低,是合金钢的 50% ~60%,表面粗糙度较大,放电间隙也较大,但其切割稳定性还是较好。

5. 石墨

石墨完全是由碳元素组成的,具有导电性和耐腐蚀性,因而也可制作一些精度不高的电极。

石墨的线切割性能很差,效率只有合金工具钢的 20% ~30%,其放电间隙小,不易排屑,加工时易短路,属不易加工材料。

6. 铝

铝质量轻又具有金属的强度,常用来制作一些结构件,在机械上也可作连接件等。

铝的线切割加工性能良好,切割速度是合金工具钢的 2 ~3 倍,加工后表面光亮,表面粗糙度一般,铝在高温下,表面极易形成不导电的氧化膜,因而线切割加工时放电停歇时间相对要小,才能保证高速加工。

另外,在加工时要进行消磁处理及去除表面氧化皮和锈斑等。

课题三 电极丝垂直度的校正

电极丝应具有良好的导电性和抗电蚀性,抗拉强度高,材质均匀。常用电极丝有钼丝、钨丝、黄铜丝等。黄铜丝直径在 $\phi 0.1 \sim 0.3$ mm 范围内,一般用于慢走丝加工。快速走丝机床大都选用钼丝作电极,直径在 $\phi 0.08 \sim 0.2$ mm 范围内。

电极丝直径的选择应根据切缝宽窄,工件厚度和拐角尺寸大小来选择。若加工带尖角、窄缝的小型零件,宜选用较细的电极丝;若加工大厚度的工件或大电流切割时,应选较粗的电极丝;对凹角内侧拐角 R 的加工,无法加工小于$\frac{1}{2}$的切缝宽,即 $R \geqslant \frac{1}{2}\phi$(电极丝半径)$+\delta_{电}$(放电间隙)。

一、安装新钼丝

步骤1:清除工作台面、储丝筒、上下丝臂、导轮、上下水嘴等处的杂物。

步骤2:将机床控制器面板的断丝停车置于关闭状态,刹车置于关闭状态,检查微动开关是否在两撞块之间,按下开运丝按钮。

步骤3:储丝筒在走丝电机的驱动下带动拖板左右移动。首先观察左右两撞块之间的行程是否在储丝筒的有效位置,如果没有,则调整左、右拨叉2,10,如图5.22所示。例如,当左撞块3撞到换向微动开关时,发现撞块已经在储丝筒的支架外,所以待换向之后,拖板向相反方向移动时,在撞块3再一次接触前,完成如下的工序:

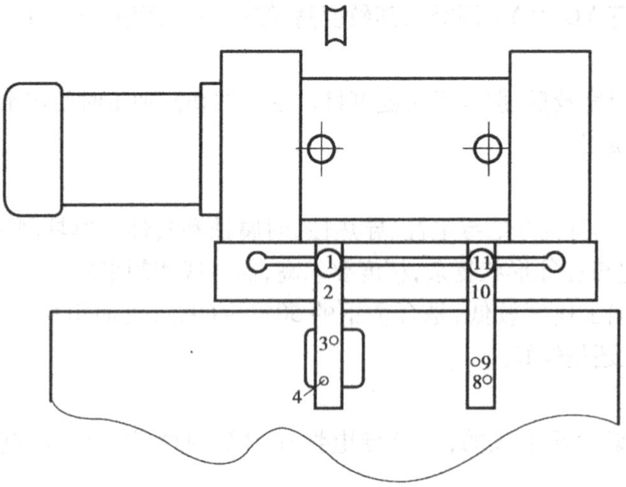

图5.22 走丝换向调节简图

松开紧固螺母1,移动左拨叉到储丝筒轴向左边最大有效储丝位置,然后旋紧紧固螺母1。待左撞块3再一次接触时,再确认当前的位置是否合理,一直调节到合理的位置。同样完成右拨叉10的调节。

步骤4:可以从储丝筒的左边或右边采用自动、手动上丝。从储丝筒的左边上丝,待左拨叉2上的撞块3与换向微动开关接触时,按下机床控制器面板上的关运丝。此时储丝筒停在左侧。

步骤5:如图5.23所示。将钼丝盘安装在上丝装置上,用螺母锁紧。将钼丝一端顺次通过上导轮槽1,上水嘴孔2,下水嘴孔3,下导轮槽4,导电块5,下副导轮槽6,压丝螺钉7,将钼丝的端点固定在储丝筒上,剪掉多余丝头,然后再一次检查钼丝是否在导轮槽内或是否被卡住。手动顺时针旋转储丝筒,将钼丝在其上缠几圈,并将钼丝张紧。左手轻轻的扶住钼丝盘,保证其不产生较大的轴向移动。按下开运丝按钮,储丝筒旋转,使钼丝顺次绕在储丝筒上。

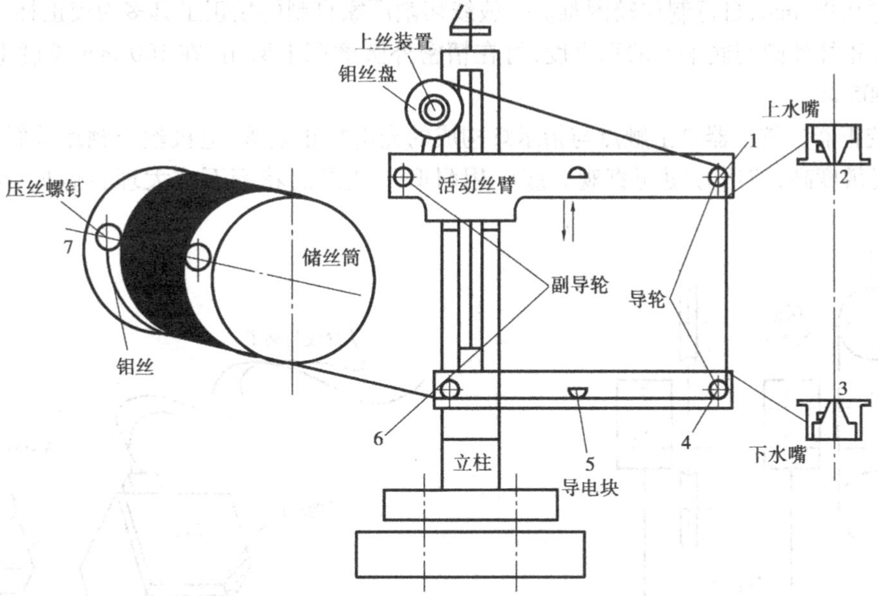

图 5.23　安装钼丝示意图

提示：

●当右撞块 9 接近换向微动开关时，应立即按下关运丝，并且左手也要扶住钼丝盘，配合其转动，以防因惯性而拉断钼丝。手动旋转储丝筒，使右撞块 9 超过微动开关 1 ~ 5 mm，掐断钼丝并固定于储丝筒右端的压丝螺钉上。然后再次调节撞块位置，使其适应相应的绕丝长度，以使微动开关接触后再有 0.5 mm 钼丝超行程保护。绕丝时，钼丝应尽量置于储丝筒的中间部位，并注意不能出现叠丝现象。然后将断丝保护、刹车置于开状态。

步骤 6：按下开运丝，待撞块 3 与微动开关接触时，按下关运丝并沿着相同的方向，手动将钼丝旋转到钼丝尽头。此时，左手持紧丝导轮，将钼丝放于紧丝导轮槽，按下开运丝按钮，左手用 5 ~ 10 N 的力渐渐地平衡移动紧丝导轮，拉紧钼丝；储丝筒向左移动，待撞块 9 与微动开关接触时，按下关运丝。此时左手仍然持着紧丝导轮，右手沿相同方向，手动旋转储丝筒将钼丝移动到尽头，松开压丝螺钉将多余的钼丝夹断，并重新压丝。

提示：

●手动上丝时，不需开启储丝筒走丝电机，用摇把匀速转动储丝筒，即可将钼丝上满。

二、电极丝垂直度校正

为了准确地切割出符合精度要求的工件，电极丝必需垂直于工件的装夹基面或工作台定位面。在具有锥度加工的机床上，加工起点的电极丝位置，也应该是这种垂直状态。机床运行一定的时间后，应该更换导轮，或导轮轴承。在线切割进行锥度加工后和再次进行加工之前，应该再次进行电极丝垂直度的校正。

1. 电极丝垂直校正工具

1）校正尺或校正杯。校正尺是一种精密角尺，其直角精度很高，一般在 100 mm 长度上误差不超过0.01 mm,自行制作较困难。一般线切割厂家自制的校正工具多为校正杯,如图5.24所示。校正杯外圆与底平面的垂直度,可在精密外圆磨床上磨出,在100 mm长度上,误差不超过0.005 mm。

2)校正器。校正器是由触点与指示灯构成的光电校正装置,电极丝与触点接触时指示灯亮。它灵敏度高,使用方便而直观。底座用耐磨不变形的花钢石或大理石做成,如图5.25所示。

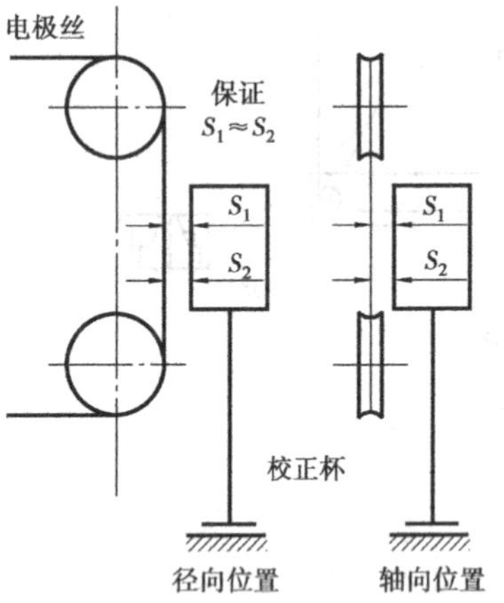

图5.24 校正杯示意图

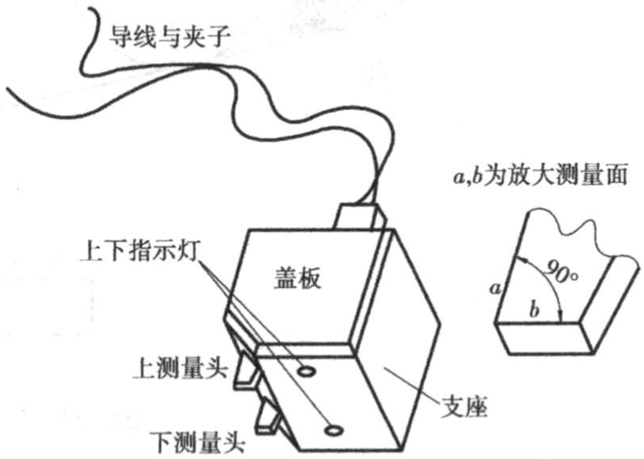

图5.25 DF55—J50A型垂直度校正器

2. 无锥度装置线架电极丝垂直度的校正方法

1)首先检查电极丝是否颤抖,如果颤抖,则应将电极丝张紧,张力应与加工用张力一致,并将电极丝表面处理干净,使其易于导电。

2)将自制六面体校正工具放在工作台面上。例如现在校正导轮径向垂直度即X轴。此时手动移动X轴靠近电极丝,先快后慢,即远时就快,将靠近时,则慢慢的移动X轴。其具体步骤为:

①目测X方向电极丝与校正工具上下间隙是否一致。

②打开控制器、高频电源。

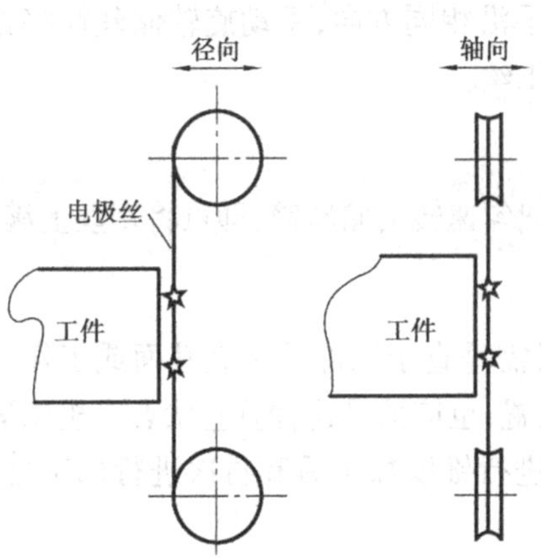

图5.26 火花法校正垂直度

③按下【待命】键→【高频】键,将高频电压置1档,选取脉冲幅度1级,送上小能量脉冲电源。

④根据上下是否同时放电来观察电极丝的垂直度,如图5.26所示。如果不垂直,则松开上丝臂导轮上的两颗定位螺钉,如图5.27所示。由于导轮一般固定在带有偏心的基座上,旋转偏心基座调整偏心的位置,使基座旋转一个角度,从而调整电极丝在径向方向的垂直度。

⑤调整好X轴后,调整Y轴,不要移动六面体校正工具,此时,移动X,Y轴,将钼丝移向六面体另外一基准面,观察火花是否一致。如果不垂直,则调整导轮基座的轴向位置。

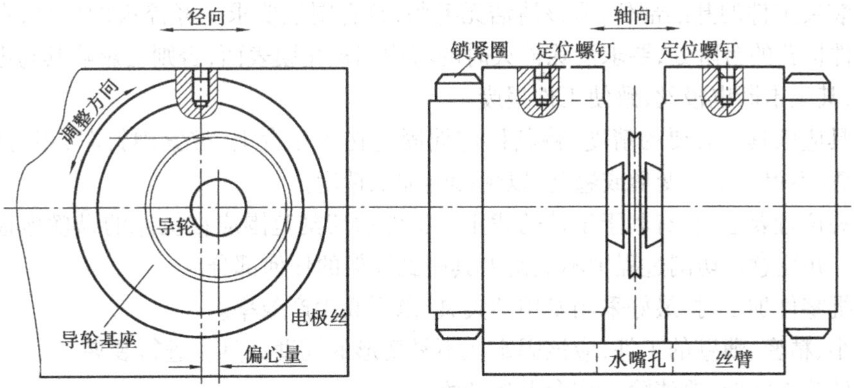

图 5.27 导轮基座偏心调节示意图

⑥松开可调锁紧圈，用手按（或用铜棒轻轻地敲），导轮基座上的轴承套，使其在轴向移动。多次调节，使钼丝与 Y 轴垂直。调整完 X，Y 轴后，将两颗螺钉旋紧。

提示：

●使用光学校正器时，应将电极丝张紧，表面处理干净，使其易于导电，否则校正精度受到影响。按使用说明书操作。

●如使用 DF55—J50A 型垂直度校正器时，将支座放在工作台面上，正极与工件相接，负极与电极丝相接。接通后，可以直接观察上下指示灯是否同时亮（或者同时暗），能精确地检查出电极丝的垂直度。如有偏差可调整导轮体位置、丝架位置等，来达到调整电极丝垂直度目的。

3. 有锥度切割功能丝架垂直度的校正

有锥度切割功能丝架垂直度的校正比较方便，直接调节 U，V 锥度伺服轴，从而使电极丝垂直于工作台面。

课题四 工件的装夹

一、线切割机床工件装夹概述及其一般要求

1. 线切割机床工件装夹概述

工件装夹的正确与否，除影响工件的加工精度外，有时还可能影响加工的顺利进行，工件必须留有足够的夹持余量。装夹工件前，应校正好电极丝与工件装夹台面的垂直度，然后根据图纸及工艺要求，明确切割内容、工位基准和切割顺序。有工艺孔的工件，要核对孔位是否与工艺要求相符；有磁性的坯料，应进行退磁。为避免装夹工件时碰断电极丝，最好将储丝筒转到换向的一端或将钼丝卸下。

装夹工件时，要根据图纸的加工精度，用百分表、划针等量具找正基准面，使工件的基准面与机床的两轴 X 向或 Y 向相平行。电火花线切割机床的夹具比较简单，一般是在通用夹具上采用压板螺钉固定工件。为了适应各种形状工件的加工要求，还可以使用磁性夹具、旋转夹具、或者专用夹具等。

2. 线切割机床工件装夹的一般要求

1)待装夹工件的基准部位,应该清洁无毛刺,符合图纸要求。经淬火的模件,在穿丝孔或凹模内工件扩孔的台阶处,要求清除淬火时的渣物和氧化膜表面,否则会影响其与电极丝间的正常放电,甚至卡断电极丝,致使工件报废。

2)夹具应该具有必要的精度,将其稳定地固定在工作台上,拧紧螺钉时,用力要均匀,保证工件平衡,不得使工件变形或翘起,以免影响加工精度。

3)装夹位置要适当,有利于工件的找正。工件的切割范围应在机床的纵横拖板行程的许可范围内。并注意在切割过程中不应使夹具碰到线架的任何部分。

4)大批零件加工时,最好采用专用的夹具,以提高生产效率。

5)细小、精密、薄壁的工件,应该固定在不易变形的辅助夹具上进行装夹。

6)工件装夹完毕,要清除工作台上的杂物。

二、工件装夹的几种形式

1. 压板夹具

压板夹具主要用于固定平板状的工件,对于稍大的工件要成对地使用。夹具上如有定位基准面,装夹前应该预先用划针或百分表,将夹具定位基准面与工作台对应的导轨校正平行,这样在加工批量工件时候比较方便。因为切割型腔时,一般是以模板的某两侧面为基准。

夹具的基准面与夹具底面的距离是有要求的,夹具成对使用时两件基准面的高度一定要相等,否则切割出来的型腔与工件的端面不垂直,造成废品。

2. 悬臂式支撑

工件直接装夹在工作台面上或桥式夹具的一个刃口上,如图 5. 28 所示。悬臂支撑式通用性强,装夹方便,但由于工件单端固定,另一端呈悬梁状,因而工件平面不易平行于工作台面,易出现上仰或下斜,致使切割表面与工件上下平面不垂直或不能达到预定的精度。另外,加工中,工件受力时,位置容易变化。因此一般只在工件精度要求不高或悬臂部分较少的情况下使用;如果由于加工部位所限,只能采用此装夹方法而加工又有垂直度要求时,要拉表找正工件的上表面。

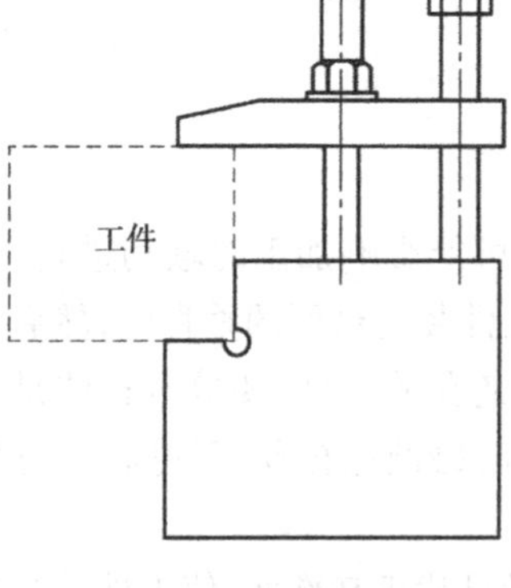

图 5. 28　悬臂式支撑方式

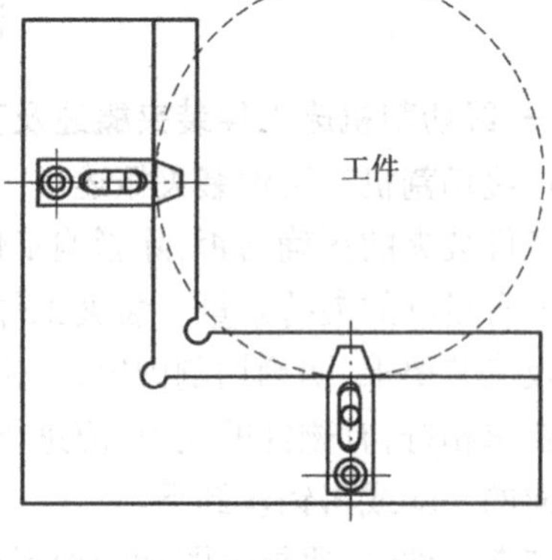

图 5. 29　垂直刃口支撑方式

3. 垂直刃口支撑

垂直刃口夹具先固定在工作台面上,再将工件装在具有垂直刃口的夹具上,如图 5. 29 所示。此种方法装夹后工件,也能悬伸出一角便于加工。装夹精度和稳定性较悬臂式好,也便于拉表找正,装夹时,夹紧点注意对准支撑点。

4. 双端支撑方式

工件两端固定在夹具上,其装夹方便,支撑稳定,平面定位精度高,但不利于小零件的加工,如图 5.30 所示。

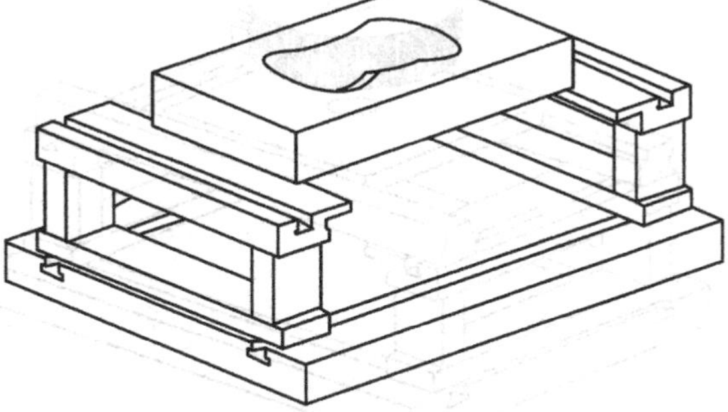

图 5.30 双端支撑方式

5. 桥式支撑方式

此种装夹方式是快速走丝线切割最常用的装夹方法,如图 5.31 所示。将两块支撑垫铁架在双端支撑夹具上,其特点是通用性强,装夹方便,特别是带有相互垂直的定位基准面的夹具,使侧面具有平面基准的工件,可省去找正工序。如果找正基准也是加工基准,可以间接地推算和确定电极丝中心与加工基准的坐标位置。这种支撑装夹方法有利于外形和加工基准相同的工件实现成批加工。

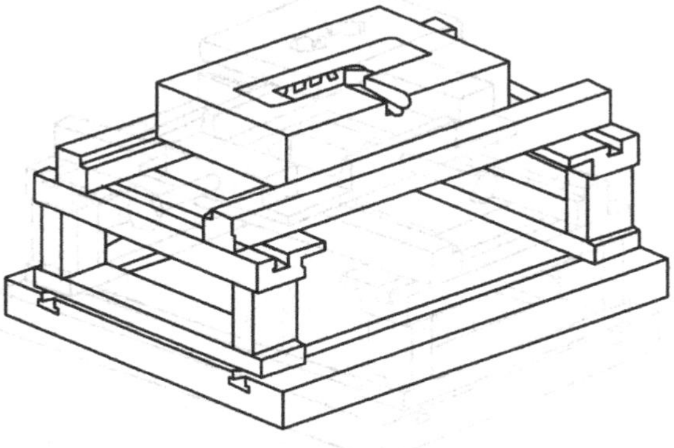

图 5.31 桥式支撑方式

6. 板式支撑方式

它是加工某些工件外周边已无装夹余量或装夹余量很小,根据常规工件的形状,制成具有矩形或圆形孔的支撑板夹具,例如滚齿机滚齿所用的滚轮加工。由于工件没有装夹余量,为了保证同心度,因此,成对加工工件并在底面加一特定托板,中间加工出基准孔用心轴保证托板、工件的同心度,加工时连托板一起切割,如图 5.32 所示。

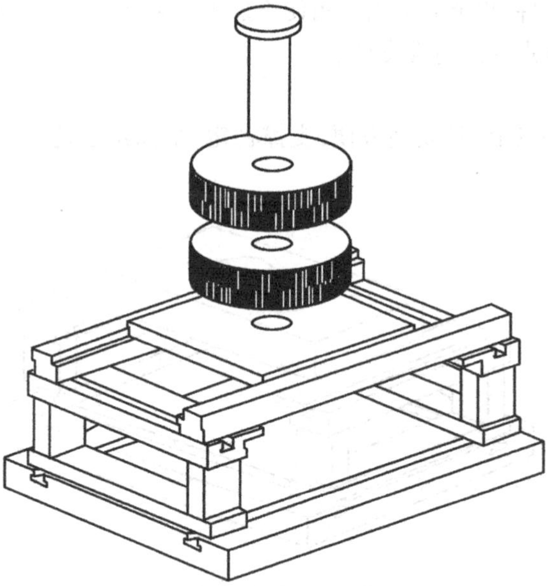

图 5.32　板式支撑方式

7. 复式支撑方式

复式支撑夹具是在桥式夹具上再固定专用夹具而成。这种夹具可以很方便地实现工件的成批加工。它能快速地装夹工件,因而可以节省装夹工件过程中的辅助时间,特别是节省工件的找正及确定电极丝相对工件加工基准的坐标位置所费的时间。这样,既提高了效率,又保证了工件加工的一致性,如图 5.33 所示。

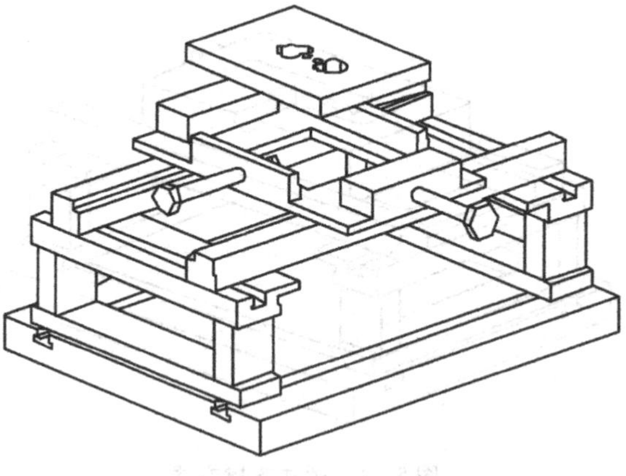

图 5.33　复式支撑方式

8. 分度夹具

1)轴向安装的分度夹具。如手板车、钻床弹性夹头的切割,要求沿轴向切两个垂直的窄槽,可采用专用的轴向安装的分度夹具,如图 5.34(a)所示。分度夹具安装在工作台上,三爪内装一检棒,拉表跟工作台的 X 或 Y 方向找平行后卸下,将工件安装于三爪上,旋转找正外圆和端面,找中心后切完第一个槽,将分度夹具旋钮转动 90°,加工另一槽。

2)端面安装的分度夹具。加工中心上链轮的切割,其外圆尺寸已超过工作台行程,不能一次装夹切割，即可采用分齿加工的方法。如图 5.34(b)所示，工件安装在分度夹具的端面上，通过心轴定位在夹具的锥孔中，一次加工 2～3 齿，通过连续分度，完成一个零件的加工。

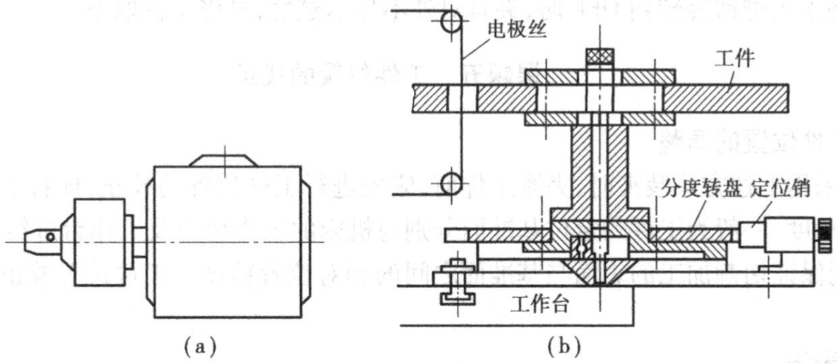

图 5.34　分度夹具

9. V 型夹具装夹方式

此种装夹方式，适合于圆形工件的装夹，工件母线要求与端面垂直，如果切割薄壁零件，注意装夹力要小，以防变形。为了减小接触面，V 型夹具拉开跨距中间凹下，两端接触，可装夹轴类零件，如图 5.35 所示。

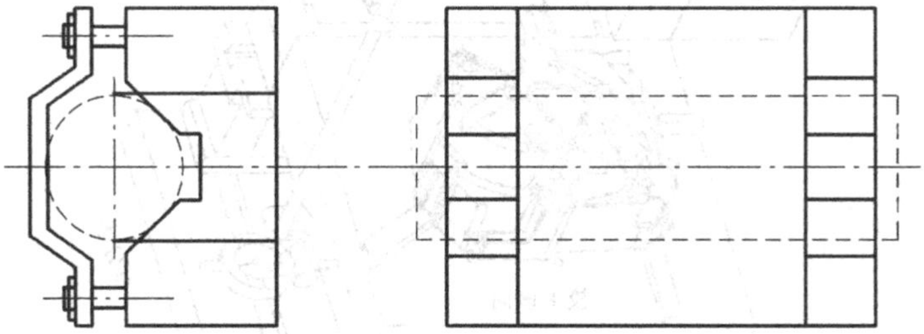

图 5.35　V 型夹具装夹方式

10. 弱磁力夹具

弱磁力夹具装夹工件，迅速简便，通用性强，应用范围广，对于加工成批的工件尤其有效，

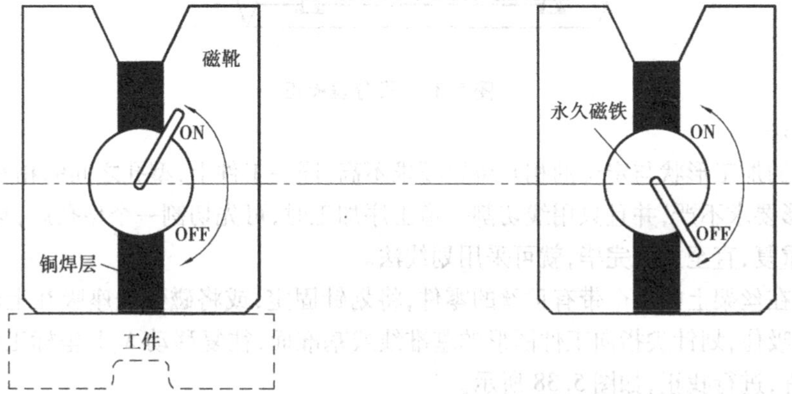

图 5.36　弱磁力夹具

如图 5.36 所示。当永久磁铁的位置处于 ON 时，磁力线被磁靴的铜焊层隔开，没有闭合的通道，对外显示磁性，工件被固定在夹具上时，工件和磁靴组成闭合回路，于是工件被夹紧。加工完毕后，将永久磁铁旋转到 OFF 时，夹具对外不显示磁性，可将工件取下。

课题五　工件位置的找正

一、工件位置的调整

工件采用上述方式装夹时，夹紧工件前，应先进行工件位置的校正，即将工件的基准调整到指定的角度，一般为工件的定位基准面分别与机床的工作台面及工作台进给方向 X,Y 保持平行，才能保证切割加工的表面与基准面之间的相对位置精度。工件位置校正的方法有以下几种：

1. 拉表法

拉表法是利用磁力表座，将百分表固定在丝架或者其他固定位置上，百分表头与工件基面进行接触，往复移动 X,Y 坐标工作台，按百分表指示数值调整工件。必要时校正可在三个方向：两侧面、上表面，进行，如图 5.37 所示。

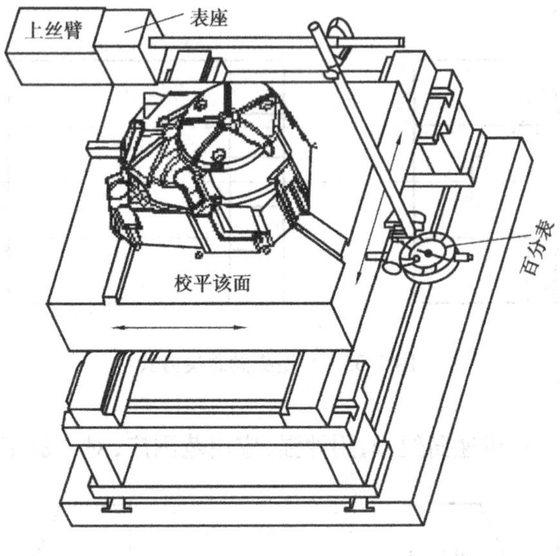

图 5.37　百分表校正

2. 划线法

当工件的加工形状与定位的相互位置要求不高，同一工件上，型孔之间的相互位置有精度要求，但外形要求不严，并且只用线切割一道工序加工时，可先切割一个型孔后，穿丝切第二个型孔，如此重复，直至加工完毕，就可采用划线法。

即固定在丝架上的一个带有顶丝的零件，将划针固定，或将磁性表座吸在上丝臂前端，再将自制划针吸住，划针尖指向工件图形的基准线或基准面，往复移动 X,Y 坐标工作台，根据目测，调整工件，进行找正，如图 5.38 所示。

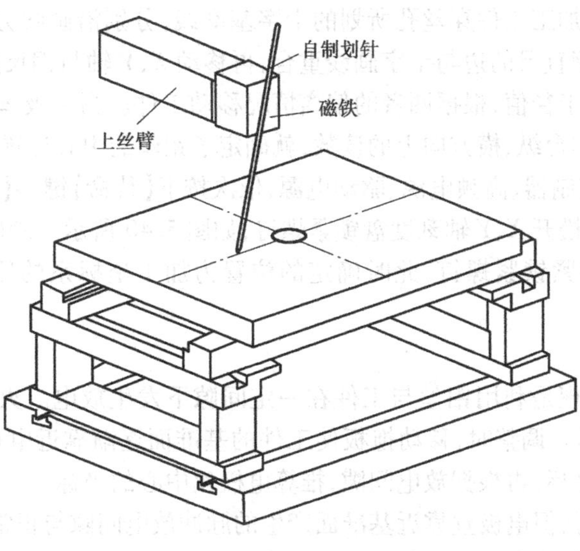

图 5.38 划针法校正

3. 火花拉直法

先穿上钼丝，移动工作台，观察钼丝与基准面之间的间隙是否一致，然后按下开运丝按钮，送上小能量的脉冲电源，移动 X 或 Y 轴，与基准面接触，从而观察基准面(侧面)两端的火花是否一致，来确定工件的平行度。

4. 固定基面靠定法

利用通用或专用夹具纵横方向的基准面，经过一次校正后，保证基准面与相应坐标方向一致，于是具有相同加工基准面的工件，可以直接靠定，尤其适用于批量工件的加工。

二、电极丝初始位置的确定

线切割加工前，应将电极丝调整到切割的起始位置上，其调整方法有以下几种：

1. 目测法

直接利用目测，或借助放大镜、直尺等来进行观察，以确定电极丝与工件有关基准面的相对位置，如图 5.39 所示。该方法用于加工精度要求较低的工件。具体方法如下：

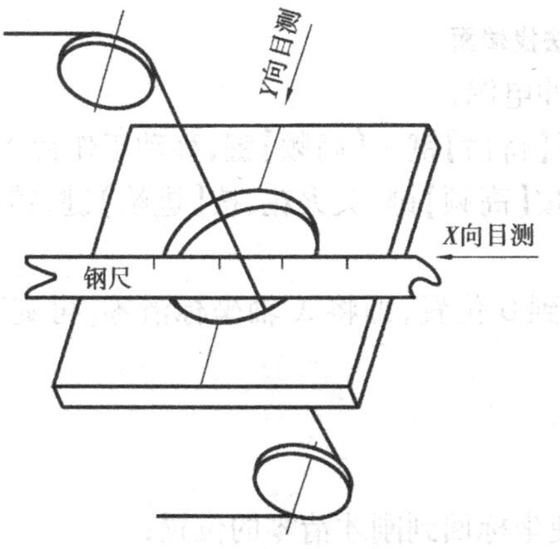

图 5.39 目测法调整电极丝位置

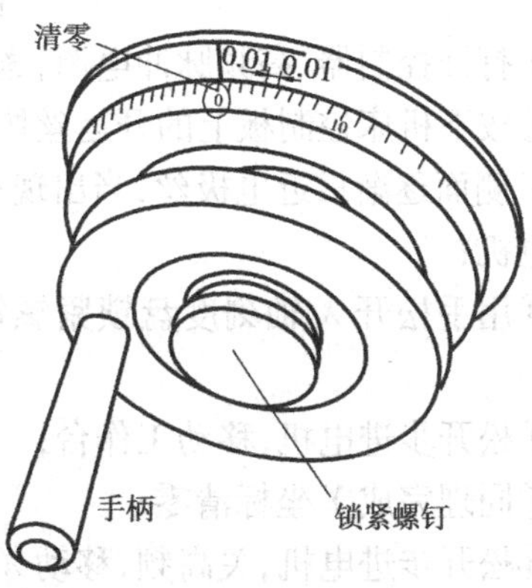

图 5.40 手轮示意图

利用钳工或钻削加工工件穿丝孔所划的十字基准线，分别沿画线方向观察电极丝与基准线的相对位置，或用钢直尺的边与十字画线重合，再移动 X,Y 轴与钢尺边相切之后，再向相同的方向移动一个钼丝半径值，根据两者的偏离情况移动工件。当电极丝中心分别与 X,Y 轴方向基准线重合时，工作台纵、横方向上的读数，就确定了钼丝的中心位置。

打开 HX-Z5 型控制器、高频电源、驱动电源，依次按下【待命】键→【进给】键，锁紧 X,Y 轴步进电机。此时用手松开 X,Y 轴刻度盘锁紧螺钉，如图 5.40 所示。旋转刻度盘到 0 位置（即机床坐标清零），再旋紧锁紧螺钉，此时确定的位置为加工坐标系的原点（即钼丝的切割起点）。

2. 火花法

火花法的基本原理是利用钼丝与工件在一定间隙下发生放电。火花调整钼丝位置的方法，如图 5.41(a) 所示。调整时，移动拖板使工件的基准面逐渐靠近电极丝，在发生火花的瞬间，记下拖板的相应坐标，再根据放电间隙，推算电极丝中心的坐标。

此方法简便、易行，但电极丝靠近基准面产生的脉冲放电间隙与正常切割的放电间隙并非相同而出现误差。其具体方法有两种。

1) 方法 1：火花法找端面，如图 5.41(b) 所示。该工件以左下角为基准角 (0,0)，在点 (40,10) 处穿丝加工一型腔。

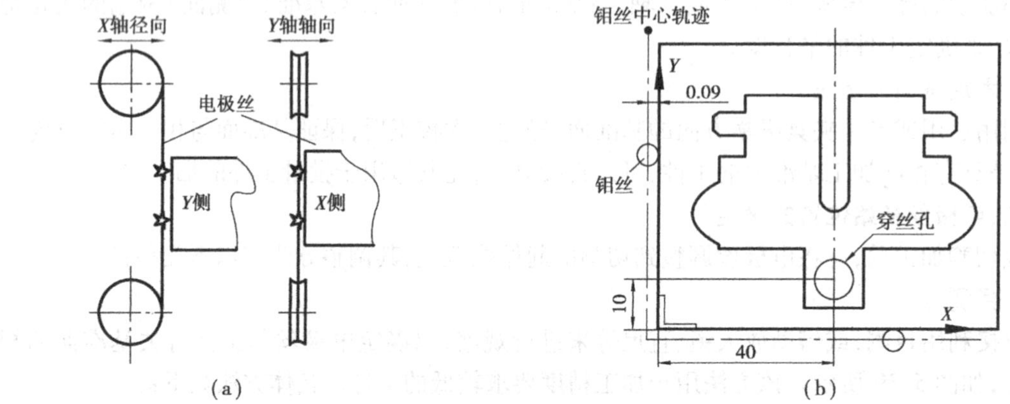

(a)　　(b)

图 5.41　火花法找端面

①打开控制器、高频脉冲电源，送上小能量脉冲电源；

②按下机床控制板上的开运丝按钮，依次按下【待命】键→【高频】键，移动工作台 X 轴，使工件 Y 侧面逐渐靠近电极丝，当出现火花的瞬间，按【高频】键，关火花，按【进给】键，锁紧 X,Y 步进电机；

③用手松开 X 轴刻度盘锁紧螺钉，旋转刻度到 0 位置，即将 X 轴坐标清零，再旋紧锁紧螺钉；

④松开步进电机，移动工作台；

⑤同理完成 Y 坐标清零；

⑥松开步进电机，关高频，移动 X,Y 轴手轮，使坐标回到刚才清零的位置；

提示：

●如果没有记下机床标尺上的大概位置，则先将各轴移动到与基准面接触的位置，再观察刻度盘的读数是否对零，如果未对0，则移动到0处。此时确定的位置为电极丝中心距基准面有一个钼丝半径 r(0.09 mm)距离。移位时应注意加上此距离。

⑦锁电机，当撞块与微动开关接触时，按下关运丝按钮，手动旋转电极丝到储丝筒尽头，松开储丝筒上压丝螺钉，将钼丝卸下，然后定位移动到穿丝孔圆心处。在待命状态下，用键盘依次输入以下3B程序；

100	*B*	40090	*B*	10090	*B*	40090	*GX*	*L*1	*DD*	100为程序段顺序号

⑧将控制器加工状态置于【模拟】运行状态，用键盘依次输入以下3B程序。按【执行】键，此时机床空走到穿丝孔的圆心即程序加工的起始点处。

按键操作	数码显示状态																说明
待命	P																处于待命状态
100		1	0	0													输入起始段号
执行		1	0	0										1	0	0	进行结束指令查找并显示
执行		1	0	0	*H*		*L*	1	*J*			4	0	0	9	0	空运行

2）具体方法2：火花法找中心，如图5.42所示。当线切割加工的基准为圆形孔时，应调整电极丝中心与基准孔中心重合。

①通过基准孔穿好钼丝，开启HX-Z5型控制器电源，打开YJF-3型高频脉冲电源，送上小能量脉冲电源；

②按下机床控制板上的开运丝按钮，依次按下【待命】键→【高频】键；

③设 P 点为电极丝在工件孔中的当前位置，先向右沿 X 坐标移动工作台，使钼丝与孔壁接触于点 A，待出现火花的瞬间，按【高频】键，关火花，按【进给】键，锁紧 X，Y 步进电机；

④此时用手松开 X 轴刻度盘锁紧螺钉，旋转刻度到0位置（清零），再旋紧锁紧螺钉；

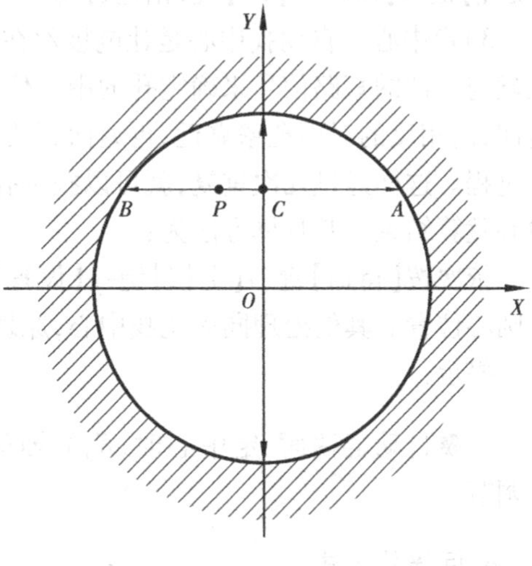

图5.42　火花法定中心

⑤按下【进给】键，松开电机，按下【高频】键，开火花，向相反方向移动 X 轴，直至和孔壁的另一点 B 点相接触；

⑥待出现火花的瞬间，关高频，锁紧步进电机。再将 X 轴坐标清零，松开步进电机。此时，移动到测量距离值（点 A 到点 B 距离）除以2的位置，即 AB 间的中心位置 C 点处；

⑦同理重复上述过程完成 Y 轴，最后钼丝中心被定位到穿丝孔中心 O 点处。

提示：

●必须记下从点 A 移动到点 B 时，X 轴所移动的距离。由于刻度盘一圈 4 mm，每小格 0.01 mm，假如从 A 到 B，手轮摇 10 圈，再加 $0.01 \times 190 = 1.9$ mm。则从 B 处向相反方向摇 5 圈，再加 1.9/2 mm 的距离，就把电极丝中心定位到 C 点处。

3. 自动找端面、找中心

首先将控制器置【模拟】状态，关【高频】，打开机床运丝电机，让钼丝移动。

1）定端面。让电极丝从当前位置自动地向工件端面接近，一般第一次接触是快速，然后退回一个距离，减速之后，第二次再向工件接近，反复进行，最后一次完成之后，工作台停止移动，定位结束。从这位置开始，再考虑电极丝的半径值进行补偿，这就是工件端面的位置。这种校正方法总会有一定的误差，因此要重复几次取平均值。校正时，几次减速是为了减少工作台进给时的惯性，防止压弯电极丝带来误差。端面校正也要在 X，Y 两个方向进行。其具体方法为：

①依次按【待命】键→【上档】键→【设置】键→【GX】→【L1】或【L2】，为机床坐标系的 L1、L3 方向。即在 X 方向碰数。

②依次按【待命】键→【上档】键→【设置】键→【GY】→【L1】或【L2】，为机床坐标系的 L2、L4 方向。即在 Y 方向碰数。

2）示例。如图 5.41 所示，当钼丝处于 X 侧基准面外时，依次按【待命】键→【上档】键→【设置】键→【GY】→【L1】键，钼丝自动从当前位置向工件接近。其他处理同火花找端面法。

3）定中心。自动找中心是让电极丝在工件孔的中心定位，与端面找正方法一致。根据电极丝与工件的短路信号来确定孔的中心位置。首先让电极丝在 X，Y 轴方向与孔壁接触，然后返回，向相反的对面孔壁靠近，再返回到两壁距离的 1/2 处位置，接着在另一轴的方向进行上述过程。这样经过几次重复，就可以找到孔的中心位置。当误差达到所要求的设定值之后，找中心就算结束。其具体方法为：

依次按【待命】键→【上档】键→【设置】键→【D】键，机床自动进行找中心，完毕后机床停在圆心位置。其他处理同火花找中心，原理图参见图 5.42 所示。

提示：

●自动定端面、定中心时，X，Y 轴移动速度的大小通过工作点变频跟踪旋钮进行调节。

4. 间接找正法

即电极丝不是直接找正工件，而是找正夹具、胎具的位置间接地保证工件的位置，如前所述的滚轮加工，通过找托板孔的圆心，从而找正滚轮的圆心；弹性夹头的加工，通过找检棒的中心达到找正工件中心；链轮的分度加工，链轮齿形的编程尺寸是以内孔中心为坐标原点确定的，因此加工起点的位置也是相对于孔中心而定的，找正时先拉表找平行胎具侧面，然后用找端面的方法，通过设定坐标值的方法来定出胎具中心。

提示：

●火花法找端面、找中心时，必须开高频，开运丝，送上小能量的脉冲电源。自动找端面、找中心时应注意关高频，否则会损伤工件表面的测量刃口。在找正前，首先将钼丝张紧，擦掉工件端面、孔壁和测量刃口上的油、水、锈、灰尘和毛刺，以免产生误差。

任务三 试切与切割

课题一 线切割基本操作流程

一、操作前事项

1. 线切割基本操作规程

1）操作者必须熟悉线切割机床的操作技术，开机前应对机床有关部位注油润滑，见表5.2所示。

表 5.2 机床润滑表

编号	加油部位	加油时间	加油方法	润滑油
1	横向进给滚珠丝杆	每班一次	油枪	20#机油
2	纵向进给滚珠丝杆	每班一次	油枪	20#机油
3	横向进给中间齿轮箱	每班一次	油枪	20#机油
4	纵向进给中间齿轮箱	每班一次	油枪	20#机油
5	储丝筒各传动轴	每班一次	油枪	20#机油
6	储丝筒丝杆螺母	每班一次	油枪	20#机油
7	各拖板导轨	每班一次	油枪	20#机油
8	线架升降丝杆	升降前后	油枪	20#机油

注：①线架上导轮的滚动轴承用高速润滑油脂，每两个月更换一次。
②其他滚动轴承用润滑油脂每半年更换一次。
③电动机滚动轴承按照一般电机规定润滑。

2）操作者必须熟悉线切割加工工艺，适当的选取加工参数，按正确操作顺序操作，防止造成断丝等故障。

3）用摇手摇储丝筒后，应及时将摇手拔出，防止储丝筒转动时将摇柄甩出伤人。装卸电极丝时，注意防止电极丝扎手。换下来的废丝要放在安全的专用废丝箱里，防止混入电路和走丝系统中，造成电器短路、触电和断丝等事故。

4）正式加工工件之前，应确认工件位置已安装正确，防止碰撞丝架和因超程撞坏丝杆、螺母等传动部件。

5)尽量消除工件的残余应力,防止切割过程中工件爆炸伤人,加工之前,应安装好防护罩。

6)机床附近不得放置易燃、易爆物品,防止因工作液一时供应不足产生放电火花引起事故。

7)在检修机床、机床元件、脉冲电源、控制系统时,应注意适当地切断电源,防止触电和损坏电路元件。

8)定期检查机床的保护接地是否可靠,注意各部件是否漏电,尽量采用触电开关。合上加工电源后,不可用手或手持导电工具同时接触脉冲的两输出端(床身与工件),以防触电。

9)禁止用湿手按开关或接触电器部分。防止工作液等导电物进入电器部分,一旦发生因电器短路造成火灾时,应首先切断电源,立即用四氯化碳等合适的灭火器灭火,不准用水灭火。

10)停机时,应先停高频脉冲电源,后停工作液,让电极丝运行一段时间,并等储丝筒反向后再停走丝。工作结束后,关掉总电源,擦净工作台及夹具,并润滑机床。

2. 线切割加工零件前的检查内容

1)检查脉冲电源、控制器与电脑、机床接线、各按钮位置是否正常。启动机床电源开关,让机床空载运行,观察其工作状态是否正常。

2)控制器系统必须正常工作 10 min 以上。

3)机床各部件的运动,应正常工作。

4)脉冲电源和机床电器等正常无失误。

5)检查各个行程开关,触点动作灵敏,储丝筒行程微动开关是否在左右拨叉之间的区域内。

6)工作液各个进出管路、阀门,畅通无阻,压力正常。

7)按机床润滑要求注油。

8)添加或更换工作液,一般以每隔一个星期更换一次为宜。

9)检查线切割机床的电极丝是否都落入导轮槽内,导电块是否与电极丝有效接触,钼丝松紧是否适当,决定是否更换电极丝。

10)开机前确定机床处于下列状态:电柜门必须关严,储丝筒行程撞块不能压住行程微动开关,急停按钮处于复位的状态。如储丝筒未绕丝,开机则应将断丝保护置于关位置。

11)检查步进电机。开启高频、控制器电源。依次按下控制器【待命】键→【进给】键,控制步进电机。用手摇工作台纵横向手轮,检查步进电机是否吸住。如果未吸住,则再按【进给】键,锁紧步进电机,将 X,Y 轴步进电机手轮刻度盘对 0 线,用键盘依次输入以下程序。

序号	B	X	B	Y	B	J	G	Z	注释
1	B		B		B	2000	Gx	$L1$	X 正向走 2 mm
2	B		B		B	2000	Gy	$L2$	Y 正向走 2 mm
3	B		B		B	2000	Gx	$L3$	X 负向走 2 mm
4	B		B		B	2000	Gy	$L4$	Y 负向走 2 mm
5	DD								停机结束

将控制器加工状态置于【模拟】运行状态，用键盘依次输入以下3B程序。按【执行】键，观察机床手柄刻度盘转动方向是否正确，检查刻度盘是否回到“0”位。

按键操作	数码显示状态																说明
待命	P																处于待命状态
1				1													输入起始段号
执行				1												4	进行结束指令查找并显示
执行				1	*H*		*L*	1	*J*				2	0	0	0	空运行

12）测试脉冲电源。开启高频脉冲电源与走丝电机，依次按【待命】键→【高频】键，关【进给】，松开步进电机。此时手摇动拖板手柄，将钼丝与工件接触，观察是否有火花。

二、导轮的调整及工件的装夹定位

1. 调整导轮

1）调节导轮，既要保持导轮传动灵活，又要无轴向、径向移动。

2）更换导轮时，轴承内要加高速润滑脂。

3）安装好钼丝后，必须用角尺或垂直校正器校正电极丝垂直于工作台面。

2. 工件的装夹定位

1）将工件或夹具固定在工作台上。

2）装夹工件时，应根据图纸要求，加工精度等，用百分表、划针找正工件的基准面，使其与工作台的横向或纵向平行。

3）检查工件位置是否在工作台行程的有效范围内。

4）工件及夹具在切割过程中，不应碰到线架的任何部位。

5）工件装夹完毕后，要清除工作台面的一切杂物。

三、加工并调节电规准

1. 脉冲参数基本原则

1）脉冲宽度与放电量成正比，脉冲宽度越宽，每一周期放电时间所占的比例就越大，切割效率越高。此时加工较稳定，但放电间隙大。相反，脉冲宽度越小，工件切割表面质量高，但切割效率较低。

2）脉冲间隔与放电量成反比。脉冲间隔越大，单个脉冲放电时间减少，加工稳定，切割效率降低，但有于利于排屑。

3）高频功率管越多，加工电流越大，切割效率高，但工件的表面粗糙度差。

2. 合理调整变频进给

1）合理调节变频进给的方法。整个变频进给控制电路有多个调节环节，其中大都安装在机床控制柜内部。出厂时已调节好，一般不动。另外一个调节旋钮，则安装在控制器操作面板上，操作者可以根据工件材料、厚度和加工标准等来调节此旋钮，以改变进给速度。

不要认为变频进给的电路能自动跟踪工件的蚀除速度，并始终维持某一放电间隙（即不会“开路不走”或“短路闭死”），便误认为加工时，可不调或者可随便调节变频进给量。实际上，某一加工条件下只存在一个相应的最佳进给量，此时钼丝的进给速度恰好等于工件实际可能的最大蚀除速度。如果设置的进给速度小于工件实际可能的蚀除速度（称“欠跟踪”或“欠进给”），则加工状态偏开路，从而降低了生产效率；如果设置好的进给速度大于工件实际可能的蚀除速度（称“过跟踪”或“过进给”），则加工状态偏短路，实际进给速度和切割速度反而也下降，而且增加了断丝和“短路闭死”的危险。实际上，由于进给系统中步进电机、传动部件有机械惯性及滞后现象，不论是欠进给或过进给，自动调节系统都会使进给速度忽快忽慢，加工过程变得不稳定。因此，合理调节变频进给，使其达到较好的加工效果是非常重要的。

2）当切割加工时，电流表指针经常向零值方向摆动，表示为欠进给状态，有开路的趋势，这时可提高变频进给速度。电流表指针经常向满刻度方向摆动，表示为过进给状态，有短路的倾向，这时应降低变频进给速度。将电压表，电流表的指针补偿调节到稳定不动时，可认为工件处于最佳状态，调节方法可以参考表 5.3 所示。

表 5.3　根据进给状态调整变频跟踪的方法

变频状态	进给状态	加工表面状态	切割速度	电极丝	变频调整
过跟踪	慢而稳	焦褐色	低	略焦，老化快	应减慢进给速度
欠跟踪	忽快忽慢不均匀	不光洁易出深痕	较快	易烧丝，丝上有白斑伤痕	应加快进给速度
欠佳跟踪	慢而稳	略焦褐，有条纹	低	焦色	应稍增加进给速度
最佳跟踪	很稳	发白、光洁	快	发白，老化慢	不需调整

3. 进给速度对切割速度和表面质量的影响

1）进给速度过快，超过工件的蚀除速度，会频繁地出现短路，造成加工不稳定，切割速度反而降低，加工表面状态发焦、呈褐色，工件上下端面有过烧现象。

2）进给速度调得太慢，使进给速度远远小于工件的蚀除速度，极易出现开路，使脉冲利用率降低，切割速度大大降低，加工表面状态发焦、呈淡褐色，工件上下端面有过烧现象。

以上两种情况，都可能导致进给速度忽快忽慢，加工不稳定，且易断丝，加工表面出现不稳定条纹、或出现烧蚀现象。

3）进给速度稍慢。加工表面较粗较白，两端有黑白交错的条纹。

4）进给速度调得适宜。加工稳定，切割速度提高，加工表面细而亮，丝纹均匀，可以获得较好的表面粗糙度和加工精度。

课题二　试切与切割

一、模拟加工

1. 模拟加工的作用

由于线切割加工一般作为工件加工最后一道工序，编制的加工程序不允许出现错误，因此对复杂的工件有必要进行模拟加工。数控线切割机床加工的工件一般是闭合的图形，故可以从模拟加工结果能否回零和积累误差来判断所编制的加工程序正确与否。

2. 具体操作步骤

1）打开控制器、高频、机床总电源开关。

2)将编制好的程序输入到控制器内。

3)将工作台 X,Y 轴摇至工作台行程中部,并将 X,Y 手轮刻度清零,记下机床标尺读数。

4)输入程序段起始段,按【执行】键,将控制器加工状态置于【模拟】运行状态,再按一下【执行】键,调整变频跟踪旋钮至跟踪最大位置。机床自动空运行,执行程序。

5)停机检查刻度盘。空运行结束,检查 X,Y 坐标是否全部回零,检查机床标尺是否回到原位。

二、样板切割加工

1. 样板切割加工的作用

在新产品开发过程中需要单件的样品,使用线切割直接切割出零件,无需模具,这样可以大大缩短新产品开发周期,并降低试制成本。如在冲压生产时,未开出落料模时,先用线切割加工的样板,进行成形等后续加工,得到验证后,再制造落料模。

对精度较高的工件,为了可靠起见,正式加工前,一般都要进行样板切割加工。样板材料通常选用 2 ~ 3 mm 厚度薄板。

2. 具体操作步骤

1)打开控制器、高频、机床总电源开关。

2)将编制好的程序输入到控制器内。

3)装夹好薄板,并校正(根据具体情况进行位置的调整与校正)。

4)将工作台 X,Y 轴手轮刻度清零,记下机床标尺读数。

5)开机床,依次操作:将急停开关复位→按下开运丝→开水泵→启动切割加工后,将电规准调至加工稳定。

6)启动切割,输入程序起始段,按【执行】键,将控制器加工状态置于【自动】运行状态,再按一下【执行】键,调整变频跟踪旋钮至跟踪良好位置,加工完毕。

7)停机检查刻度盘。检查 X,Y 坐标是否全部回零,检查机床标尺是否回到原位,并用游标卡尺测量所加工出的工件。

三、模具切割加工

1. 开机

打开控制器、高频、机床总电源开关。

2. 输程序

将程序输入到控制器。

3. 开运丝

按下开运丝,让电极丝空运转,检查电极丝抖动情况和松紧程度,若电极丝过松,则应充分且用力均匀紧丝。

4. 开水泵,调整喷水量

开水泵时,请先把调节阀调到关闭状态,然后逐渐开启,调节至上下喷水柱包容电极丝,水柱射向切割区即可。

5. 开脉冲电源,选择电参数

操作者应根据对切割效率、精度、表面粗糙度的要求,选择最佳的电参数。电极丝切入工件时,把脉冲间隔调到最大,待切入后,稳定时,再选择脉冲间隔,使加工电流满足要求。

6. 变频调节

控制器面板上的变频电位器是用来在切割加工时，调节进给速度以及加工电流保持稳定，进给速度均匀。顺时针旋转调节，进给速度加快；反之，进给速度减慢。开始加工时，宜调在中间位置。

7. 切割过程中，观察电流表的工作情况

将控制器加工状态置于【自动】运行状态，按【执行】键，进入加工状态，观察电流表在切割过程中，指针是否稳定，精心调节，切忌短路。

8. 监控运行状态

监控运行状态，如发现工作液循环系统堵塞，应及时疏通，及时清理电蚀产物。

9. 加工结束

加工结束，应先关闭水泵电机，再关闭运丝电机，检查 X，Y 坐标是否回到终点。回到终点时，拆下工件，清洗并检查质量。未到终点时，应检查程序是否有错或控制器是否有故障，及时采取补救措施，以免工件报废。

提示：

●机床电气操作面板上有红色急停按钮开关，工作中如有意外情况，按下此开关即可断电源。

课题三　加工过程中特殊情况的处理

一、短时间临时停机

在某一程序尚未切割完毕时，若需要暂时停机，则应先按下控制器【暂停】键，然后按下【关水泵】按钮，关闭工作液泵，再待储丝筒反向后，按下【关运丝】按钮，程序停止加工，控制器右下角显示【句点】符号，表示程序已暂停。

如要继续加工，其操作为：按下【开运丝】按钮→【开水泵】→【执行】键。

二、断丝处理

由于本机床有断丝保护开关，在加工时，将断丝保护开关置于开启状态，待出现断丝现象时，线切割机床自动停机关运丝、关水泵，控制器处于暂停状态。

1. 断丝后，丝筒上剩余丝的处理

若断丝点接近储丝筒上钼丝的某一端时，剩余的钼丝还可利用，先把钼丝多的一边断头找出并固定，卸掉另一边的废钼丝。然后手摇储丝筒，让断丝处位于立柱背面过丝槽中心（即上丝臂导轮槽、下丝臂导轮槽、电极丝在同一垂线上），重新穿丝调整行程，依次按下【开运丝】→【开水泵】→【执行】键，即可继续加工。

2. 断丝后原地穿丝

当快速走丝线切割工作液具有良好的洗涤性能时，切缝中不是很粘，可以原地穿丝。若采用南京特种油厂产的乳化液，切缝中更干净，一般加工后的工件可自行掉落，此切缝原地穿丝一般都能穿过，工件厚度 100 mm 左右也能穿过。重新调整行程，按下【开运丝】→【开水泵】→【执行】键，即可继续加工。

提示：

●原地穿丝时若是新丝，注意用中粗砂纸打磨其头部一段，使其变细变直，以便穿丝。

3. 回穿丝点

若原地穿丝失败，采用【模拟】回穿丝点，再采用逆割方式进行切割。由于机床定位误差、工件变形等原因，对接处会有误差；若工件没有后序抛光等工序，而又不希望在工件中间留下接刀痕，可沿原路切割。由于二次放电等因素，已切割面表面会受影响，但尺寸不受多大影响。若断丝直径和新丝直径相差较大，就要重新编制程序，以保证加工精度。

三、短路处理

1. 排屑不良引起的短路

短路回退太长，会引起停机，若不排除短路，则无法继续加工。若出现短路时，按下控制器【暂停】键，暂停程序执行。按【高频】键，开高频，按下【关水泵】，原地运丝，并向切缝处滴些煤油，清洗切缝，一般短路即可排除。待出现火花现象时，再依次按下【开水泵】→【执行】键，继续加工。

2. 工件应力变形夹丝

热处理变形大的工件，或者进行薄件叠加切割时，会出现夹丝现象。对热处理变形大的工件，在加工后期快切断前，变形会反映出来，此时应提前在切缝中穿入电极丝，或与切缝厚度一致的塞尺，以防夹丝。薄板叠加切割时，应先用螺钉连接紧固，或装夹时多压几点，压紧压平，以防止加工中出现短路或者夹丝现象。

四、配合件加工

配合件加工时，放电间隙一定要准确，由于快走丝放电间隙制约因素较多且易变化，因此可在正式加工前试切一次，以确保加工参数合理。

五、跳步模加工

如图 5.43 所示，当加工跳步模时，由于采用图形交互式编程，以每个轨迹圆的圆心为程序原点，因此，当工件装夹后，穿丝点也应该在圆的圆心处即“1”、“2”处。但是，由于钻穿丝孔时，圆心发生了偏移而钻在“3”处，当跳步模加工从“1”转入“2”并穿丝后，发现穿丝点不在切割起点，工件处于短路状态不能加工。

针对此种情况，可采用如下的方法：

1）根据距离偏离，从 2 模拟执行下空走到当前所钻穿丝孔（穿丝孔圆 3 避空范围内）。然后从当前位置以刚才空走程序逆割加工至切割起点 2 处（即程序原点处）。当前点已经回到正确的程序原点处，因此，可以加工当前的程序。

2）根据距离偏离，从 2 模拟执行下空走到当前所钻穿丝孔（穿丝孔圆 3 避空范围内）。然后修改程序的原点为当前钼丝的位置。此时，以修改后的程序进行加工。

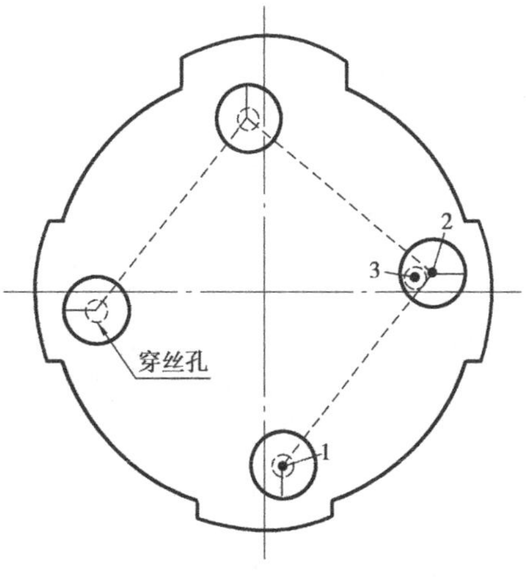

图 5.43　跳步模加工

六、接刀痕的处理

图 5.44　接刀痕

对于凸模加工，切断后的导电性及其位置都是不可靠的，如不加任何处理，会在接刀处产生如图 5.44 所示的接刀痕。为了去掉接刀痕，在工件快切断前必须加以固定，可以在端面进行粘接，为确保导电，在端面贴一小铜片后从四周粘接固定，不要在贴合面处涂胶。线切割常用粘接胶为 502，若用导电胶，可不考虑加贴铜片。

【自己动手 5-1】简述线切割加工工艺的一般规律。

【自己动手 5-2】自己动手校正钼丝的垂直度，某一工件的装夹找正。

【自己动手 5-3】理解电规准调节法，在工作实际中总结经验。

【自己动手 5-4】如何完成如图 5.45 所示工件的装夹、找正。

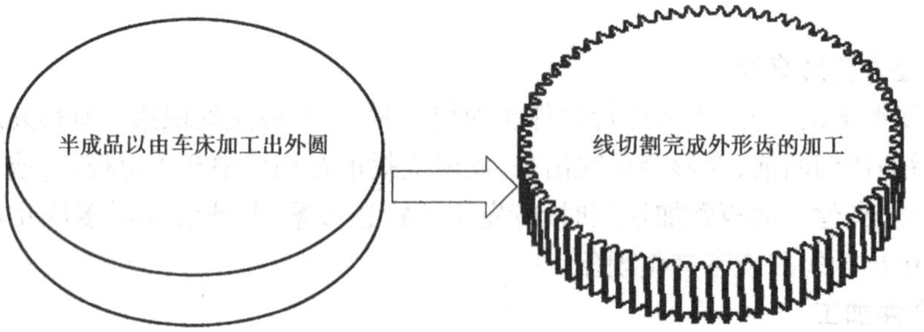

图 5.45　【自己动手 5-4】的图形

项目六　CAXA 线切割 XP 软件

项目内容

1)CAXA 线切割概述;
2)CAXA 线切割 XP 的工作界面;
3)CAXA 线切割 XP 的绘图;
4)线切割 3B 代码;
5)自动拨叉凹模的加工;
6)软三爪的加工;
7)产品的加工;
8)泰 125 大臂凸凹模的加工。

项目目的

1)启动 CAXA 线切割 XP,熟悉其工作界面;
2)能够独立的运用 CAXA 线切割 XP,完成图形的自动编程及其传输;
3)学生能够独立地运用 CAXA 完成模具及产品的加工。

项目实施过程

任务一　认识 CAXA 线切割 XP

课题一　启动 CAXA 线切割 XP

一、CAXA 线切割 XP 概述

1. CAD/CAM 一体化软件简述

数控编程经历了手工编程、APT 语言编程和交互式图形编程三个阶段。由于交互式图形编程具有速度快、精度高、直观性好、使用简便、便于检查和修改等优点,目前已成为国内外普遍采用的数控编程方法。

交互式图形编程的实现是以 CAD 技术为前提的。数控编程的核心是刀位点计算,对于复杂的产品,其数控加工刀位点的人工计算十分困难,而 CAD 技术的发展为解决这一问题提供了有效的工具。因此,绝大多数的数控编程软件同时具备 CAD 的功能,因此称为 CAD/CAM 一体化软件。

2. 线切割 CAD/CAM 集成软件简述

线切割 CAD/CAM 集成软件是最有效的线切割编程方法软件,它融绘图和编程于一体,可以按加工图样上标注的尺寸，在计算机屏幕上作图输入，即可以完成线切割代码的生成，输出3B或者ISO格式的线切割程序。目前常用的线切割CAD/CAM软件有：YH、HL、AUTOP、YCUT、FH、CAXA等。另外，大多大型的CAD/CAM软件也都包含有线切割模块，如Master-CAM、Cimatron、UG NX等。

3. CAXA线切割简述

CAXA线切割是北航海尔软件有限公司在CAXA电子图板的基础上开发的，包含了CAXA电子图板的二维绘图功能，在绘图功能、操作的方便性等方面都占有优势，已成为数控线切割编程软件中使用最普遍的CAD/CAM软件。CAXA线切割当前最新版本为CAXA线切割XP版，可以为各种线切割机床提供快速、高效率、高品质的数控编程代码，极大地简化了数控编程人员的工作。

CAXA线切割XP版的运行环境是Windows95以上系统。它可以完成绘图设计、加工代码生成、联机通信等功能，集图样设计与代码编程一体。CAXA线切割XP可以直接读取EXB格式文件、DWG格式文件、DXF格式文件、IGES格式文件等各种类型的文件。使用CAD软件生成的图形都可以直接读入CAXA线切割XP。

二、启动 CAXA 线切割 XP

启动CAXA线切割XP的常用方法有三种：

1. 利用鼠标左键启动

鼠标左键双击桌面上CAXA线切割XP图标，就可启动CAXA线切割XP。

2. 利用鼠标右键启动

右击（鼠标右键点击，以后同）桌面上CAXA线切割XP图标，出现一个菜单，单击（鼠标左键点击，以后同）菜单中的【打开】命令，就可启动CAXA线切割XP，如图6.1所示。

3. 在【开始】菜单中启动

单击【开始】，依次选取【程序】→【CAXA线切割XP】→【CAXA线切割】，就可以启动CAXA线切割XP，如图6.2所示。

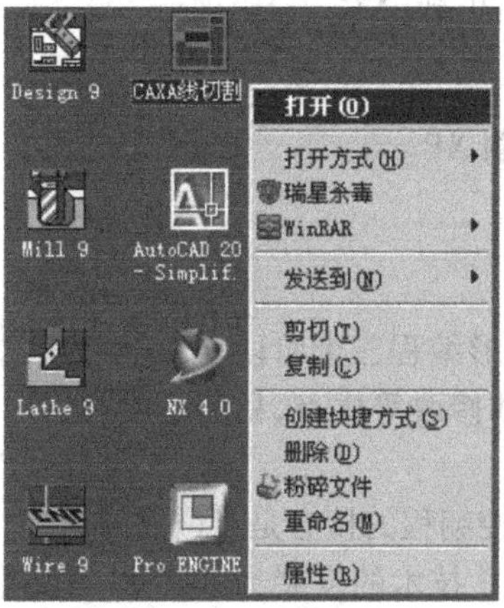

图6.1 利用鼠标右键启动

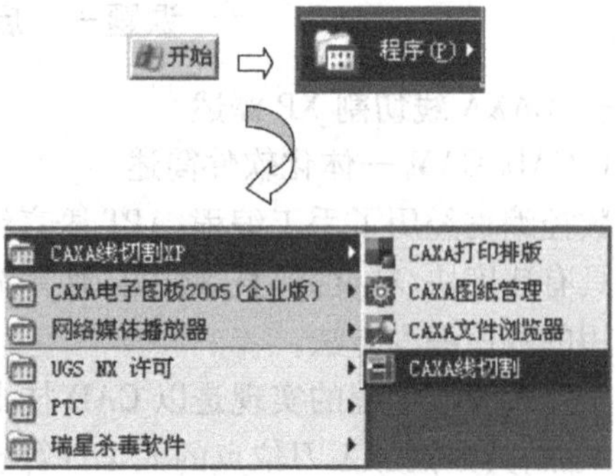

图6.2 在“开始”菜单中启动

课题二　熟悉 CAXA 线切割 XP 工作界面

启动 CAXA 线切割 XP 后，就可进入它的工作界面，如图 6.3 所示。

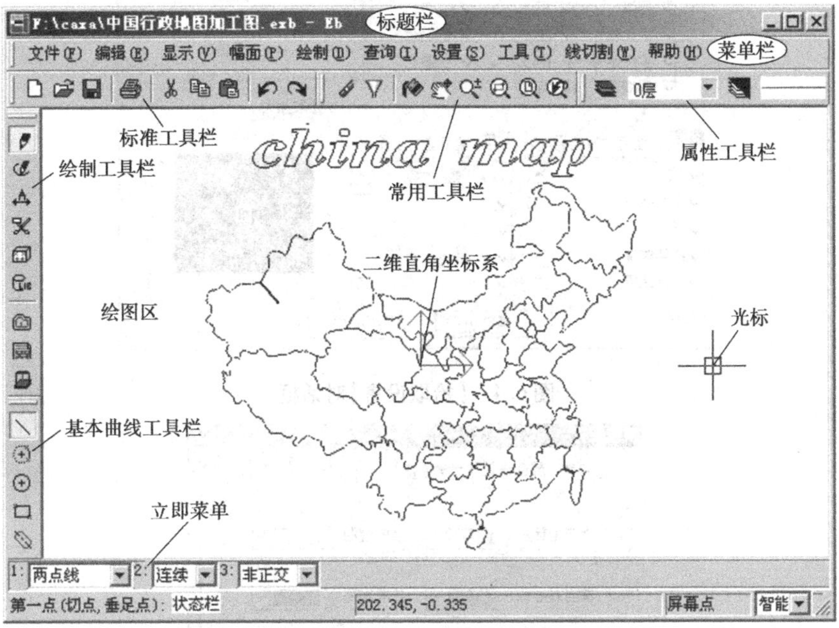

图 6.3　CAXA 线切割 XP 工作界面

一、绘图功能区

1. 用户坐标系

绘图功能区是为用户进行绘图设计的工作区域，占据了屏幕的大部分面积。绘图区中央有一个二维直角坐标系，此坐标系即为绘图时的缺省坐标系。绘制图形时，合理利用用户坐标系，可以使得坐标点的输入很方便，从而提高绘图效率。

依次单击主菜单命令【设置】→【用户坐标系】→【设置】，可以进行用户坐标系的设置。当给定一个坐标系的原点及坐标系 X 轴的旋转角度后，用户可以自己设置坐标系。CAXA 线切割 XP 最多允许设置 16 个坐标，这 16 个坐标可以相互切换，可以为可见或不可见。绘图功能区窗口默认情况下为黑色。

2. 十字光标的调整

依次单击主菜单命令【设置】→【拾取设置】，或者单击常用工具栏中【拾取设置】▽按钮，系统弹出【拾取设置】对话框，如图 6.4 所示。

移动鼠标到【拾取盒大小】右边的滚动条，按住鼠标左键不放，拖动，便可调整光标的大小。向下拖动，光标就越大；反之，光标就越小。

3. 绘图功能区颜色的调整

依次单击主菜单命令【设置】→【系统配置】，系统弹出【系统配置】对话框，如图 6.5 所示。选择【颜色设置】选项，选择【当前绘图】，就可以根据需要，设置绘图区的颜色。

4. 二维直角坐标系的开或关

依次单击主菜单命令【设置】→【用户坐标系】→【可见】，可将当前坐标系隐藏或显示。

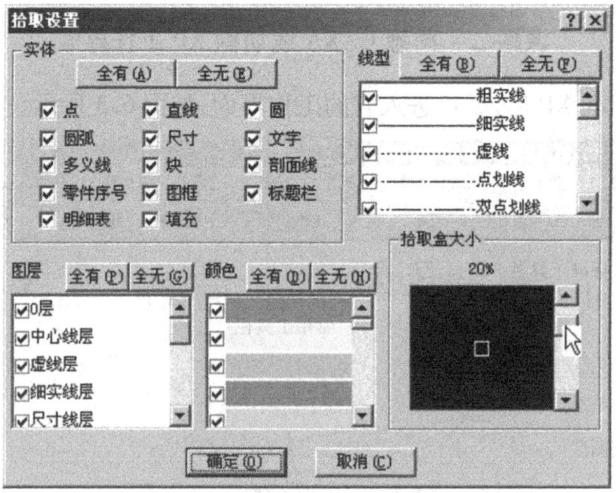

图 6.4 【拾取设置】对话框

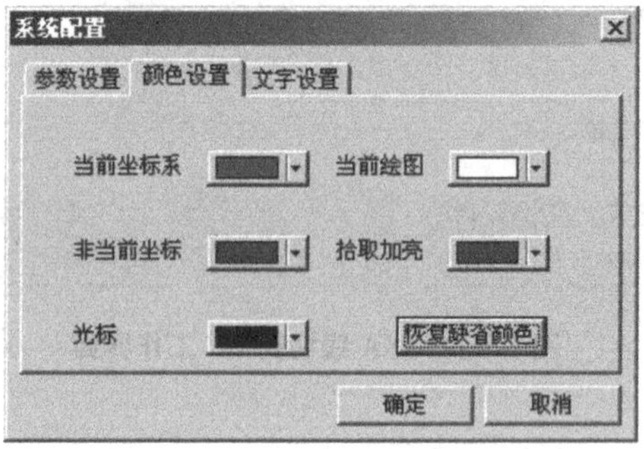

图 6.5 【颜色设置】对话框

二、标题栏

与一般的 Windows 应用程序类似,其左侧显示 CAXA 线切割图标及当前所操作图形文件的名称(中国行政地图加工图. exb)。右侧的三个按钮,可以分别实现窗口的最小化、最大化(或还原)、关闭等操作。

三、下拉菜单栏

下拉菜单栏为 CAXA 线切割 XP 的主菜单。单击下拉菜单栏中的某一项,会弹出相应的下拉菜单,如单击主菜单栏中【绘制】选项,就会出现【绘制】选项的下拉菜单,如图 6.6 所示。

1. CAXA 线切割 XP 下拉菜单的说明

CAXA 线切割 XP 下拉菜单有两点需要说明

1)右面有小三角的菜单项。CAXA 下拉菜单中,右面有小三角【▸】按钮的菜单项,表示该项还有子菜单,图 6.6 中【绘制】选项的【基本曲线】、【高级曲线】、【工程标注】等右面都有小三角,则表明它们还有子菜单,如果单击它们,则会出现各自的子菜单。如单击【高级曲线】,就会出现【高级曲线】的子菜单,如图 6.7 所示。

2)右面没有内容的菜单项。CAXA 下拉菜单中,右面没有内容的菜单项,表示单击该菜单项后,将执行对应的 CAXA 指令。

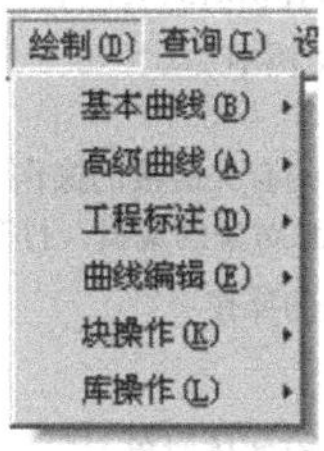

图 6.6 【绘制】选项下拉菜单

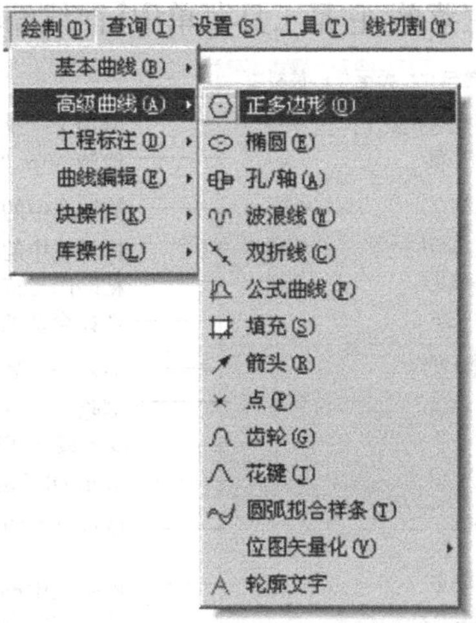

图 6.7 【高级曲线】的子菜单

2. 主菜单

CAXA 共有 10 个主菜单,如图 6.8 所示。其中包括文件、编辑、显示、幅面、绘制、查询、设置、工具、线切割、帮助主菜单,其具体的含义如下:

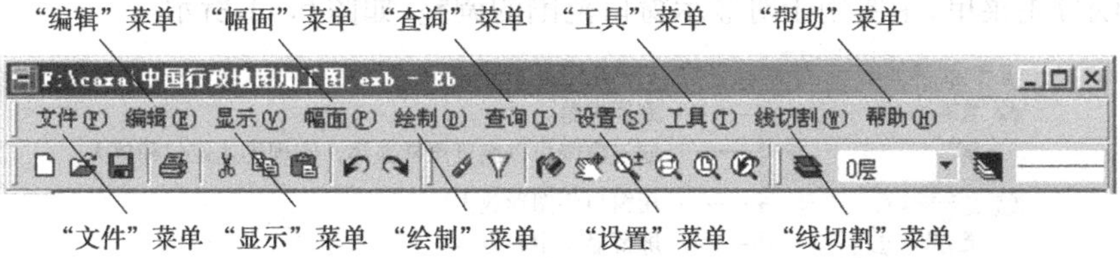

图 6.8 CAXA 线切割 XP 的 10 个主菜单

1)【文件】主菜单,主要用于执行文件的新建、保存、打开等操作,如图 6.9 所示。

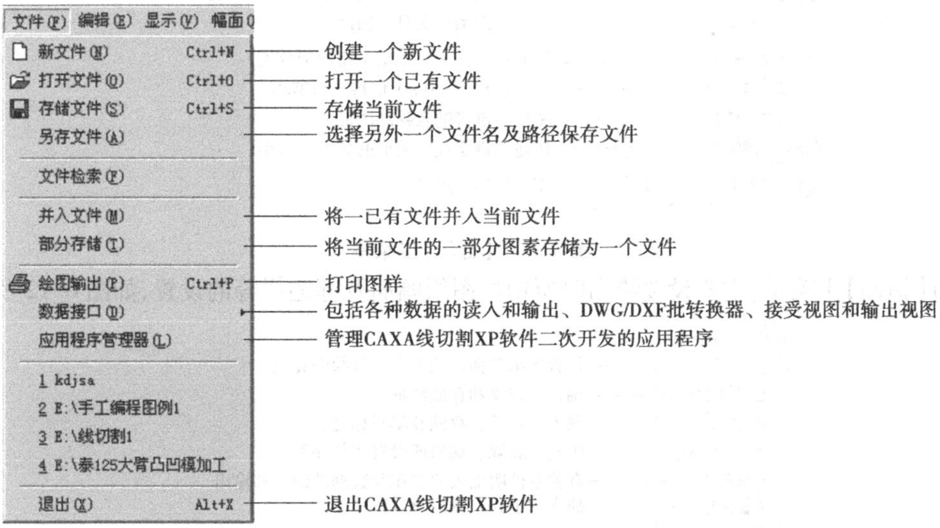

图 6.9 【文件】主菜单

2)【编辑】主菜单,它是工具菜单中【曲线编辑】工具条的扩展与补充,如图 6.10 所示。

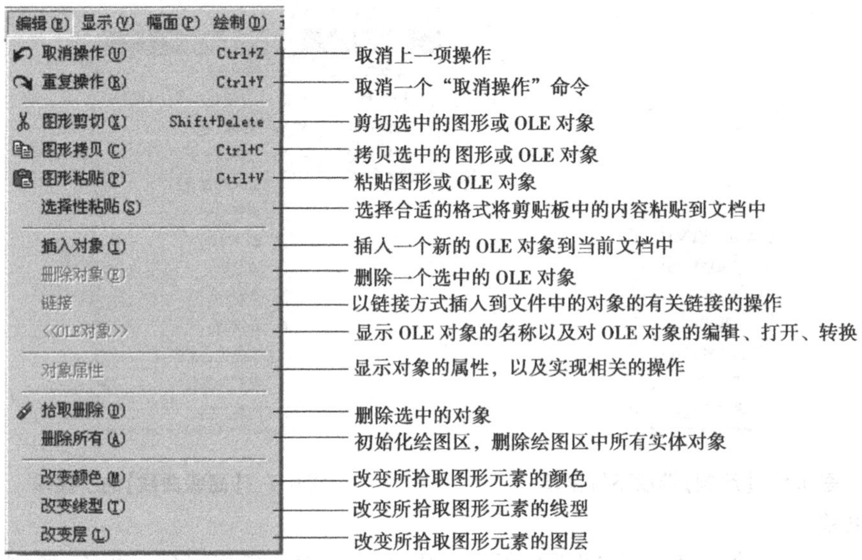

图 6.10 【编辑】主菜单

3)【显示】主菜单,主要用于对显示窗口范围的调整,如图 6.11 所示。

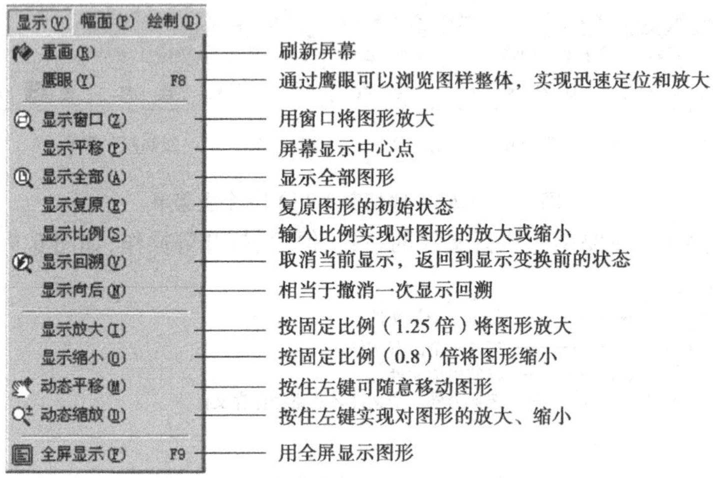

图 6.11 【显示】主菜单

4)【幅面】主菜单,主要设置绘图时所用的图纸幅面及标题栏等的设置,如图 6.12 所示。

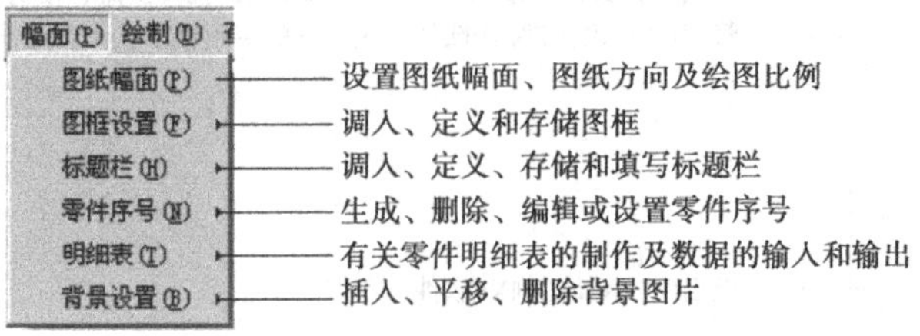

图 6.12 【幅面】主菜单

5)【绘制】主菜单,主要实现各种曲线的绘制、编辑等操作,如图 6.13 所示。

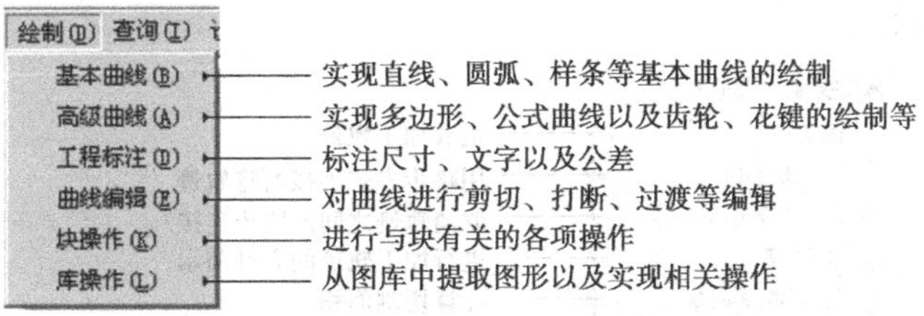

图 6.13　【绘制】主菜单

6)【查询】主菜单,主要用于查询某个或某一个组几何元素的特性,如图 6.14 所示。

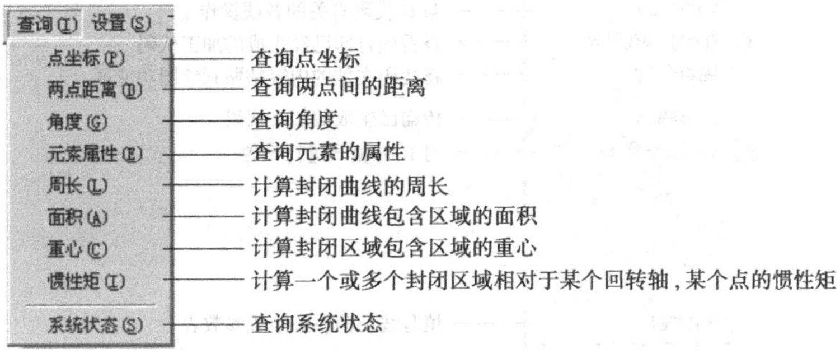

图 6.14　【查询】主菜单

7)【设置】主菜单,主要实现对系统操作环境和条件等参数的设置,如图 6.15 所示。

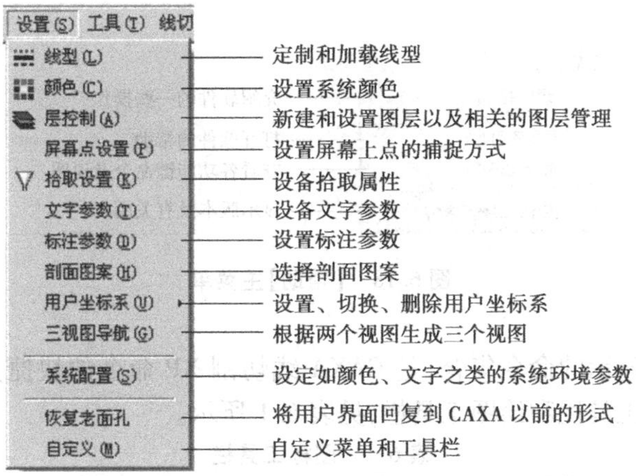

图 6.15　【设置】主菜单

8)【工具】主菜单,主要实现对软件进行辅助管理、打印、计算等功能的操作,如图 6.16 所示。

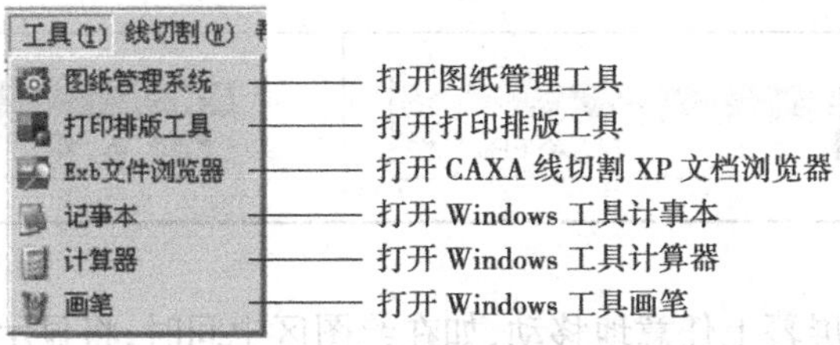

图 6.16　【工具】主菜单

9)【线切割】主菜单,这是 CAXA 线切割 XP 中最重要的功能,提供了线切割所需的 18 项功能,如图 6.17 所示。

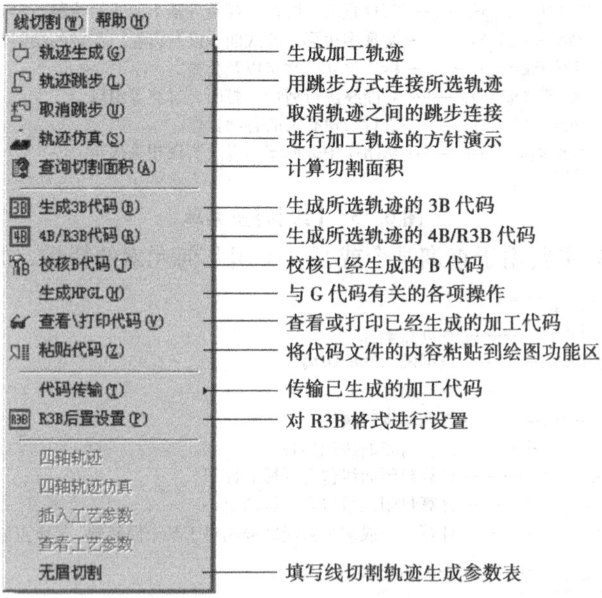

图 6.17 【线切割】主菜单

10)【帮助】主菜单,在操作过程中遇到困难时,可以选择帮助菜单,请求系统帮助,如图 6.18所示。

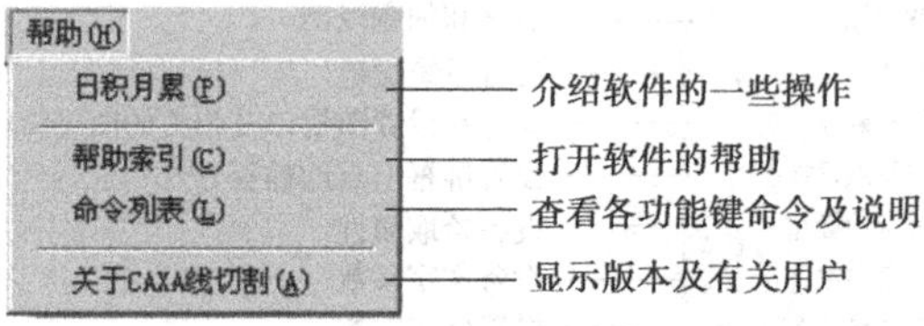

图 6.18 【帮助】主菜单

四、工具栏

工具栏是用图标显示的命令集合,是 CAXA 线切割 XP 命令的快捷方式。包括标准工具栏、常用工具栏、属性工具栏和绘图工具栏,见表 6.1 所示。

表 6.1 图标工具栏

	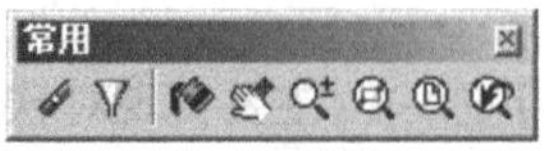
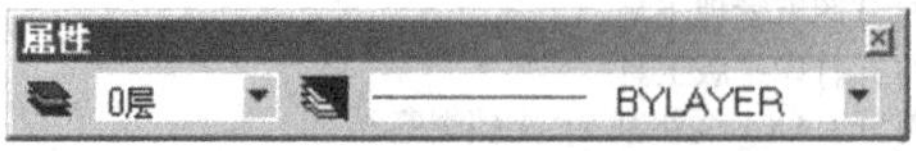	

图标工具栏可以在屏幕上任意地移动,如在绘图区中间时,将显示带有标题和关闭符号的窗口。将其移动到绘图区上方时,将显示成横向排列工具栏的一部分,并没有标题和关闭符

号。将其移动到绘图区的左侧或者右侧时，将显示成直列的一条，并没有标题和关闭符号。读者可以根据自己的习惯和要求，进行自定义图标工具栏，选择最常用的工具放在适当的位置。

如果当前窗口中，没有打开相应的工具栏，可以先单击【绘制工具栏】中相应的图标按钮，然后在弹出的基本曲线工具栏、高级曲线工具栏、曲线编辑工具栏、块操作工具栏、库操作工具栏、轨迹操作工具栏、代码生成工具栏、传输与后置工具栏等子工具栏中，选择要执行的命令按钮。表 6.2 所示，为绘图工具栏及其对应的子菜单说明。

表 6.2 绘图工具栏及其对应的子菜单说明

工具栏	对应子菜单
	绘制
	绘制→基本曲线
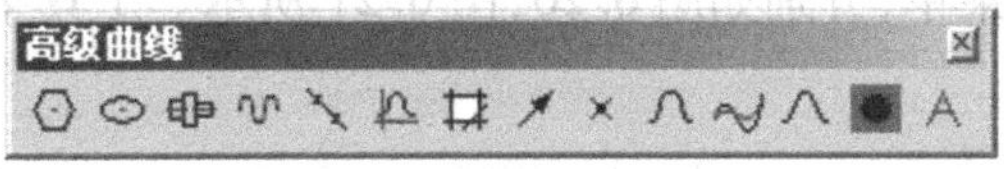	绘制→高级曲线
	绘制→工程标注
	绘制→曲线编辑
	绘制→块操作
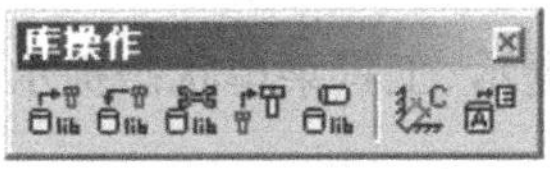	绘制→库操作
	线切割
	线切割
	线切割

五、立即菜单

当命令被执行时,在绘图区左下角弹出一个菜单,它描述了该命令执行的各种情况和使用条件,并且可以根据当前的作图要求,正确选择各项参数,这种菜单叫做立即菜单,如图 6.19 所示。对立即菜单进行操作时,可以用鼠标直接单击需要改变的选项,如果是下拉菜单的,可以在弹出的菜单中选择一个选项;而如果是文本框格式的,则在文本框内输入参数值。

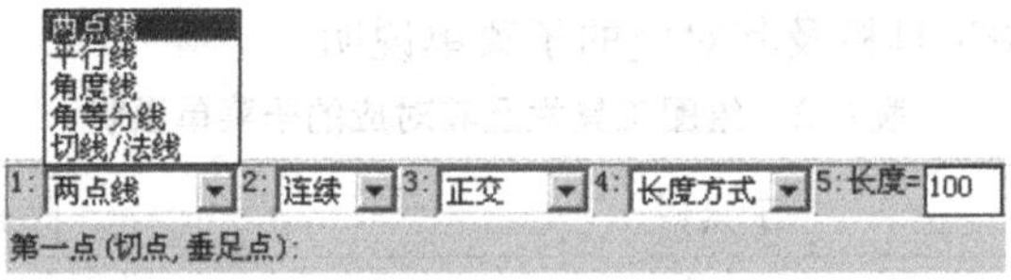

图 6.19　绘制直线时的立即菜单

立即菜单会根据选择菜单选项的不同而发生变化,可以对立即菜单中的选项进行增减。如画直线时,使用【正交】方式,会有【长度方式/点方式】选项,而使用【非正交】方式,则没有【长度方式/点方式】选项。

六、工具菜单

工具菜单包括工具点菜单和拾取元素菜单,分别如图 6.20,图 6.21 所示。工具菜单用于辅助点或物体选择的操作。

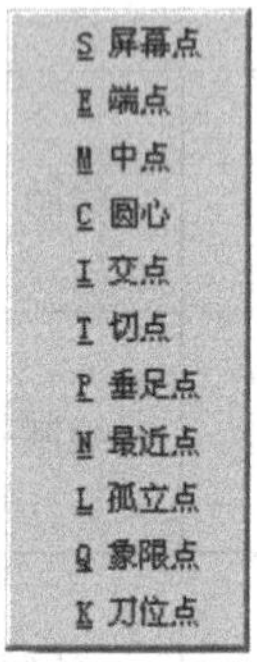

图 6.20　工具点菜单

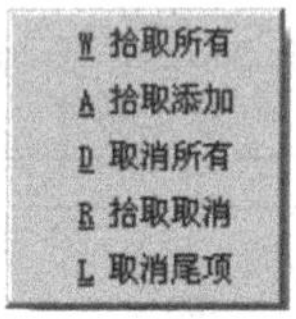

图 6.21　拾取元素菜单

七、状态栏

屏幕底部为状态栏,它包括当前点坐标的显示、操作信息提示、工具菜单状态提示、点捕捉状态提示和命令与数据输入,如图 6.22 所示。

图 6.22　状态栏

进行图形绘制时,状态栏提示用户下一步进行什么操作,因此,一般应先设置立即菜单的内容,再根据状态栏提示进行操作。作为初学者应该养成查看提示的习惯。

任务二 CAXA线切割XP零件设计

课题一 基本曲线

一、基本曲线简述

1. 基本曲线的含义

基本曲线是指那些构成图形基本元素的点、线、圆，主要包括直线、圆、圆弧、矩形、中心线、样条、轮廓线、等距线和剖面线。

2. 基本曲线的打开

依次单击主菜单命令【绘制】→【基本曲线】，如图6.23所示，即可选择命令，实现基本曲线的绘制，或单击【基本曲线】按钮，在基本曲线工具栏中，选择相应的图标按钮，就可进行基本曲线的创建。

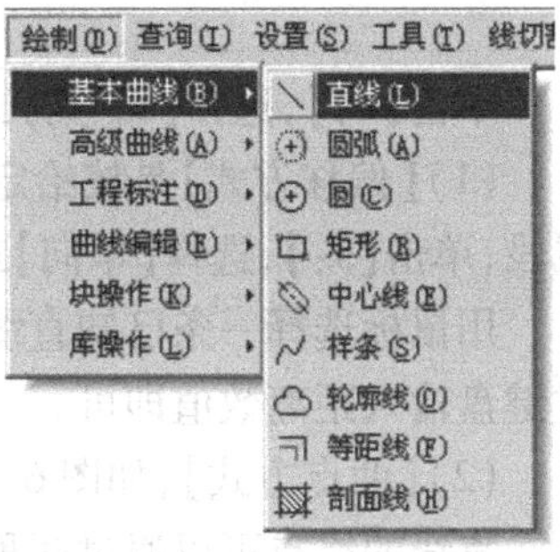

图6.23 【基本曲线】菜单

二、直线

单击基本曲线工具栏中【直线】按钮，或依次单击主菜单中【绘制】→【基本曲线】→【直线】，就可进行直线的绘制。CAXA线切割XP提供了5种绘制直线的方法：两点线、平行线、角度线、角等分线、切线/法线。

1. 两点线

两点线的绘制过程，如图6.24所示，其具体操作为：

(1)单击立即菜单【1:】，选择【两点线】，按给定的两点或者给定的连续条件，绘制直线段。

(2)单击【2:】，选择【连续】或【单个】方式。连续方式将前一直线的终点作为起点进行直线的绘制。而单个则每次绘制的直线相互独立，互不相关。

(3)单击【3:】，选择【正交】或【非正交】方式。指定为正交方式时，所绘制的直线将与坐标轴平行。

(4)单击【4:】，当"(3)"选择【正交】方式时，可以选择【点方式】或【长度方式】。选择【长度方式】时，出现【长度 =】对话框【5:】。

(5)单击【5:】，出现输入长度对话框，输入直线段的长度值后，回车即可。

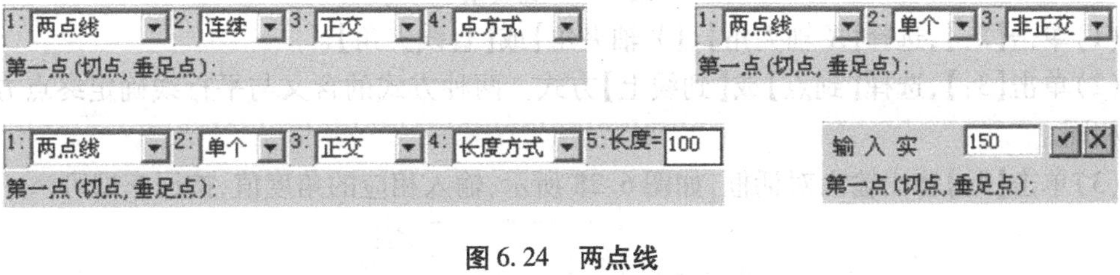

图6.24 两点线

提示：

●使用两点线方式，可以画两圆弧的公切线。但必须使用工具菜单中的【切点】选项进行切点捕捉。

2. 平行线

在绘制直线的立即菜单中，单击【1:】，选择【平行线】，就能按给定的条件绘制平行线，如图 6.25 所示。其操作方法为：

图 6.25　平行线

单击【2:】，选择【偏移方式】或【两点方式】。

(1)【偏移方式】是按给定距离绘制与已知线段平行、长度相等的【单向】或【双向】的平行线段，单击【3:】，选择【单向】或【双向】。其操作方法为：

用鼠标选择一条已知直线，然后用鼠标拖动生成的平行线段至目标点时，单击确定，或通过键盘输入距离数值即可。

(2)【两点方式】，如图 6.26 所示。用于绘制以给定点为起点，且与已知直线平行的直线段。直线的终点可以通过两种方式来决定。单击【3:】，选择【到点】或【到线上】方式。其操作方法为：

先用鼠标选择一条已知直线，然后选择直线的起点。如果选择【到点】方式，则在合适的位置单击鼠标左键，平行线终点位置为鼠标当前位置到已知直线的垂足；如果选择【到线上】方式，则选择一条直线或曲线，平行线终点为平行线与其的交点。

图 6.26　两点平行线

3. 角度线

在绘制直线的立即菜单中，单击【1:】，选择【角度线】，就能绘制与给定坐标轴或直线成一定角度的直线，如图 6.27 所示。其操作方法为：

图 6.27　角度线

(1)单击【2:】，选择【X 轴夹角】、【Y 轴夹角】或【直线夹角】。

(2)单击【3:】，选择【到点】或【到线上】方式。两种方式的含义与平行线确定终点方式的含义相同。

(3)单击【4:】弹出输入对话框，如图 6.28 所示，输入相应的角度值，按回车即可。

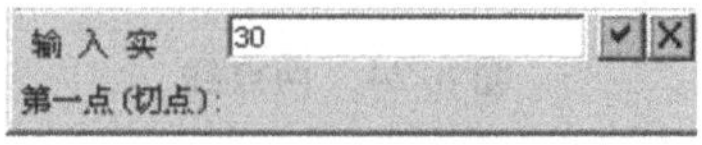

图 6.28　角度值

4. 角等分线

在绘制直线的立即菜单中,单击【1:】,选择【角等分线】,就能按给定的份数和长度,绘制某个角的等分线,如图 6. 29 所示。其操作方法为:

图 6. 29　角等分线

(1)单击【2:】,系统弹出输入对话框,输入角等分线份数值,按回车即可。

(2)单击【3:】,系统弹出输入对话框,输入角度等分线长度,按回车即可。

5. 切线/法线

在绘制直线的立即菜单中,单击【1:】,选择【切线/法线】,就能按给定的要求,绘制已知曲线的切线或法线,如图 6. 30 所示。其操作方法为:

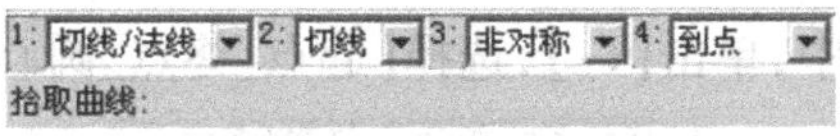

图 6. 30　切线/法线

(1)单击【2:】,选择【切线】或【法线】。

(2)单击【3:】,选择【非对称】或【对称】方式。

(3)单击【4:】,选择【到点】或【到线上】方式,来确定切线或法线的终点,两种方式的含义与平行线确定终点方式的含义相同。

三、圆弧

单击基本曲线工具栏中【圆弧】按钮;或依次单击主菜单中【绘制】→【基本曲线】→【圆弧】,就可进行圆弧的绘制。CAXA 线切割 XP 提供 6 种绘制圆弧的方法:三点圆弧、圆心_起点_圆心角、两点_半径、圆心_半径_起终角、起点_终点_圆心角、起点_半径_起终角。

1. 三点圆弧

在绘制圆弧的立即菜单中,单击【1:】,选择【三点圆弧】,按屏幕提示,用鼠标或键盘输入第一点和第二点,屏幕上会生成过上述两点和光标所在位置的动态圆弧,用鼠标拖动圆弧第三点到合适的位置,单击左键即可。捕捉屏幕上的点时,可以先按空格键,系统弹出【工具点菜单】,再选择所选点类型即可。

2. 圆心_起点_圆心角

在绘制圆弧的立即菜单中,单击【1:】,选择【圆心_起点_圆心角】,按屏幕提示,用鼠标或键盘输入圆心和起始点,屏幕上会生成一段起点和圆心固定、终点随光标移动的圆弧。圆心和起点的捕捉可以通过【工具点菜单】选项来实现。终点的确定,既可通过鼠标来实现,也可以用键盘输入圆弧的圆心角来实现。

3. 两点_半径

在绘制圆弧的立即菜单中,单击【1:】,选择【两点_半径】,按屏幕提示,用鼠标或键盘输入圆弧的起点和终点,屏幕上会生成一段起点和终点固定、半径随光标移动的圆弧。起点和终点的捕捉,可以通过【工具点菜单】选项来实现。终点的确定,既可通过鼠标来实现,也可以用键盘输入圆弧的半径来实现。

4. 圆心_半径_起终角

在绘制圆弧的立即菜单中,单击【1:】,选择【圆心_半径_起终角】,如图 6.31 所示。

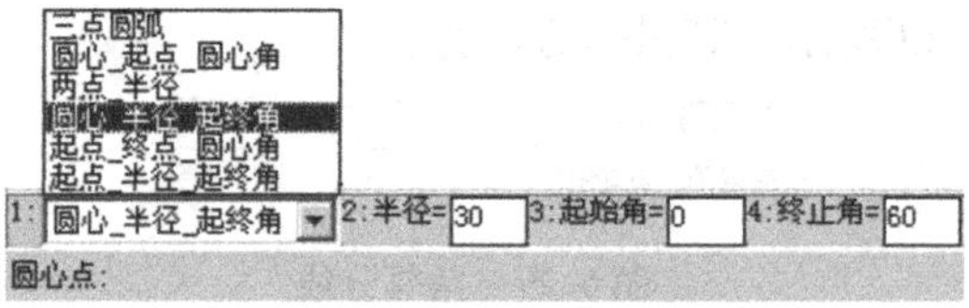

图 6.31　圆心_半径_起终角画圆弧

单击【2:】,输入圆弧半径。单击【3:】,输入圆弧的起始角。单击【4:】,输入圆弧的终止角。此时,在屏幕上将生成一段符合上述条件的圆弧,拖动圆弧圆心至合适位置,单击鼠标左键即可。

5. 起点_终点_圆心角

在绘制圆弧的立即菜单中,单击【1:】,选择【起点_终点_圆心角】,如图 6.32 所示。

图 6.32　起点_终点_圆心角画圆弧

单击【2:】,输入圆弧圆心角,然后用鼠标或键盘确定圆弧的起点,这时在屏幕上出现一段起点和圆心角固定,终点随光标移动的圆弧。圆弧终点可由鼠标或键盘来确定。

6. 起点_半径_起终角

在绘制圆弧的立即菜单中,单击【1:】,选择【起点_半径_起终角】,如图 6.33 所示。

图 6.33　起点_半径_起终角画圆弧

单击【2:】,输入圆弧的半径。单击【3:】,输入圆弧的起始角。单击【4:】,输入圆弧的终止角。此时在屏幕上将生成一段符合上述要求的圆弧,拖动圆弧起点至合适的位置,单击即可。

四、圆

单击基本曲线工具栏中【圆】⊕按钮；或依次单击主菜单中【绘制】→【基本曲线】→【圆】,就可进行圆的绘制。CAXA 线切割 XP 提供 4 种绘制圆的方法:圆心_半径、两点、三点、两点_半径。

1. 圆心_半径

在绘制圆的立即菜单中,单击【1:】,选择【圆心_半径】。在屏幕上用鼠标或键盘选择圆心,单击左键确定。圆的半径可以通过拖动鼠标至合适位置,再单击左键确定,半径为两点距离的绝对值。也可单击【2:】,选择【半径】或【直径】,然后输入半径或直径的数值回车确定。

2. 两点

在绘制圆的立即菜单中,单击【1:】,选择【两点】。按状态栏提示,用鼠标或键盘输入圆上的一点,屏幕上会生成一个一点固定、光标与固定点之间距离为直径的动态圆。两个点的确定,可以通过【工具点菜单】选项来实现。

3. 三点

在绘制圆的立即菜单中,单击【1:】,选择【三点】。按状态栏提示,用鼠标或键盘输入圆上的第一点和第二点,屏幕上会生成一个通过这两点、由光标位置确定第三点的动态圆。三个点的确定,可以通过【工具点菜单】选项来实现。

4. 两点_半径

在绘制圆的立即菜单中,单击【1:】,选择【两点_半径】。按状态栏提示,用鼠标或键盘输入圆上的第一点和第二点,屏幕上会生成一个通过这两点、由光标位置确定第三点的动态圆。圆的第一点和第二点的确定,可以通过【工具点菜单】选项来实现,第三点可以通过鼠标的移动来确定,也可以用键盘输入圆的半径。

五、矩形

单击基本曲线工具栏中【矩形】按钮,或依次单击主菜单中【绘制】→【基本曲线】→【矩形】,就可进行矩形的绘制。CAXA 线切割 XP 提供 2 种绘制矩形的方法:两角点、长度和宽度。

1. 两角点

在绘制矩形的立即菜单中,单击【1:】,选择【两角点】。屏幕提示用鼠标或键盘输入矩形对角线上的第一角点和第二角点,两角点的确定,可以通过【工具点菜单】选项来实现。

2. 长度和宽度

在绘制矩形的立即菜单中,单击【1:】,选择【长度和宽度】,如图 6.34 所示。

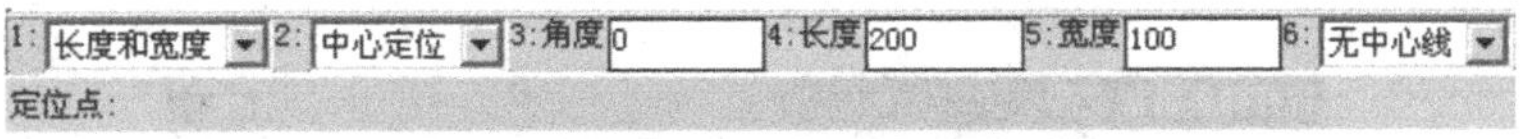

图 6.34 长度和宽度绘制矩形

单击【2:】,选择【中心定位】或【顶边中心】定位方式。

单击【3:】,输入矩形的倾斜角度。

单击【4:】,输入矩形长度。

单击【5:】,输入矩形的宽度。此时,在屏幕上会生成符合上述条件的矩形,拖动矩形的定位点至合适位置,单击鼠标左键即可。

单击【6:】,选择【无中心线】或【有中心线】方式。

单击【7:】,当【6:】选择为【有中心线】方式时,出现【中心线延长长度】对话框【7:】。

六、中心线

单击基本曲线工具栏中【中心线】按钮;或依次单击主菜单中【绘制】→【基本曲线】→【中心线】,就可进行中心线的绘制,如图 6.35 所示。

图 6.35 中心线

输入中心线的延伸长度,按状态提示,拾取圆、圆弧、椭圆或孔、轴对应的直线段。如果拾取的是圆、圆弧、椭圆,则生成一对相互正交且平行于坐标轴的中心线;如果拾取孔、轴对应的直线段,则生成孔或轴中心的对称线。

七、样条

单击基本曲线工具栏中【样条】按钮;或依次单击主菜单中【绘制】→【基本曲线】→

【样条】,就可进行样条线的绘制。CAXA 线切割 XP 提供 2 种绘制样条线的方法:直接作图、从文件读入。

1. 直接作图

在绘制样条的立即菜单中,单击【1:】,选择【直接作图】,如图 6.36 所示。

图 6.36 直接作图画样条

单击【2:】,选择【缺省切矢】或【给定切矢】。

如果选择【缺省切矢】,则系统将根据点的性质,自动确定端点切矢。

如果选择【给定切矢】,则右击结束输入插值点后,用鼠标或键盘输入一点,该点与端点形成的矢量作为给定的端点切矢。

单击【3:】,选择【闭曲线】或【开曲线】。

单击【4:】,输入所要求的显示精度。

2. 从文件读入

在绘制样条的立即菜单中,单击【1:】,选择【从文件读入】,弹出【打开样条数据文件】对话框,如图 6.37 所示。选择目标路径和文件名,单击【打开】,读入样条插值点的数据并生成样条。

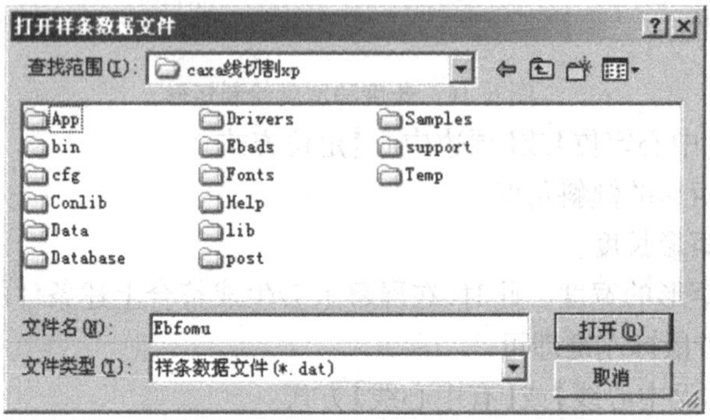

图 6.37 【打开样条数据文件】对话框

八、轮廓线

单击基本曲线工具栏中【轮廓线】按钮;或依次单击主菜单中【绘制】→【基本曲线】→【轮廓线】,就可进行轮廓线的绘制。CAXA 线切割 XP 提供 2 种绘制轮廓线的方法:轮廓线为直线、轮廓线为圆弧。

1. 轮廓线为直线

在绘制样条的立即菜单中,单击【1:】,选择【直线】,如图 6.38 所示。此时,将绘制一段直线作为轮廓线的组成部分。

单击【2:】,选择【自由】、【水平垂直】、【相切】、【正交】。

单击【3:】,选择轮廓曲线是否封闭,如果选择【封闭】,则轮廓线的最后一点可不输入,直接单击鼠标右键结束操作,系统将自动使最后一点回到第一点,生成的轮廓图形封闭。

图 6.38 轮廓线为直线

2. 轮廓线为圆弧

在绘制轮廓线的立即菜单中，单击【1:】，选择【圆弧】，如图 6.39 所示。此时将绘制一段圆弧作为轮廓线的组成部分。

图 6.39 轮廓线为圆弧

九、等距线

单击基本曲线工具栏中【等距线】按钮，或依次单击主菜单中【绘制】→【基本曲线】→【等距线】，就可进行等距线的绘制。CAXA 线切割 XP 提供 2 种绘制等距线的方法：单个拾取、链拾取。

1. 单个拾取

在绘制等距线的立即菜单中，单击【1:】，选择【单个拾取】，如图 6.40 所示。

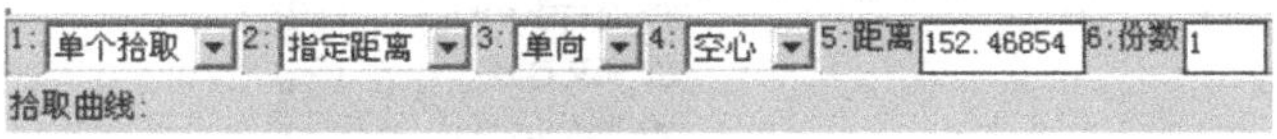

图 6.40 单个拾取

单击【2:】，选择【指定距离】或【过点方式】，按状态栏提示，用鼠标或键盘输入距离值。如果选择【指定距离】则出现【5:】距离对话框，输入距离值回车确定；选择【过点方式】，则捕捉一点无距离输入对话框。

单击【3:】，选择等距线是【单向】生成还是【双向】生成，如果选择【单向】，则需要选择生成的方向。

单击【4:】，选择等距线之间是【空心】还是【实心】。

单击【6:】，输入等距线复制的份数；如果选择【实心】，无份数输入对话框。

2. 链拾取

单击【1:】，选择【链拾取】，立即菜单出现如图 6.41 所示的对话框。与单个拾取相比，链拾取可以选择首尾相连的图形元素，作为一个整体进行等距复制，加快了绘图的效率。

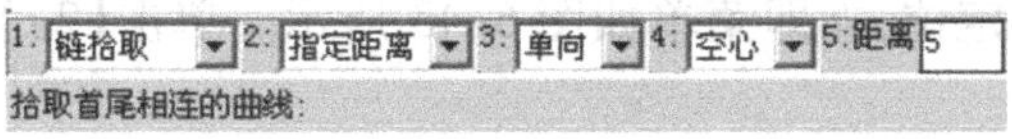

图 6.41 链拾取

单击【2:】，选择【指定距离】或【过点方式】，按状态栏提示，用鼠标或键盘输入距离值。如果选择【指定距离】则出现【5:】距离对话框，输入距离值回车确定；选择【过点方式】，则捕捉一点无距离输入对话框。

单击【3:】，选择等距线是【单向】生成还是【双向】生成，如果选择【单向】，则需要选择生成的方向。

单击【4:】，选择等距线之间是【空心】还是【实心】。

课题二　高级曲线

一、高级曲线简述

1. 高级曲线的含义

高级曲线是指那些由基本元素组成的特定的图形或曲线，主要包括正多边形、椭圆、孔/轴、波浪线、双折线、公式曲线、填充、箭头、点、齿轮、花键、圆弧拟合样条、位图矢量化、轮廓文字14种类型。

2. 高级曲线的打开

依次单击主菜单中的【绘制】→【高级曲线】，如图6.42所示。即可以选择命令，实现高级曲线的绘制。或单击绘制工具栏中高级曲线按钮，在高级曲线工具栏中，选择相应的图标，进行高级曲线的绘制。

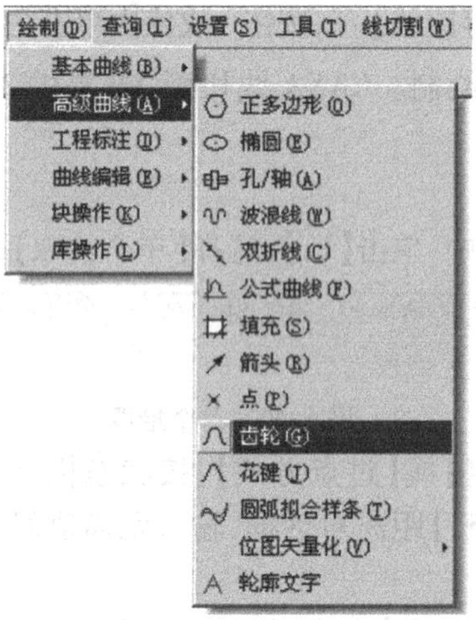

图6.42　高级曲线菜单

二、正多边形

单击高级曲线工具栏中【正多边形】按钮，或依次单击主菜单中【绘制】→【高级曲线】→【正多边形】，就可进行正多边形的绘制。CAXA 线切割 XP 提供2种绘制正多边形的方法：中心定位、底边定位。

1. 中心定位

单击【1:】，选择中心定位，立即菜单如图6.43所示。单击【2:】，选择【给定半径】或【给定边长】。

(1)如果选择【给定半径】，如图6.43(a)所示。

单击【3:】，选择【内接】或【外切】方式。

单击【4:】，输入正多边的边数，取值为3~36。

单击【5:】，输入正多边底边相对于 X 轴的旋转角度，取值为 $-360°\sim360°$。

(2)单击【2:】，如果选择【给定边长】，如图6.43(b)所示。

单击【3:】，输入正多边的边数，取值为3~36。

单击【4:】，输入正多边底边相对于 X 轴的旋转角度，取值为 $-360°\sim360°$。参数设置完

(a)

(b)

图 6.43 中心定位正多边形

后,按状态提示栏的提示,输入两个点就能完成正多边形的绘制。

2. 底边定位

单击【1:】,选择底边定位,立即菜单如图 6.44 所示。

单击【2:】,输入正多边的边数,取值为 3 ~36。

单击【3:】,输入正多边底边相对于 X 轴的旋转角度,取值为 -360° ~360°。参数设置完后,按状态提示栏的提示,输入两个点就能完成正多边形的绘制。

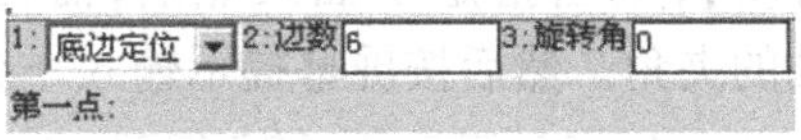

图 6.44 底边定位正多边形

三、椭圆

单击高级曲线工具栏中【椭圆】按钮,或依次单击主菜单中【绘制】→【高级曲线】→【椭圆】,就可进行椭圆的绘制。CAXA 线切割 XP 提供 3 种绘制椭圆的方法:给定长短轴、轴上两点、中心点_起点。

1. 给定长短轴

单击【1:】,选择【给定长短轴】,立即菜单如图 6.45 所示。

单击【2:】,输入椭圆长半轴数值。

单击【3:】,输入椭圆短半轴数值。

单击【4:】,确定椭圆或椭圆弧绕原点沿逆时针旋转的角度(逆时针为正,顺时针为负)。

单击【5:】,输入椭圆弧的起始角。

单击【6:】,输入椭圆弧的终止角。参数设置完毕后,屏幕上显示符合上述条件的椭圆或椭圆弧,拖动鼠标确定其中心点,单击即可。

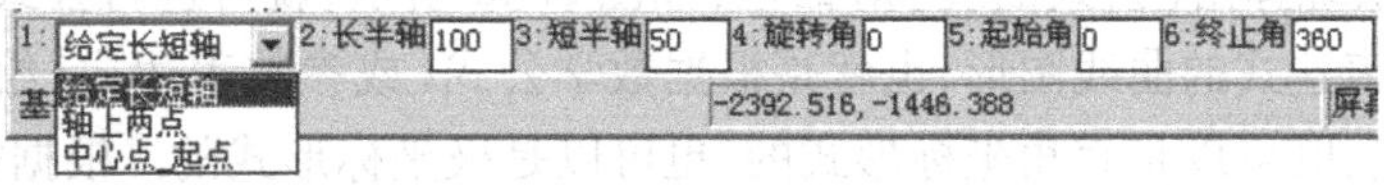

图 6.45 给定长短轴绘制椭圆

2. 轴上两点

单击【1:】,选择【轴上两点】,按状态栏提示,输入椭圆一个轴上的两个端点,此时,屏幕上生成一个轴两端点固定,另一端的端点随鼠标移动的动态椭圆。拖动鼠标,确定其另一轴的端点,单击左键确定即可。所有三点的捕捉可以通过【工具点菜单】选项来实现。

3. 中心点_起点

单击【1:】,选择【中心点_起点】,按状态栏提示,输入椭圆的中心点和一轴的一个端点,此时,屏幕上生成中心点和一轴的一个端点固定,另一轴的端点随鼠标光标移动的动态椭圆。拖动鼠标,确定其另一轴的端点,单击确定即可。所有三点的捕捉可以通过【工具点菜单】选项来实现。

四、孔/轴

单击高级曲线工具栏中【孔/轴】按钮,或依次单击主菜单中【绘制】→【高级曲线】→【孔/轴】,就可进行孔/轴的绘制。

1. 轴

单击【1:】,选择【轴】,立即菜单如图 6.46 所示。

图 6.46 轴

单击【2:】,选择【直接给出角度】或【两点确定角度】。

(1)若选择【两点确定角度】,则当指定了插入点后,需再指定一点,而无【3:】。单击【3:】,确定轴的中心线与 X 轴的夹角。然后按屏幕提示输入一点,立即菜单如图 6.47 所示。

图 6.47 选择【两点确定角度】

(2)若选择【两点确定角度】,单击【2:】,确定起始直径,单击【3:】,确定终止直径,单击【4:】,选择【有无中心线】。此时,在屏幕上生成一个起始直径和终止直径确定,轴长随光标移动的动态轴。按提示栏提示,用鼠标或键盘确定轴的长度即可。

2. 孔

单击【1:】,选择【孔】,立即菜单类似于图 6.46 所示的对话框。

单击【2:】,选择【直接给出角度】或【两点确定角度】,若选择【两点确定角度】,则当指定了插入点后,需再指定一点,而无【3:】。单击【3:】,确定轴的中心线与 X 轴的夹角。然后按屏幕提示,输入一点,立即菜单类似于图 6.47 所示的对话框。

五、公式曲线

单击高级曲线工具栏中【公式曲线】按钮,或依次单击主菜单中【绘制】→【高级曲线】→【公式曲线】,系统弹出【公式曲线】对话框,如图 6.48 所示,就可进行公式曲线的绘制。公式曲线即是数学表达式的曲线图形,也就是根据数学公式(或参数表达式)绘制出相应的数学曲线,公式的给出,既可以是直角坐标形式的、也可以是极坐标形式的。根据需要,修改对话框内容,然后单击【确定】,屏幕上生成符合条件的公式曲线,指定一点,从而完成公式曲线的设计。

六、点

单击高级曲线工具栏中【点】按钮,或依次单击主菜单中【绘制】→【高级曲线】→【点】,就可进行点的绘制。CAXA 线切割 XP 提供 3 种绘制点的方法:孤立点、等分点、等弧长点。

(1)单击【1:】,选择【孤立点】,用鼠标或键盘确定点的位置。

(2)单击【1:】,选择【等分点】。

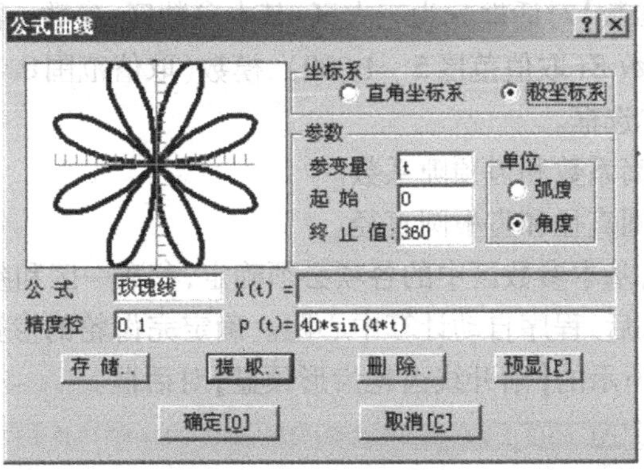

图 6.48　公式曲线

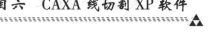

单击【2:】,输入等分数。按提示栏的提示,拾取需要等分的曲线。如果选择的曲线为样条曲线,则弹出【样条显示】输入对话框,输入精度值回车即可。

(3)单击【1:】,选择【等弧长点】。

单击【2:】,选择【指定弧长】或【两点确定弧长】,如图 6.49 所示。

单击【3:】,输入等分数。单击【4:】,输入弧长度值。当选择的曲线为样条曲线时,系统弹出【显示精度】文本框,则需输入精度值。

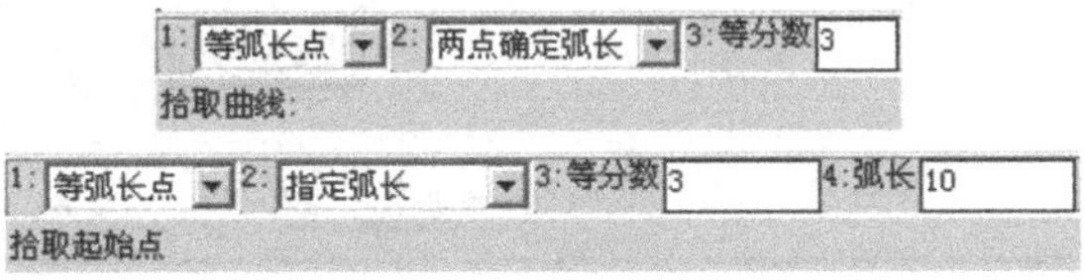

图 6.49　等弧长点

七、齿轮

单击高级曲线工具栏中【齿轮】按钮,或依次单击主菜单中【绘制】→【高级曲线】→【齿轮】。系统弹出如图 6.50 所示【渐开线齿轮齿形参数】对话框,就可进行齿轮的绘制。

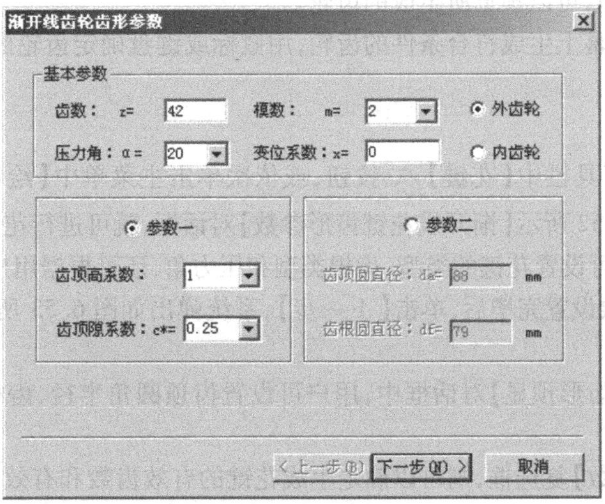

图 6.50　【渐开线齿轮齿形参数】对话框

【渐开线齿轮齿形参数】对话框分为三大区:基本参数区、参数一区、参数二区。

基本参数包括了齿数 Z(取值范围5 ~1 000)、模数(取值范围0.1 ~50)、压力角 a、变位系数 x 以及外、内齿轮的单选框。

参数一区包括齿顶高系数和齿顶隙系数。

参数二区包括齿顶圆直径和齿根圆直径。

用户在绘制齿轮时,基本参数区中的各项必须确定,参数一区和参数二区可以根据实际情况,二择其一。参数输入后,程序自动计算中心距。确定完齿轮的参数之后,单击【下一步】按钮,系统弹出如图 6.51 所示的【渐开线齿轮齿形预显】对话框。

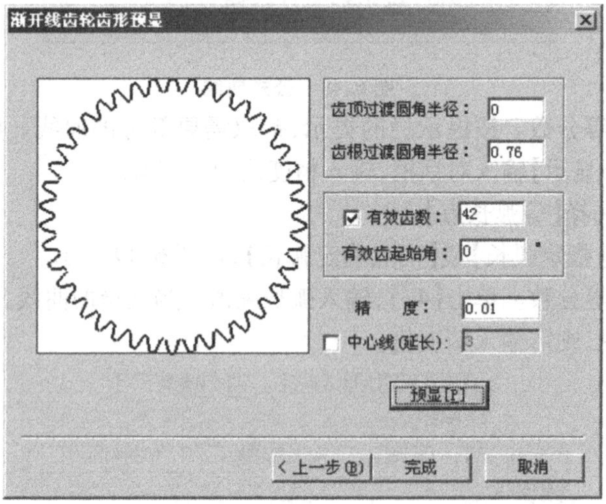

图 6.51 【渐开线齿轮齿形预显】对话框

用户可设置齿顶过渡圆角半径、齿根过渡圆角半径以及齿型的精度等参数。当选择【有效齿数】复选框,则可以确定生成齿轮的有效齿数和有效齿的起始角。如果未被选中,则生成全齿。

单击【预显】按钮,可以预览所生成的齿轮。

单击【完成】,屏幕上生成符合条件的齿轮,用鼠标或键盘确定齿轮的中心定位点后,即完成齿轮的设计。

八、花键

单击高级曲线工具栏中【花键】按钮,或依次单击主菜单中【绘制】→【高级曲线】→【花键】,弹出如图 6.52 所示【渐开线花键齿形参数】对话框,就可进行花键的绘制。

在该对话框中,可设置花键的类型、齿根类型和压力角,还可根据用户要求,输入花键的齿数 Z 和模数 m。参数设置完毕后,单击【下一步】,系统弹出如图 6.53 所示的【渐开线花键齿形预显】对话框。

在【渐开线花键齿形预显】对话框中,用户可设置齿顶圆角半径、齿根圆角半径以及齿型的精度等参数。

当选择【有效齿数】复选框,则可以确定生成花键的有效齿数和有效齿的起始角。如果未被选中,则生成全齿。

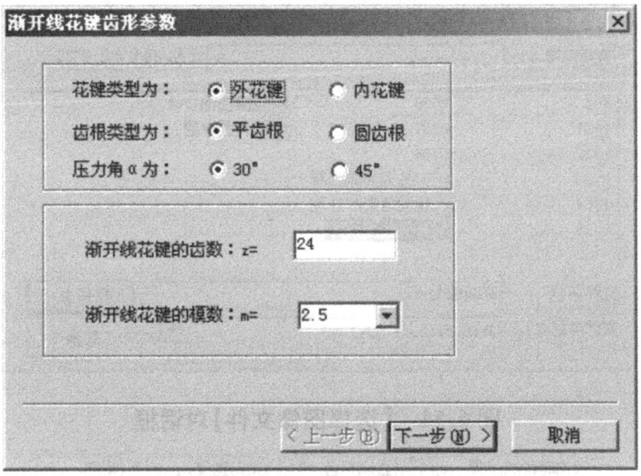

图 6.52 【渐开线花键齿形参数】对话框

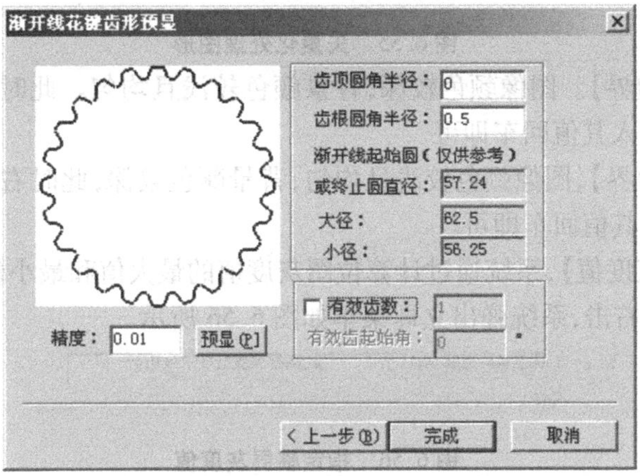

图 6.53 【渐开线花键齿形预显】对话框

单击【预显】按钮，可以预览所生成的花键。

单击【完成】，屏幕上生成符合条件的花键，用鼠标或键盘确定花键的中心定位点后，即完成花键的设计。

九、位图矢量化

位图矢量化可将 BMP、GIF、JPG、PNG、PCX 等格式的图形文件进行矢量化处理，生成可用于加工编程的轮廓线，解决了实物、美术字等各种图案的加工编程难题，使原本不能加工或难以加工的零件，通过扫描仪的输入，进行位图矢量化，生成轮廓曲线就能实现加工。

单击高级曲线工具栏中【图像矢量化】按钮，或依次单击主菜单中【绘制】→【高级曲线】→【位图矢量化】→【矢量化】，系统弹出如图 6.54 所示的【选择图像文件】对话框。

选择要进行位图矢量化处理的图形文件，单击【打开】按钮，系统弹出如图 6.55 所示的立即菜单。

1. 单击【1：】

选择背景，有【描暗色域边界】、【描亮色域边界】、【指定临界灰度值】3 个选项，3 种情况下生成的轮廓有些区别。

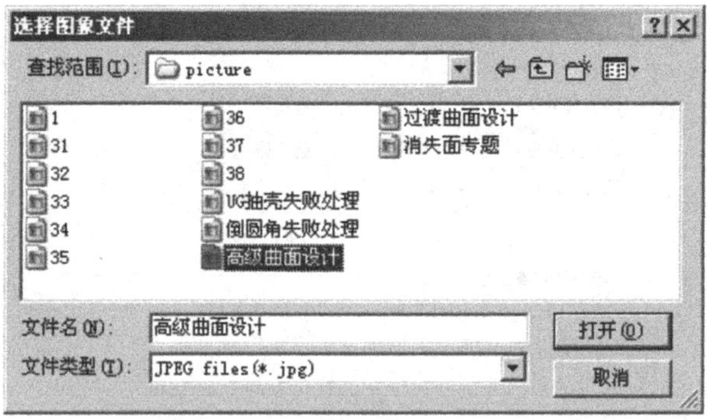

图 6.54 【选择图像文件】对话框

图 6.55 矢量化处理图形

(1)【描暗色域边界】。图像颜色较深,背景颜色较浅且均匀。此时右击,系统弹出【图像实际宽度】文本框,输入其值回车即可。

(2)【描亮色域边界】,图像颜色较浅且均匀,背景颜色较深,此时右击,系统弹出【图像实际宽度】文本框,输入其值回车即可。

(3)【指定临界灰度值】,系统通过计算位图灰度值的最大值和最小值,然后取其平均值作为临界灰度值。此时右击,系统弹出立即菜单如图 6.56 所示。

图 6.56 指定临界灰度值

所谓灰度值,是指用于表示图像明暗程度或亮度的一个数值,取值范围为 0 ~ 225。指定临界灰度值后,系统将自动描出亮度等于临界灰度值的图像区域的边界。当背景灰度较均匀,且与图形灰度对比较为明显时,将临界灰度值设为背景的灰度值,效果较好。反之,当图形灰度较均匀,且与背景灰度对比较为明显时,将临界灰度值设为图像的灰度值,效果较好。

2. 单击【2:】

选择【直线拟合】或【圆弧拟合】。采用直线拟合时,生成的轮廓只包含直线段;采用圆弧拟合时,生成的轮廓包括直线和圆弧。与直线相比,圆弧拟合的优点在于生成的图形比较光滑、线段少,生成的加工代码相应比较少。

3. 单击【3:】

选择【指定宽度】或【指定分辨率】,确定图像实际宽度。在加工过程中,运用此命令,可以调整矢量化后图形的大小,并分别弹出相应的输入值对话框。计算图像的实际宽度通常有两种方法:图像实物测量法(指定宽度)、像素计算法(指定分辨率)。下面简单介绍像素计算法。

图像是由许许多多个像素组成,相同尺寸的图像,像素越多,清晰度越高,加工精度也就越高。习惯上以 1 in 长像素点的数目来表示图像的精度,即分辨率。当图形文件选择完毕之后,出现在立即菜单【指定宽度】的值,即为图像宽度方向的像素点总数。因此,图像实际宽度的计算公式为:

图像实际宽度 = 像素点总数 ×25.4/分辨率。

4. 单击【4:】

选择拟合精度的级别，有【精细】、【正常】、【较粗略】、【粗略】4 种。级别越高，轮廓形状越精密，但拟合精度要根据使用情况的精度要求等方面来选择。精度过低，轮廓形状会出现较大偏差；精度过高，生成的轮廓可能出现较多的锯齿。

设置完矢量化参数后，右击，完成位图矢量化。在缺省条件下，屏幕上会显示被矢量化的原图，参照它可以对矢量化后的轮廓进行修改调整。

十、轮廓文字

单击高级曲线工具栏中【轮廓文字】A 按钮，或依次单击主菜单中【绘制】→【高级曲线】→【轮廓文字】。就可进行文字的绘制，如图 6.57 所示。此命令能在一个矩形区域内设置各种文字的参数，从而产生各种字体的轮廓线，实现了文字的线切割加工。

图 6.57　轮廓文字

单击【1:】，选择【指定两点】或【搜索边界】。当轮廓文字分布在已经存在的矩形边界内，则选择【搜索边界】方式；当矩形边界不存在，则选择【指定两点】方式。

矩形区域选择完毕后，系统弹出如图 6.58 所示的【文字标注与编辑】对话框。

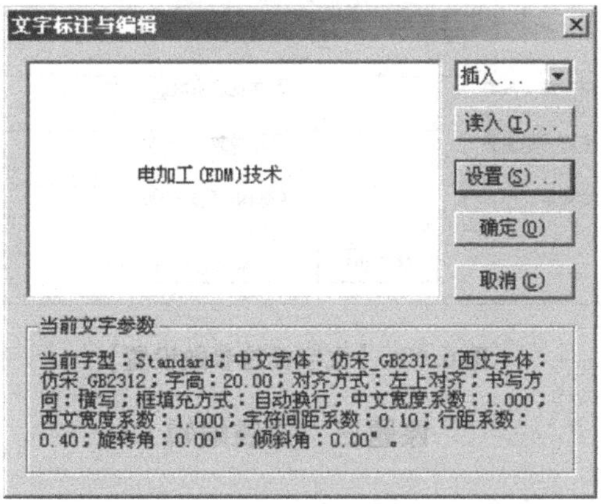

图 6.58　【文字标注与编辑】对话框

【文字标注与编辑】对话框可分为三个区域：编辑区、当前文字参数区、命令按钮区。

编辑区类似于一块写字板，用于文字的输入。

当前文字参数区记录了当前文字的设置状态，如字型、字高、对齐方式、书写方向、字符间距系数、旋转角、倾斜角等。

命令按钮区由【插入】下拉列表和【读入】、【设置】、【确定】、【取消】4 个按钮组成。【插入】下拉列表，列出了编辑区中常用的特殊符号和常用表达式。

单击【读入】按钮，系统弹出如图 6.59 所示的【指定要读入的文件】对话框，选择所要读取的文本文件。

单击【设置】按钮，系统弹出如图 6.60 所示的【文字标注参数设置】对话框。在此对话框

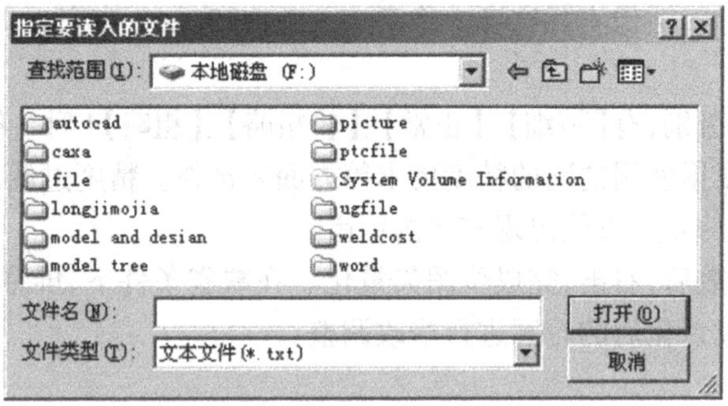

图 6.59 【指定要读入的文件】

内,设置各种文字参数,完毕后单击【确定】,系统返回到如图 6.58 所示的【文字标注与编辑】对话框。设置的参数显示在当前文字参数区内。

输入文字并设置文字参数后,单击【确定】按钮,轮廓文字就显示在绘图功能区内。

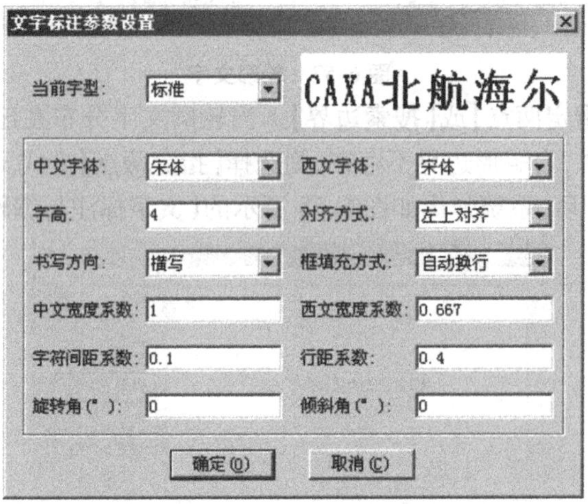

图 6.60 【文字标注参数设置】

课题三 曲线编辑

一、曲线编辑简述

1. 曲线编辑含义

曲线编辑 CAXA 线切割提供了 11 种曲线编辑功能:裁剪、过渡、齐边、打断、拉伸、平移、旋转、镜像、比例缩放、阵列、局部放大。

2. 曲线编辑的打开

依次单击主菜单中【绘制】→【曲线编辑】,如图 6.61 所示,即可选择命令实现曲线的编辑。或单击绘制工具栏中【曲线编辑】按钮,在曲线编辑工具栏中,选择相应的图标按钮进行曲线的编辑和转换。

二、裁剪

单击曲线编辑工具栏中【裁剪】按钮,或依次单击主菜单中【绘制】→【曲线编辑】→

【裁剪】,就可进行裁剪的操作。CAXA 提供了 3 种裁剪曲线的方法:快速裁剪、拾取边界、批量裁剪。

1. 快速裁剪

单击【1:】,选择【快速裁剪】,按状态栏的提示,用鼠标直接点取被裁剪的曲线,系统自动判断边界并执行裁剪命令。快速裁剪指令,一般用于比较简单的边界情况,以便于提高绘图效率。

2. 拾取边界

单击【1:】,选择【拾取边界】,按状态栏的提示,拾取一条或多条边界,拾取完后右击确定。再根据提示,选择被裁剪的曲线单击,点取的曲线段至边界部分被裁剪掉,边界另一侧的曲线被保留。

3. 批量裁剪

单击【1:】,选择【批量裁剪】,按状态栏的提示,拾取一条或多条边界链,再根据提示,选择被裁剪的曲线,右击,提示选择要裁剪的方向,方向一侧的曲线被裁剪,边界另一侧的曲线被保留。

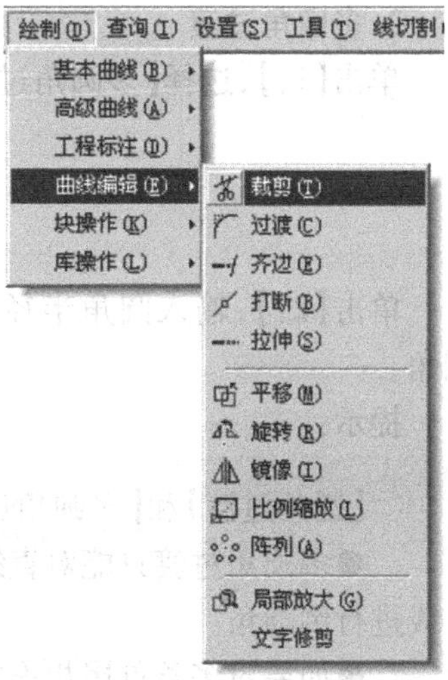

图 6.61 曲线编辑

三、过渡

单击曲线编辑工具栏中【过渡】按钮,或依次单击主菜单中【绘制】→【曲线编辑】→【过渡】,就可进行过渡的操作。CAXA 提供了 7 种过渡方式:圆角过渡、多圆角过渡、倒角过渡、外倒角过渡、内倒角过渡、多倒角过渡、尖角过渡。

1. 圆角过渡

单击【1:】,选择【圆角过渡】,出现如图 6.62 所示的立即菜单。

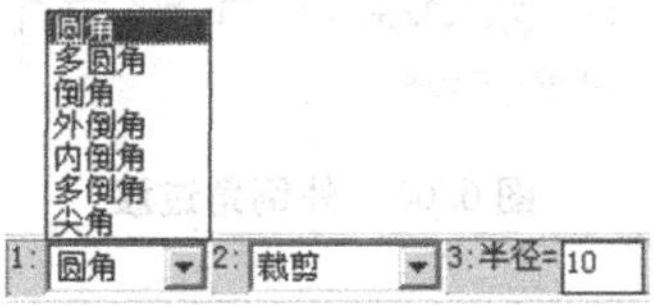

图 6.62 圆角过渡

单击【2:】,选择裁剪方式:裁剪、裁剪始边、不裁剪,如图 6.63 所示。

单击【3:】,输入圆角的半径,然后按状态栏提示,用鼠标选择要进行圆角过渡编辑的两条曲线。拾取曲线时,要注意拾取点的位置,位置不同,得到的结果也不同。

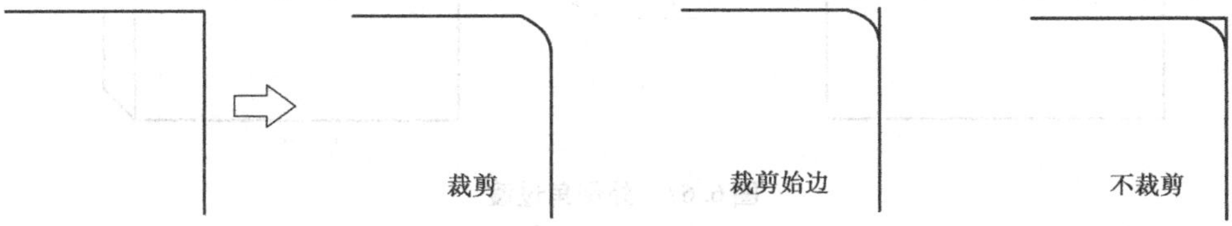

图 6.63 裁剪方式

2. 多圆角过渡

单击【1:】,选择【多圆角过渡】,出现如图 6.64 所示的立即菜单。

图 6.64　多圆角过渡

单击【2:】,输入圆角半径,然后按状态栏提示,选择首尾相连的直线,单击即可完成倒圆角。

提示:

> 【圆角过渡】和【多圆角过渡】的区别在于:
>
> ●多圆角过渡只能对直线进行倒圆角,而圆角过渡则可对两条相交的任意性质的曲线进行倒圆角。
>
> ●如要对多条首尾相连的直线进行倒圆角,使用【圆角过渡】则必须逐个执行命令,使用【多圆角过渡】则只需执行一次操作,所以在一定程度上能提高绘图的工作效率。

3. 倒角过渡

单击【1:】,选择【倒角过渡】,出现如图 6.65 所示的立即菜单。

图 6.65　倒角过渡

4. 外倒角过渡

此命令适用于对轴端等三条两两垂直的直线进行倒角过渡。

单击【1:】,选择【外倒角过渡】,出现如图 6.66 所示的立即菜单。

图 6.66　外倒角过渡

单击【2:】,输入倒角的长度。

单击【3:】,输入倒角的角度,按状态栏的提示,分别用鼠标拾取三条两两垂直的直线即可,如图 6.67 所示。

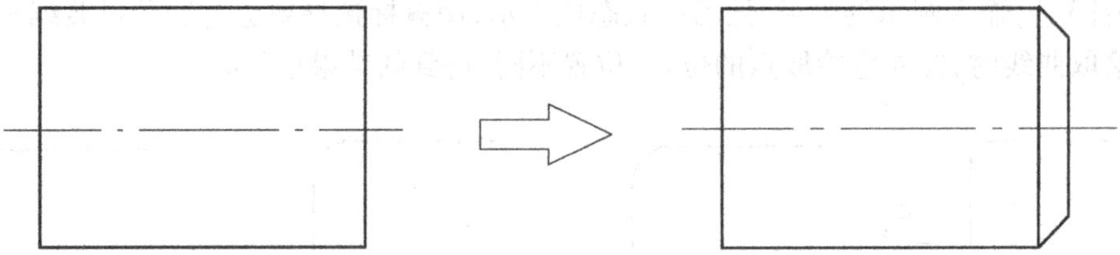

图 6.67　外倒角过渡

5. 内倒角过渡

此命令适用于对孔端等三条两两垂直的直线进行倒角过渡。

单击【1:】,选择【内倒角过渡】,出现如图 6.68 所示的立即菜单。

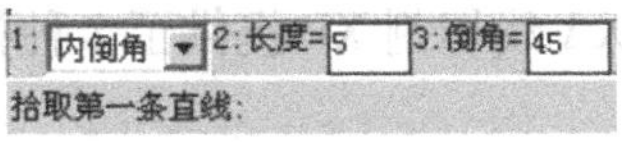

图 6.68 内倒角过渡

单击【2:】,输入倒角的长度。

单击【3:】,输入倒角的角度。按屏幕的提示,分别用鼠标,拾取三条两两垂直的直线即可,如图 6.69 所示的立即菜单。

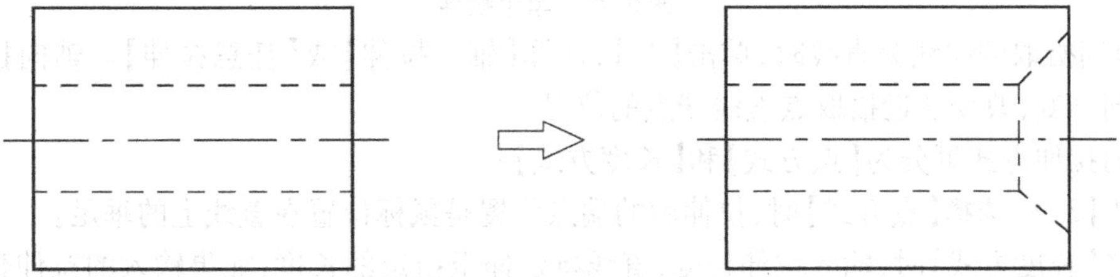

图 6.69 内倒角过渡

6. 多倒角过渡

此命令适用于多条首尾相连的直线进行倒角过渡。

单击【1:】,选择【多倒角过渡】,出现如图 6.70 所示的立即菜单。

图 6.70 多倒角过渡

单击【2:】,输入倒角的长度。

单击【3:】,输入倒角的角度,按状态栏提示,拾取首尾相连的直线进行倒角过渡。

7. 尖角过渡

此命令用于在两条直线交点处形成尖角过渡,曲线在尖角处被裁剪或沿角的方向延伸。

单击【1:】,选择【尖角过渡】,按状态栏的提示,分别拾取两条曲线即可。

四、齐边

此命令是以一条曲线为边界,对一系列曲线进行裁剪或延伸。单击曲线编辑工具栏中【齐边】按钮,或依次单击主菜单中【绘制】→【曲线编辑】→【齐边】,就可进行齐边操作。按状态栏提示,用鼠标选择一条曲线作为边界,接着选择另一条曲线对其进行裁剪或延伸。如果两条曲线有交点,则此命令类似于【裁剪】,操作步骤也基本相同;如果没有交点,则将以第一条曲线为边界,将第二条曲线进行延伸,使之相交。

五、打断

此命令是将一条曲线在某点处打断成两条曲线。单击曲线编辑工具栏中【打断】按钮,或依次单击主菜单中【绘制】→【曲线编辑】→【打断】,就可进行打断操作。按状态栏的提示,先选择一条待打断的曲线,再用鼠标确定打断点的位置即可。打断点的捕捉,可以通过【工具点菜单】选项来实现。打断后的曲线变成了两条无任何联系的独立实体。

六、拉伸

单击曲线编辑工具栏中【拉伸】按钮,或依次单击主菜单中【绘制】→【曲线编辑】→

【拉伸】,就可进行拉伸操作。CAXA 线切割 XP 提供了 2 种拉伸的方法:单个拾取、窗口拾取。

1. 单个拾取

单个拾取可以对直线、圆、圆弧或样条进行拉伸。按屏幕提示,拾取待拉伸的曲线,出现如图 6.71 所示立即菜单。

图 6.71　单个拉伸

(1)当拾取的曲线为直线时,单击【2:】,选择【轴向拉伸】或【任意拉伸】。轴向拉伸保持直线方向不变,改变靠近拾取点直线端点的位置。

轴向拉伸方式可分为【点方式】和【长度方式】。

单击【3:】,选择【点方式】时,拉伸后的端点位置是鼠标位置在直线上的垂足。

选择【长度方式】时,输入拉伸长度,直线将延伸至指定的长度,如果输入的拉伸长度为负值,直线将反向延伸。任意拉伸时,靠近拾取点的直线端点位置完全由鼠标位置决定。

(2)当拾取的曲线为圆时,屏幕生成一个中心点固定,圆的半径随光标移动的动态圆,拖动鼠标至适当的位置,单击,或通过键盘输入圆的半径即可。

(3)当拾取的曲线为样条时,系统提示【拾取插值点】,用鼠标选择合适的插值点,拖动鼠标,样条曲线的形状也将随之改变,当插值点被拖动到目标位置时,单击左键即可。

2. 窗口拾取

窗口拾取可以移动窗口内图形的指定部分。单击【2:】,选择【给定偏移】或【给定两点】方式。采用【给定偏移】时,通过键盘输入图形在 X 和 Y 方向上的偏移量或位置点;采用【给定两点】时,按状态栏的提示输入两个参考点,系统通过参考点的位置,自动计算图形的偏移量。

七、平移

单击曲线编辑工具栏中【平移】按钮,或依次单击主菜单中【绘制】→【曲线编辑】→【平移】,就可进行平移操作。CAXA 线切割 XP 提供了两种平移的方法:给定偏移和给定两点。

1. 给定偏移

给定平移是通过输入一个偏移量,对拾取的实体进行平移或复制。其操作方法是:

(1)单击【1:】,选择【给定偏移】,如图 6.72 所示立即菜单。

图 6.72　给定偏移

(2)单击【2:】,选择【移动】或【拷贝】。

如果选择【移动】,立即菜单如图 6.72 所示。

单击【3:】,选择偏移方向是【正交】还是【非正交】。

单击【4:】,输入实体的旋转角度。

单击【5:】,输入实体放大或缩小的比例。然后按状态栏提示,拾取实体完毕后右击。屏幕上生成符合条件的实体,拖动光标至合适的位置,单击确定即可。

(3)如果选择【拷贝】,立即菜单如图 6.73 所示。

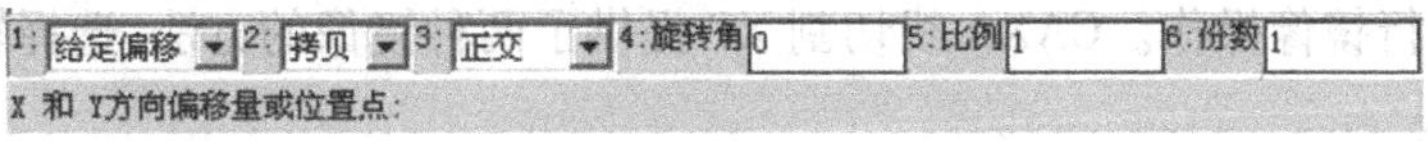

图 6.73　拷贝

单击【3:】,选择拷贝方向是【正交】还是【非正交】。

单击【4:】,输入实体的旋转角度。

单击【5:】,输入实体放大或缩小的比例。

单击【6:】,输入拷贝的份数。然后按状态栏提示,拾取实体完毕后,右击,屏幕上生成符合条件的实体,拖动光标至合适的位置,单击确定即可。

与平移方式不同在于,【拷贝】方式执行命令后,原先的实体保留。

2. 给定两点

给定两点方法类似于给定偏移(略)。

八、旋转

单击曲线编辑工具栏中【旋转】按钮,或依次单击主菜单中【绘制】→【曲线编辑】→【旋转】,就可进行旋转操作。CAXA 线切割 XP 提供了 2 种旋转的方法:旋转角度、起始终止点。

1. 旋转角度

单击【1:】,选择【旋转角度】,出现如图 6.74 所示的立即菜单。

图 6.74　旋转角度

单击【2:】,选择【旋转】或【拷贝】。

采用【旋转】方式,命令执行完毕后原先的实体消失。采用【拷贝】方式,原先的实体保留。

按状态栏的提示,拾取元素后右击,再按状态栏的提示,输入旋转的基点,此时拖动光标能实现实体任意角度的旋转,也可以通过键盘输入旋转角度,按回车确定。

2. 起始终止点

单击【1:】,选择【起始终止点】,出现如图 6.75 所示的立即菜单。

图 6.75　起始终止点

单击【2:】,选择【旋转】或【拷贝】。

采用【旋转】方式,命令执行完毕后,原先的实体消失。而采用【拷贝】方式,原先的实体保留。

按状态栏的提示,拾取元素后右击,再按状态栏的提示,输入旋转的基点、起始点、终止点。所选实体旋转的角度为上述三点所决定的夹角。三点可以通过【工具点菜单】选项来确定,也可以用键盘输入点的坐标来确定。

九、镜像

单击曲线编辑工具栏中【镜像】按钮,或依次单击主菜单中【绘制】→【曲线编辑】→

【镜像】,就可进行镜像操作。CAXA 线切割 XP 提供了两种镜像的方法:选择轴线、拾取两点。

1. 选择轴线

单击【1:】,选择【选择轴线】,出现如图 6.76 所示的立即菜单。

单击【2:】,选择【拷贝】或【镜像】。

采用【拷贝】方式,命令执行完毕后,原先的实体保留。而采用【镜像】方式,原先的实体消失。

按状态栏提示,拾取元素后右击,再按状态栏提示,拾取已经存在的直线作为镜像的对称轴,单击即可。

图 6.76　拾取轴线

2. 拾取两点

单击【1:】,选择【拾取两点】,立即菜单如图 6.77 所示。

单击【2:】,选择【拷贝】或【镜像】。

采用【拷贝】方式,命令执行完毕后,原先的实体保留。而采用【镜像】方式,原先的实体消失。

按状态栏提示,拾取元素后右击,再按状态栏提示,输入两点,系统以这两点所形成的直线段作为镜像的对称轴生成新的图形。这两点的捕捉可以通过【工具点菜单】选项来确定,也可以用键盘输入点的坐标来实现。

图 6.77　拾取两点

十、比例缩放

单击曲线编辑工具栏中【比例缩放】按钮,或依次单击主菜单中【绘制】→【曲线编辑】→【比例缩放】,就可进行比例缩放操作。此命令能实现对拾取的实体,进行放大或缩小。选择图素后右击,出现如图 6.78 所示的立即菜单。

图 6.78　比例缩放

单击【1:】,选择【拷贝】或【移动】。

如果选择【拷贝】,则按比例缩放后原先的实体被保留。如果选择【移动】,则原先的实体消失。

单击【2:】,选择【尺寸值变化】或【尺寸值不变】。

单击【3:】,选择【参数变化】或【参数不变】。

按状态栏提示,拾取实体后右击,再按状态栏提示,拾取基点,此时用鼠标或键盘输入比例系数,就能实现实体的放大或缩小。

十一、阵列

单击曲线编辑工具栏中【阵列】按钮，或依次单击主菜单中【绘制】→【曲线编辑】→【阵列】，就可进行阵列操作。阵列的目的是通过一次操作生成多个相同形状的实体，以提高绘图效率。CAXA 线切割 XP 提供了两种阵列的方法：圆形阵列、矩形阵列。

1. 圆形阵列

单击【1：】选择【圆形阵列】，出现如图 6.79 所示的立即菜单。

单击【2：】，选择实体在阵列过程中是否旋转。

如果选择【旋转】方式，按状态栏提示，拾取待阵列的实体后右击，再按状态栏提示，用鼠标或键盘输入中心点，就实现了实体的阵列。而【不旋转】方式则不同，在提示输入中心点后，还要求用户输入基点，其原理是先把基点按中心点阵列，然后再根据原先实体与原先基点的相对位置关系，来确定阵列后每个实体与其对应的基点位置，从而确定阵列后，实体在坐标系中的位置。

图 6.79 圆形阵列

单击【3：】，选择【均布】或【给定夹角】。

如果选择【均布】，出现如图 6.79 所示的立即菜单，

单击【4：】选择阵列的份数。如果选择【给定夹角】，出现如图 6.80 所示的立即菜单。

图 6.80 给定夹角

单击【4：】，确定阵列后相邻两实体与中心点连线的夹角。

单击【5：】确定阵列填角。图 6.81 为圆形阵列结果。

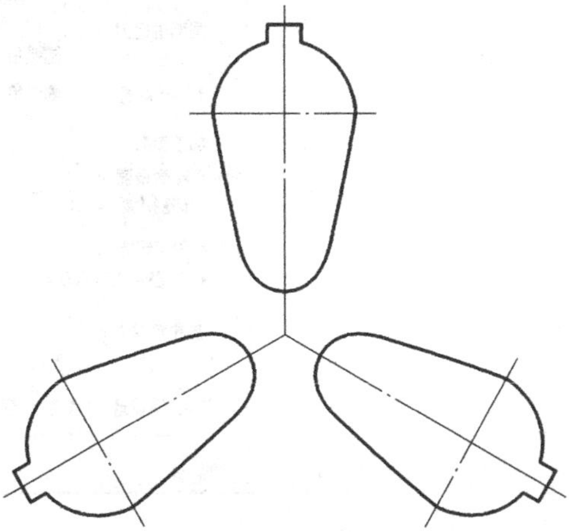

图 6.81 圆形阵列

2. 矩形阵列

单击【1：】，选择【矩形阵列】，出现如图 6.82 所示的立即菜单。

单击【2：】，输入阵列的行数（取值范围 1 ~65 532）。

单击【3:】,输入行间距(取值范围 0.010 ~ 99 999)。

单击【4:】,输入阵列的列数(取值范围 1 ~ 65 532)。

单击【5:】,输入列间距(取值范围 0.010 ~ 99 999)。

单击【6:】,输入整个阵列相对 X 正半轴方向的旋转角度(取值范围 −360° ~ 360°)。

图 6.82　矩形阵列

任务三　轨迹生成及其代码处理

课题一　加工轨迹

线切割加工轨迹是在电火花线切割加工过程中,电极线中心切割的实际路径,它是产生数控加工程序的基础。CAXA 线切割 XP 的轨迹生成功能是在已有 CAD 轮廓的基础上,结合各项工艺参数,由计算机自动计算加工轨迹。因此,生成 CAD 轮廓是生成加工轨迹的基础。

CAXA 线切割轨迹生成模组的主要作用是,针对现有的 CAD 轮廓生成相应的加工轨迹。单击绘制工具栏中【轨迹操作】按钮,或单击主菜单中【线切割】,就能实现轨迹生成的操作,如图 6.83 所示。该模组包括 5 项功能:轨迹生成、轨迹跳步、取消跳步、轨迹仿真、查询切割面积。

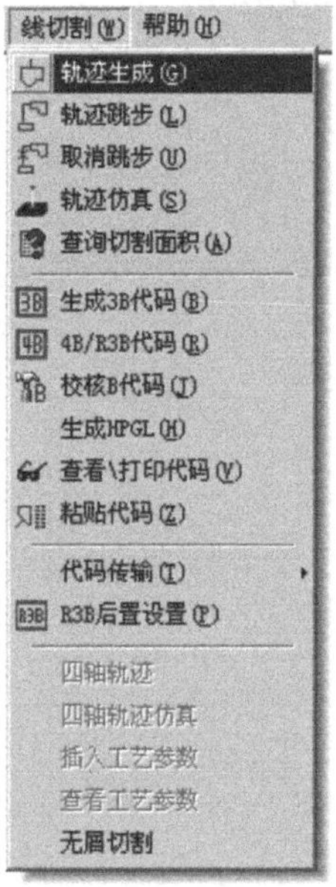

图 6.83　【线切割】菜单

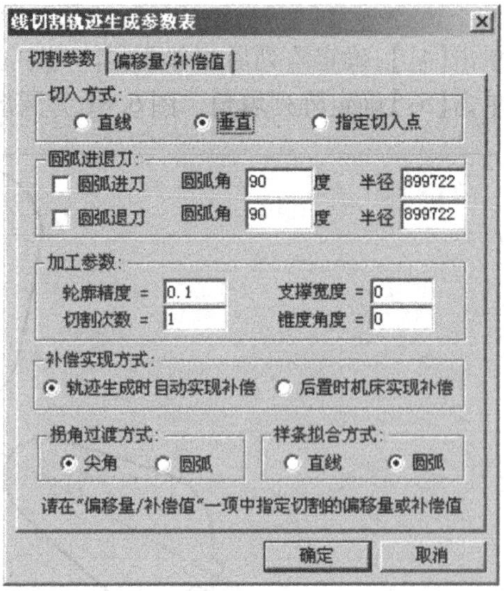

图 6.84　【线切割轨迹生成参数表】对话框

一、轨迹生成

单击轨迹生成工具栏中【二轴轨迹生成】按钮,或依次单击主菜单中【线切割】→【轨迹生成】,系统弹出如图 6.84 所示的【线切割轨迹生成参数表】对话框。

对话框有 2 个选项:【切割参数】选项框和【偏移量/补偿量】选项框。【切割参数】选项框有 6 个区:切入方式、圆弧进退刀、加工参数、补偿实现方式、拐角过渡方式、样条拟合方式,如图 6.84 所示。下面简单介绍 6 个区中参数的具体含义。

1. 切入方式

切入方式描述了穿丝点到加工起始段的起始点间电极丝的运动方式,系统提供了 3 种切入方式:直线、垂直、指定切入点,如图 6.85 所示。

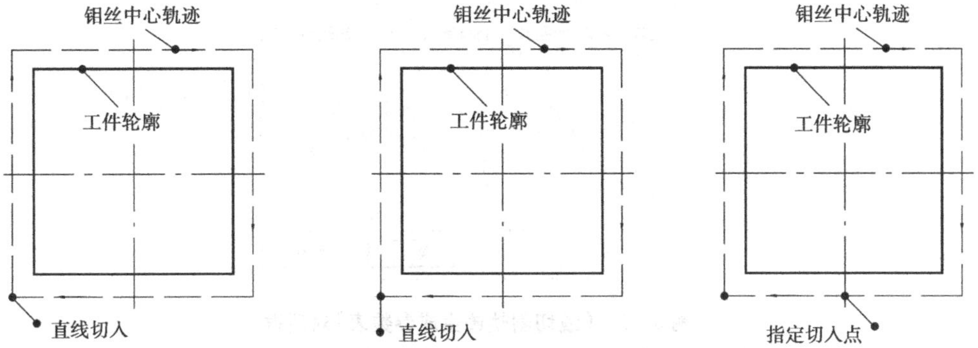

图 6.85　切入方式

(1)直线切入。电极丝直接从穿丝孔切入到加工起始段的起始点。

(2)垂直切入。电极丝从穿丝孔垂直切入到加工起始段,以起始段的垂点为加工起始点。当在起始段找不到垂直点时,电极丝直接从穿丝点切入到加工起始段的起始点,此时等同于直线切入。

(3)指定切入点。在加工轨迹上选择一个点作为加工的起始点,电极丝从穿丝点沿直线切入到所选择的起始点。

2. 圆弧进退刀

当选择【圆弧进刀】或【圆弧退刀】复选框,从而实现电极丝切入或切出工件时,采用圆弧切割方式,其有利于保证加工产品的质量。通过修改【圆弧角度】、【半径】,从而改变圆弧进刀、圆弧退刀的圆弧大小。

3. 加工参数

(1)轮廓精度。它是指加工轨迹和理想加工轮廓的偏差。由于加工轨迹由圆弧和直线组成,所以轮廓精度这个概念是相对于样条曲线而言的。输入的轮廓精度为最大偏差值,系统保证加工轨迹和理想加工轮廓的偏差不大于这个值。

系统根据给定的精度,将样条曲线分成多条折线段,精度值越大,折线段的步长越大,折线段段数越少。反之,折线段的步长越短,折线段段数越多。因此在实际加工中,要根据实际加工情况,合理确定轮廓精度。系统默认为 0.1 mm。

(2)切割次数。在高速走丝机床上,通常采用一次切割成型。在低速走丝机床上,通常要求精度比较高,所以一般采用四次切割;粗加工、半精加工、精加工、超精加工。当加工次数大于 1 时,必须在【偏移量/补偿值】(如图 6.86 所示)选项框中,填写每次切割的偏移量。

(3)支撑宽度。当选择多次切割次数时,该选项的数值指定为每次切割的加工轨迹始末点之间的宽度。支撑宽度实际上是针对图形零件的多次切割而设计的。如果不设置这个参

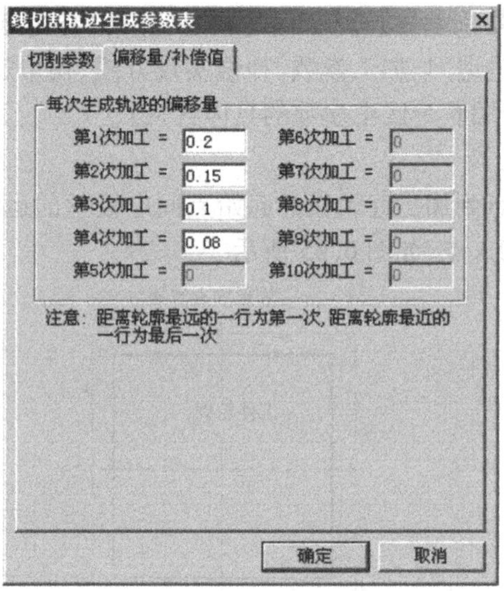

图 6.86 【线切割轨迹生成参数表】对话框

数，一次加工后，零件就被切割下来，也就是不可能进行多次切割加工了。

(4)锥度角度。此参数用来设置锥度加工时电极丝的倾斜角度。采用左锥度加工时，锥度角度为正值。采用右锥度加工时，锥度角度为负值。

4. 补偿实现方式

系统提供了两种补偿实现方式：轨迹生成时自动实现补偿、后置时机床实现补偿。

【轨迹生成时自动实现补偿】是由计算机自动实现偏移量的补偿。【后置时机床实现补偿】是在机床控制器中相应的补偿号码内，输入补偿值，由此实现偏移量的补偿。下面通过切割一个正方形工件，来说明两种补偿方式的区别。

如图 6.87 所示，由于在加工过程中必须考虑电极丝半径、放电间隙和加工预留量等因素，因此实际切割路径应为虚线路线，而非实线路线。

如果采用【轨迹生成时自动实现补偿】，则生成的加工代码的轨迹是虚线，补偿量直接由计算机编入程序。如果采用【后置时机床实现补偿】，则生成的加工代码的轨迹是实线，补偿量由机床控制器实现，生成的程序指定补偿方向和补偿器中补偿量的号码。

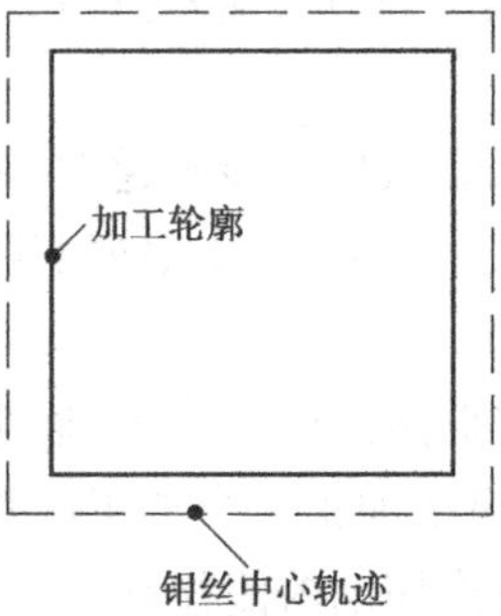

图 6.87 间隙补偿量

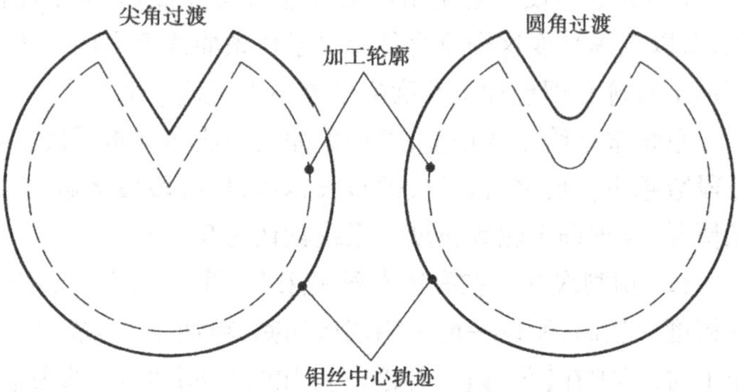

图 6.88 拐角补偿方式

5. 拐角过渡方式

在线切割加工中，经常碰到以下两种情况，此时必须采用尖角过渡或圆角过渡，如图 6.88 所示。

(1)加工凹形零件时，相邻两直线或圆弧的夹角大于 180°。

(2)加工凸形零件时，相邻两直线或圆弧的夹角小于 180°。

6. 样条拟合方式

样条拟合方式有两种：直线拟合、圆弧拟合。

直线拟合将样条曲线拆分成多条直线段进行拟合。圆弧拟合将样条曲线拆分成直线段和圆弧段进行拟合。与直线拟合相比，圆弧拟合生成的图形比较光滑、线段少、精度高，生成的加工代码也较少。

当切割次数为 1 时，只需在图 6.86 所示的【偏移量/补偿量】栏中，输入第 1 次加工的【偏移量/补偿值】。当切割次数大于 1 时，则必须填写每次加工的【偏移量/补偿量】。

提示：

- 切割次数不能大于 10 次。
- 偏移量的计算公式为：偏移量 = 电极丝半径 + 单边放电间隙 + 加工预留量。

设置完轨迹生成参数后，单击【确定】按钮，屏幕提示拾取轮廓，单击某一图素后，此时被拾取的轮廓线变为虚线，同时在拾取点的切线位置，出现两个方向相反的箭头，状态栏提示，选择链搜索方向，选择一个箭头方向作为切割方向，同时在拾取点的法向方向，又出现一对方向相反的箭头，状态栏再次提示，选择加工的侧边或补偿方式，也就是电极丝的偏移方向。根据实际加工情况，选择电极丝的补偿方式，系统自动执行命令。

选择完补偿方向后，屏幕提示，拾取穿丝点，用鼠标或键盘确定穿丝点的位置后，状态栏再次提示，输入退出点。如果退出点与穿丝点重合，则直接右击或回车；如果不重合，则选择别的点作为电极丝的退出点。当切入方式为指定切入点时，状态栏提示输入切入点(回车则垂直切入)，此时，用鼠标或键盘确定切入点。当确定完退出点、切入点后，系统自动计算加工轨迹，右击结束命令。

二、轨迹跳步

当同一个零件存在多个加工轨迹时，为确保各轨迹间的相对位置，通常希望能把各个加工轨迹连接成一个轨迹，从而实现一次切割完成。为此 CAXA 线切割软件提供了轨迹跳步命令。

单击轨迹生成工具栏中【轨迹跳步】按钮，或依次单击主菜单中【线切割】→【轨迹跳步】，状态栏提示，拾取加工轨迹，分别选取已生成的加工轨迹后右击，系统自动将各个加工轨迹，按拾取的先后顺序连接成一个跳步加工轨迹，各个轨迹采用首尾相接的方式连接，即前一个加工轨迹的退出点与后一个加工轨迹的穿丝点相连，如图 6.89 显示了轨迹跳步前后的区别。

三、取消跳步

与轨迹跳步命令相反，取消跳步是将生成的轨迹跳步分解成多个加工轨迹。单击轨迹生成工具栏中【取消跳步】按钮，或依次单击主菜单中【线切割】→【取消跳步】，状态栏提示，拾取跳步加工轨迹。拾取完毕后，右击结束命令，系统自动将跳步轨迹，分解成多个独立的加工轨迹。

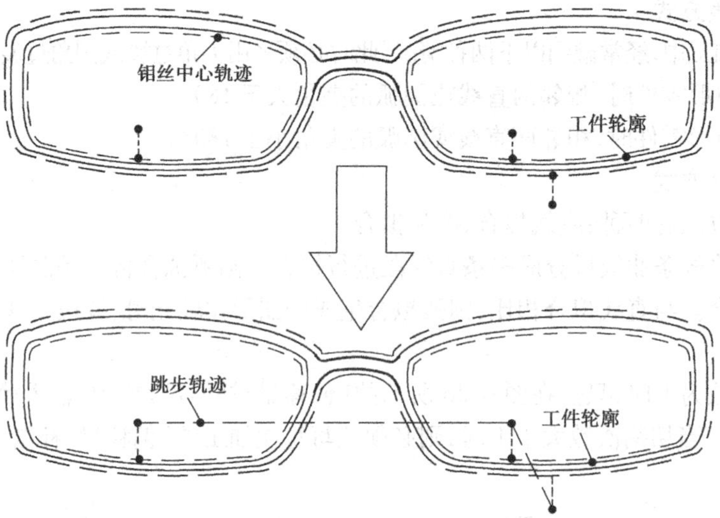

图 6.89　轨迹跳步

四、轨迹仿真

轨迹仿真命令是生成加工轨迹后，在计算机中模拟实际加工过程中切割工件的状况。单击轨迹生成工具栏中【轨迹仿真】按钮，或依次单击主菜单中【线切割】→【轨迹仿真】。CAXA 线切割提供了两种轨迹仿真方式：动态、静态。

1. 动态

单击【1：】，选择【连续】方式。

单击【2：】，输入步长数值，此数值控制电极丝的仿真运动速度。步长值越大，仿真运动速度越快。按状态栏提示，拾取加工轨迹后，系统将完整地模拟动态加工的全过程，如图 6.90 所示。

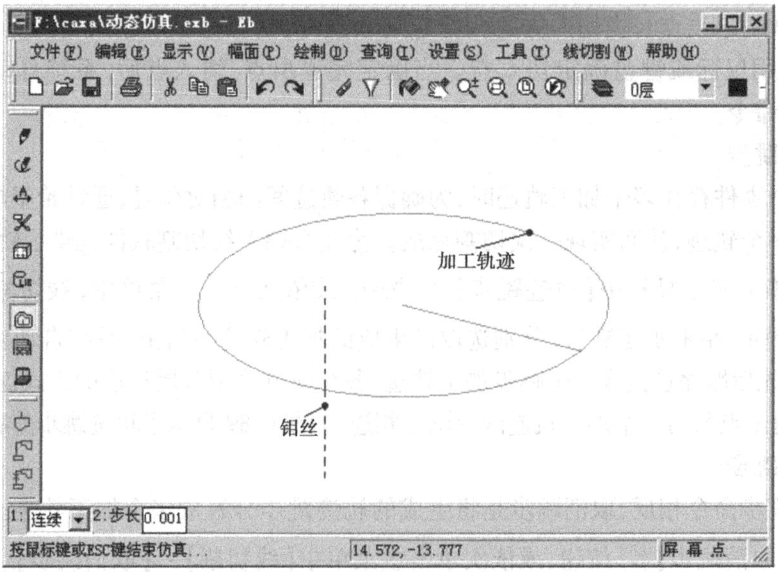

图 6.90　轨迹动态仿真

2. 静态

单击【1:】，选择【静态】方式，按状态栏提示，拾取加工轨迹后，系统将加工轨迹用阿拉伯数字标出加工的先后顺序，如图6.91所示。

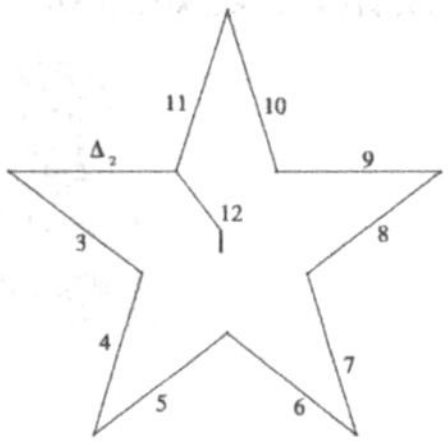

图 6.91　轨迹静态仿真

五、查询切割面积

线切割加工的切割速度通常用单位时间内的切割面积来衡量。为了能方便地计算出加工轨迹的长度和切割面积，CAXA 线切割 XP 提供了查询切割面积的命令。

单击轨迹生成工具栏中【查询切割面积】按钮，或依次单击主菜单中【线切割】→【查询切割面积】。按状态栏提示，选取加工轨迹，此时弹出立即菜单，如图 6.92 所示，输入工件厚度后回车。系统弹出如图 6.93 所示的结果窗口。

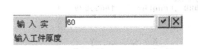

图 6.92　输入工件厚度

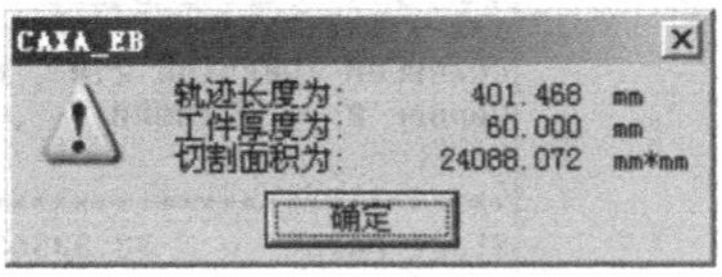

图 6.93　查询切割面积

课题二　后处理

要得到数控线切割机床的数控程序，必须进行代码生成处理。所谓代码生成就是通过机床把系统生成的加工轨迹转化为程序代码。生成的代码直接控制线切割机床的运动轨迹，从而实现工件的切割。

单击绘制工具栏中【代码生成】按钮，或依次单击主菜单中的【线切割】，就能实现加工代码的生成。CAXA 代码生成模组包括 7 项功能：生成 3B 加工代码、生成 4B/R3B 加工代码、校核 B 代码、生成 G 加工代码、校核 G 加工代码、查看/打印加工代码、粘贴加工代码。

一、生成代码

1. 生成 3B 加工代码

单击代码生成工具栏中【生成 3B 代码】按钮，或依次单击主菜单中【线切割】→【生成 3B 代码】，弹出如图 6.94 所示的【生成 3B 加工代码】对话框。

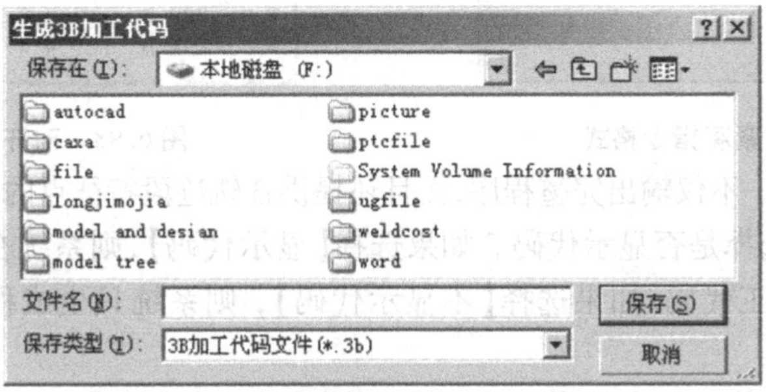

图 6.94　【生成 3B 加工代码】对话框

在该对话框文件名文本框中，输入生成 3B 加工代码的文件名，选择保存路径，单击【保存】按钮,出现如图 6.95 所示的立即菜单。

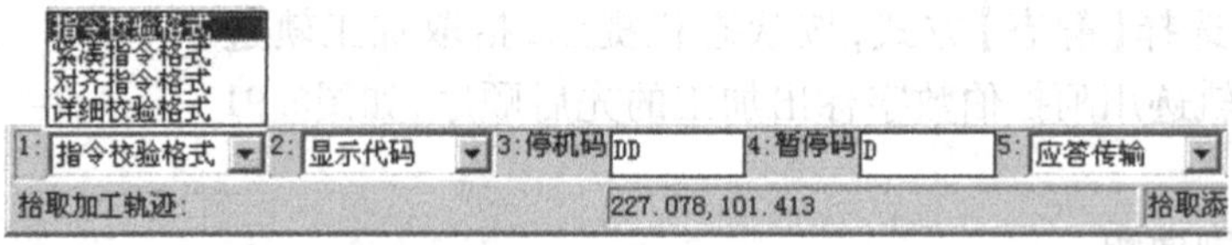

图 6.95 生成 3B 加工代码

(1)单击【1:】,选择指令输出格式:指令校验格式、紧凑指令格式、对齐指令格式、详细校验格式。

①指令校验格式。在生成数控程序的同时,每一轨迹段终点坐标(终点坐标值是在当前绝对坐标系的值)一同输出,如图 6.96 所示。

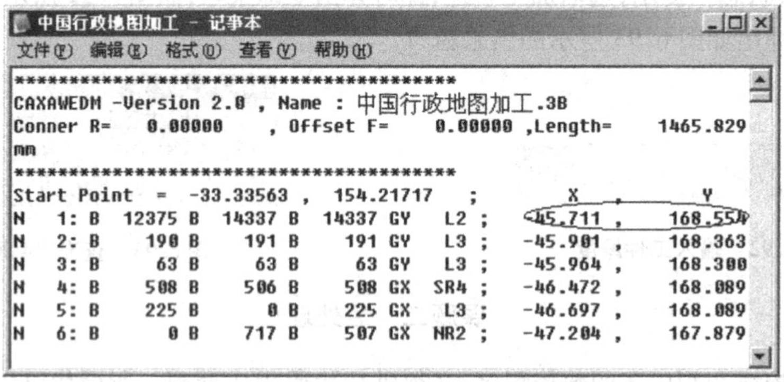

中国行政地图加工 - 记事本
文件(F) 编辑(E) 格式(O) 查看(V) 帮助(H)
****
CAXAWEDM -Version 2.0 , Name : 中国行政地图加工.3B
Conner R= 0.00000 , Offset F= 0.00000 ,Length= 1465.829 mm
****
Start Point = -33.33563 , 154.21717 ; X , Y
N 1: B 12375 B 14337 B 14337 GY L2 ; -45.711 , 168.554
N 2: B 190 B 191 B 191 GY L3 ; -45.901 , 168.363
N 3: B 63 B 63 B 63 GY L3 ; -45.964 , 168.300
N 4: B 508 B 506 B 508 GX SR4 ; -46.472 , 168.089
N 5: B 225 B 0 B 225 GX L3 ; -46.697 , 168.089
N 6: B 0 B 717 B 507 GX NR2 ; -47.204 , 167.879

图 6.96 指令校验格式

②紧凑指令格式。只输出数控程序,各指令字符紧密排列,如图 6.97 所示。

③对齐指令格式。各程序段相应的代码一一对齐,每一指令代码用空格隔开,如图 6.98 所示。

图 6.97 紧凑指令格式

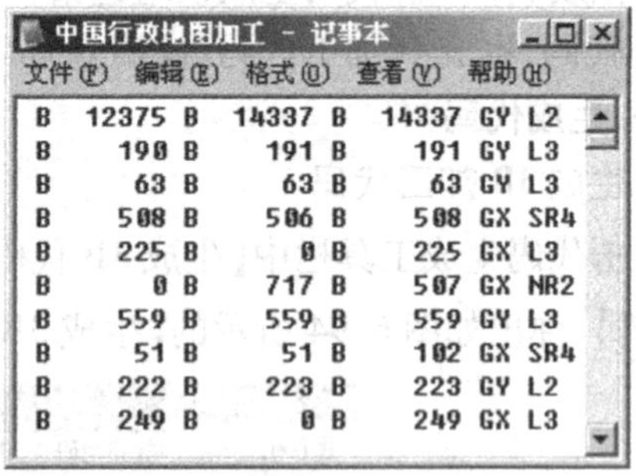

图 6.98 对齐指令格式

④详细校验格式。不仅输出完整程序,而且还提供各轨迹段特征点的坐标,如图 6.99 所示。

(2)单击【2:】,选择是否显示代码。如果选择【显示代码】,则系统在程序生成后,以记事本窗口的形式显示加工代码;如果选择【不显示代码】,则系统只生成程序文件,不显示加工代码。

(3)单击【3:】,可修改机床的停机码字符串,系统默认为【DD】。

(4)单击【4:】,可修改机床的暂停码字符串,系统默认为【D】。

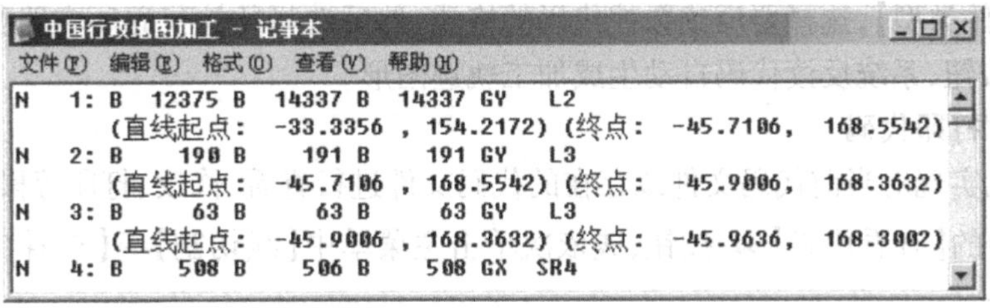

图6.99 详细校验格式

(5)单击【5:】,选择程序输出方式,可选择【不传输代码】、【应答传输】、【同步传输】、【纸带穿孔】、【串口传输】。

2. 生成4B/R3B加工代码

单击代码生成工具栏中【生成4B/R3B代码】按钮,或依次单击主菜单中【线切割】→【4B/R3B代码】,系统弹出文件保存对话框。在对话框中,输入生成4B/R3B加工代码的文件名,选择保存路径,单击【保存】按钮,系统弹出立即菜单,如图6.100所示的对话框。

图6.100 生成4B/R3B加工代码

单击【1:】,选择指令保存格式:R3B格式、4B格式1、4B格式2。其余4个选项与【生成3B加工代码】中对应的选项,含义相同。

参数选择完毕后,状态栏提示,拾取加工轨迹。如果拾取多个加工轨迹,则系统自动将各个加工轨迹按先后顺序连接起来,实现轨迹跳步的功能。完成轨迹拾取后,右击,系统自动生成4B/R3B加工代码。

二、校核B加工代码

上述两个命令的特点是根据加工轨迹生成各种格式的数控代码,而此命令正好相反,它是通过数控B加工代码,生成加工轨迹图形,以达到检验B加工代码程序正确性的目的。

单击代码生成工具栏中【校核3B代码】按钮,或依次单击主菜单中【线切割】→【校核B代码】,系统弹出如图6.101所示的【反读3B/4B/R3B加工代码】对话框。

图6.101 校核B代码

单击【文件类型】,选择要反读数控代码的格式,然后选择数控代码所在路径及其文件名,单击【打开】按钮,系统反读代码自动生成加工轨迹图形。

三、查看/打印代码

此命令能实现对当前代码文件或存在的代码文件进行查看、修改、打印等操作。单击代码生成工具栏中的【查看代码】按钮,或依次单击主菜单中【线切割】→【查看/打印代码】,进行代码的查看。

立即菜单【1:】有两个选项:当前代码文件、选择文件。

若选择【当前代码文件】选项后,右击,系统弹出如图 6.96 所示的记事本窗口;若选择【选择文件】选项后,右击,系统弹出如图 6.102 所示的【查看加工代码】对话框。

单击【文件类型】,选择要查看和打印的数控代码格式,然后选择数控代码所在的路径及其文件名。单击【打开】按钮,系统弹出如图 6.96 所示的记事本窗口。

在记事本编辑区中,能对程序进行修改等操作。

如需打印程序代码,则单击下拉菜单【文件】中的【打印】即可。

图 6.102 查看/打印加工代码

四、粘贴加工代码

此命令能将当前代码文件或已存在的代码文件的内容,粘贴到绘图功能区。单击代码生成工具栏中【粘贴代码】按钮,或依次单击主菜单中【线切割】→【粘贴代码】。

立即菜单有两个选项:指定两点、搜索边界。

若选择【指定两点】选项,则按系统提示,选择两个对角点,确定文字的矩形区域;若选择【搜索边界】选项,则是针对已存在的矩形区域,指定该区域内一点即可。当确定标注文字的矩形区域后,系统弹出如图 6.103 所示的【文字标注与编辑】对话框。

单击【读入】按钮,选择要粘贴的代码文件,然后单击【打开】,系统返回到图 6.103 所示的【文字标注与编辑】对话框,所选文件的内容将粘贴到文本区中。

单击【确定】,代码文件就粘贴到绘图功能区了。

课题三 代码传输

单击绘制工具栏中【传输与后置】按钮,或依次单击主菜单中【线切割】→【代码传输】,能实现加工代码的传输与后置操作。CAXA 线切割 XP 传输与后置模组包括 7 项功能:应答传输、同步传输、串口传输、纸带穿孔传输、机床设置、后置设置、R3B 后置设置

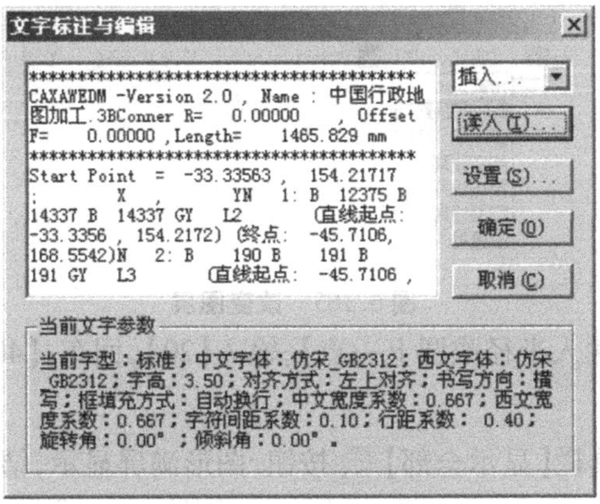

图 6.103　粘贴加工代码

。根据机床的具体情况选择不同的传输方式，按状态栏提示，进行相应的操作。

现以 HX-Z5 型控制器为例，来说明如何传输程序。

一、自动编程

步骤 1：打开 CAXA 线切割 XP 软件。

步骤 2：依次选择主菜单命令【文件】→【新文件】，或者单击标准工具栏【新文件】按钮。在弹出的【新建】对话框的【常用】栏中，依次选中【EB】→【确定】，如图 6.104 所示。系统进入到线切割加工绘图界面。

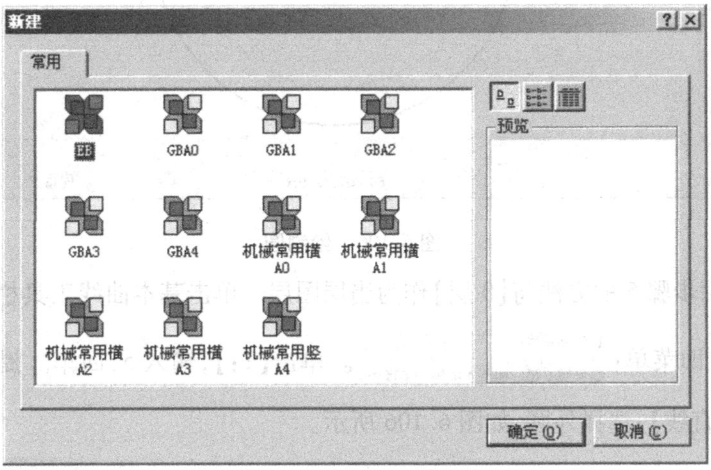

图 6.104　【新建】对话框

步骤 3：单击绘制工具栏中【基本曲线】，系统弹出【基本曲线】工具栏，单击【圆】按钮，或者依次选择主菜单命令【绘制】→【基本曲线】→【圆】。

步骤 4：系统弹出立即菜单：1: 圆心_半径 2: 半径 圆心点:，使用键盘输入【0,0】，回车。

系统提示：【输入半径或圆上一点】，输入【50】，回车，屏幕上出现半径为 50 的圆。

步骤 5：将中心线层设置为当前层。移动鼠标到属性工具栏【选择当前图层】位置，单击，选择【中心线层】，如图 6.105 所示。

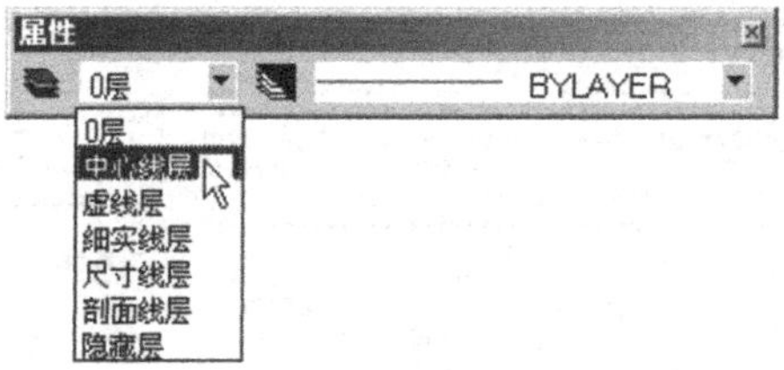

图 6.105　改变图层

步骤 6:系统提示:【输入半径或圆上一点】,输入【20】,回车;【40】,回车。单击【Esc】取消圆的绘制。

步骤 7:单击常用工具栏【显示全部】按钮,图形满屏显示,结果如图 6.106 所示。

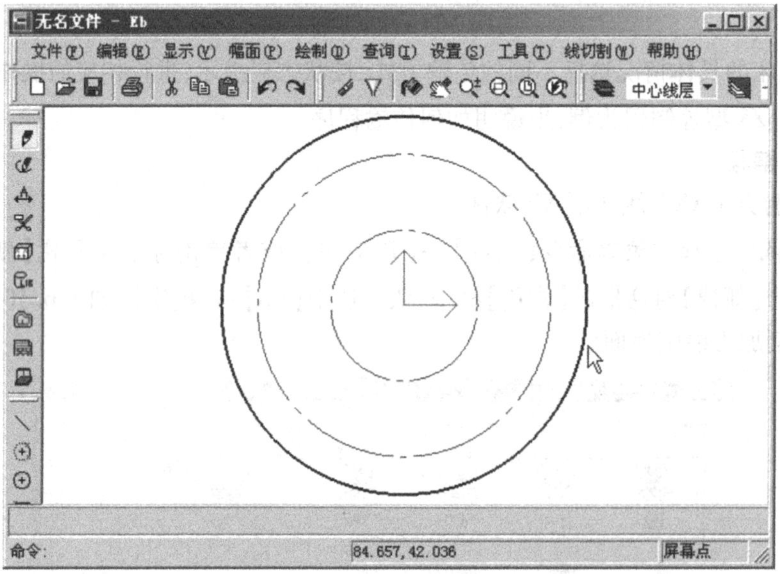

图 6.106　绘制圆

步骤 8:采用步骤 5 的方法将【0 层】作为当层图层。单击基本曲线工具栏【中心线】按钮。系统弹出立即菜单:1:延伸长度 5 拾取圆(弧、椭圆)或第一条直线:。单击【1:】,输入 5,回车。提示【拾取圆(弧、椭圆)或第一条直线】,选择外圆,如图 6.106 所示。

步骤 9:单击基本曲线工具栏中【圆】按钮,系统弹出立即菜单:1:圆心_半径 2:半径 圆心点:。

步骤 10:单击空格键,系统弹出【工具点菜单】如图 6.107 所示,选择【交点】。然后分别单击圆弧和直线,如图 6.108 所示。屏幕上出现圆心固定的动态圆,系统提示【输入半径或圆上一点】,输入半径【7】,回车。右击鼠标。

用相同的方法完成半径为 3 圆弧的绘制,结果如图 6.108 所示。

步骤 11:单击【直线】按钮,系统弹出立即菜单:1:两点线 2:单个 3:非正交 第一点(切点,垂足点):。

单击【1:】,选择【两点线】。

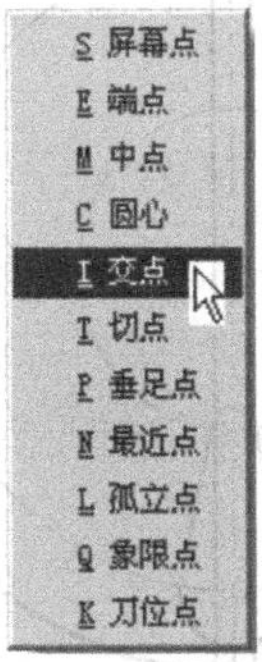

图 6.107　工具点菜单

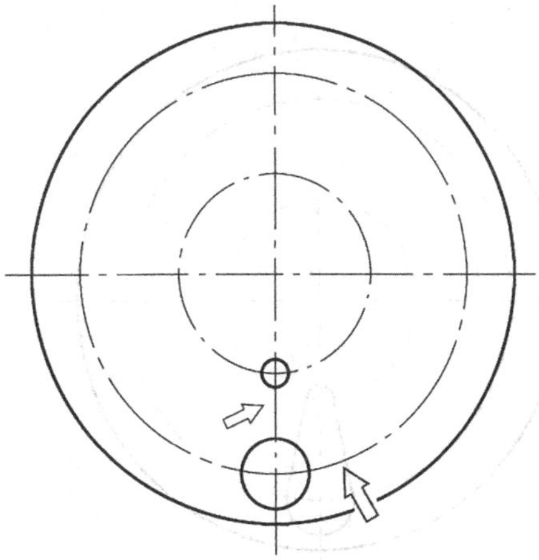

图 6.108　绘制圆

单击【2:】,选择【单个】。

单击【3:】,选择【非正交】。提示栏提示【第一点(切点,垂足点)】,单击空格键,系统弹出【工具点菜单】。

选择【切点】,提示【第一点(切点,垂足点)】,单击 R3 圆弧的右侧,如图 6.109 所示。

提示【第二点(切点,垂足点)】,单击空格键,系统弹出【工具点菜单】,选择【切点】,单击 R7 圆弧的右侧。采用相同方法完成另一切线的绘制,结果如图 6.110 所示。

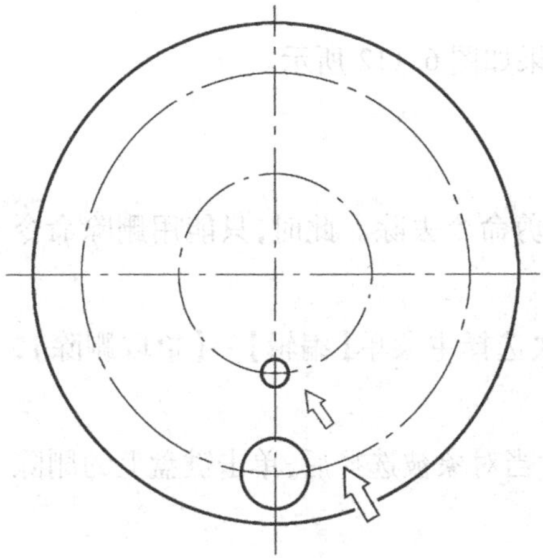

图 6.109　捕捉切点

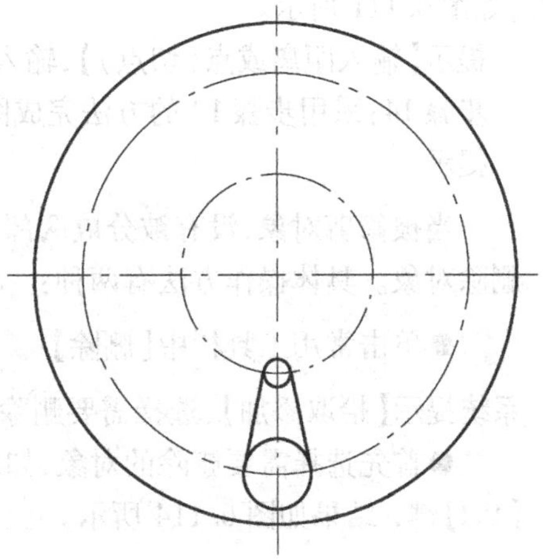

图 6.110　绘制切线

步骤 12:单击绘制工具栏中【曲线编辑】按钮,弹出【曲线编辑】工具栏,选择【裁剪】按钮。系统弹出立即菜单:1:快速裁剪 拾取要裁剪的曲线:。单击【1:】,选择【快速裁剪】。提示栏提示【拾取要裁剪的曲线】,选择不需要的曲线,结果如图 6.111 所示。

提示:

●在修剪过程中,应灵活地运用鼠标中键或相应的缩放按钮。将图形进行适当的放大,以便观察图形;有利于图形的修剪。

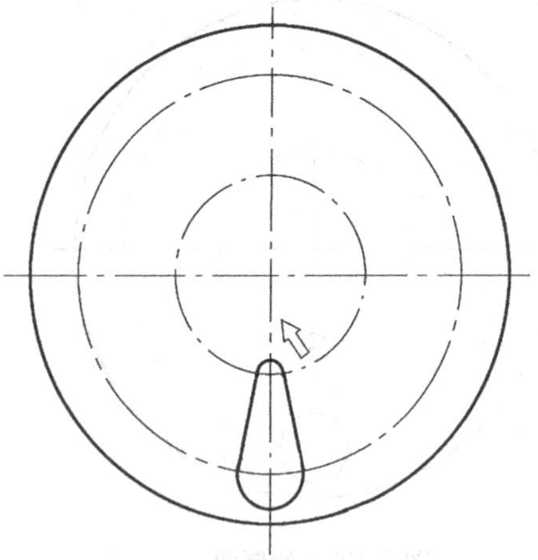

图 6.111　修剪后的图形

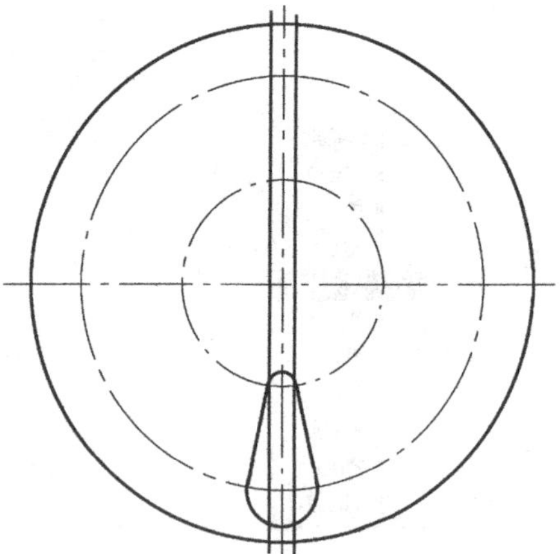

图 6.112　绘制平行线

步骤 13:依次单击绘制工具栏中【基本曲线】按钮→【直线】按钮,系统弹出立即菜单:

。

单击【1:】,选择【平行线】。

单击【2:】,选择【偏移方式】。单击【3:】,选择【双向】。系统提示【拾取曲线】,选择中心线,如图 6.111 所示。

提示【输入距离或点(切点)】,输入【2.5】回车,结果如图 6.112 所示。

步骤 14:采用步骤 12 的方法完成图形的修剪。

提示:

当被修剪对象,没有被分成两部分时,不能用修剪命令去除。此时,只能用删除命令删除对象。具体操作方法有两种:

●单击常用工具栏中【删除】按钮,或者依次选择主菜单【编辑】→【拾取删除】,系统提示【拾取添加】,选择需要删除的对象后右击。

●首先选择需要删除的对象,如图 6.113 所示。当对象被选择后,单击键盘上的删除【Del】键, 结果如图 6.114 所示。

步骤 15:单击绘制工具栏中【曲线编辑】按钮,弹出曲线编辑工具栏。选择【阵列】按钮,系统弹出立即菜单:

。

单击【1:】,选择【圆形阵列】。

单击【2:】,选择【旋转】。

单击【3:】,选择【均布】。

单击【4:】,输入份数【13】。

系统提示【拾取添加】,采用窗口方式选择,如图 6.114 所示矩形框内的图素。

右击,提示【中心点】,单击空格键,弹出【立即菜单】,选择【圆心】。然后,捕捉圆周,如图

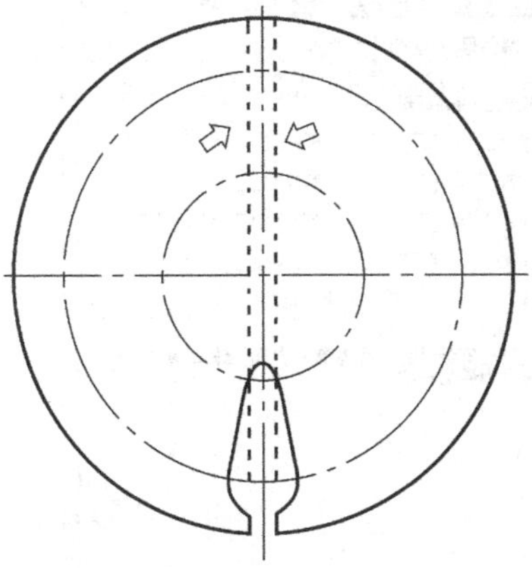

图 6.113 选择对象

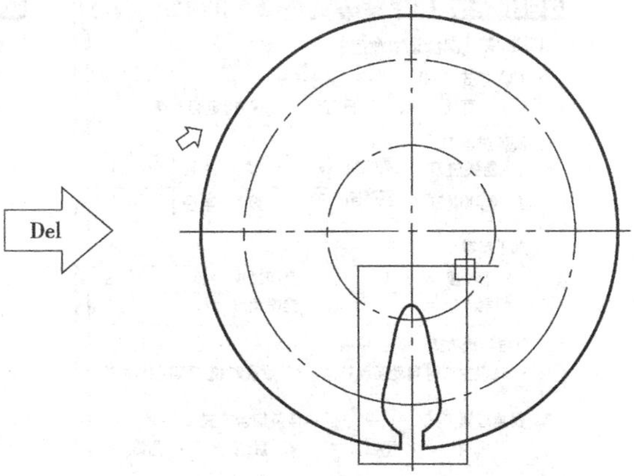

图 6.114 删除对象

6.114 箭头所示。使用【裁剪】命令修剪不需要的，结果如图 6.115 所示。

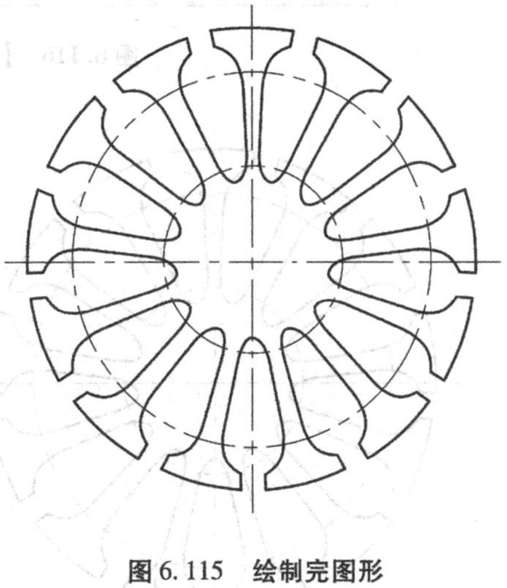

图 6.115 绘制完图形

步骤 16：依次单击绘制工具栏中【工程标注】按钮→【尺寸标注】按钮，标注尺寸。或单击主菜单【查询】的方法，检查所绘图形是否正确。

步骤 17：单击绘制工具栏中【轨迹操作】按钮，弹出【轨迹生成】工具栏。单击【二轴轨迹生成】按钮，系统弹出【线切割轨迹生成参数表】对话框，如图 6.116 所示。

设置【切割参数】选项框参数：设置【切入方式】为【指定切入点】方式，设置【拐角过渡方式】为【圆弧】。

设置【偏移量/补偿值】选项框参数：在【每次生成轨迹的偏移量】中输入【第 1 次加工】的间隙补偿量【0.1】。由于使用 0.18 mm 的钼丝加工，加工出的工件要里面，钼丝走外面，所以 $f = r_{丝} + \delta_{电} = 0.09 + 0.01 = 0.1$。其余参数保持默认状态，结果如图 6.116 所示。单击【确定】。

系统提示【拾取轮廓】，选择圆弧（靠近端点 *A* 位置单击），如图 6.117 所示。

状态栏提示【请选择链拾取方向】，选择箭头的 *B* 端方向。

提示【选择加工的侧边或补偿方向】，选择向外的箭头 *C* 端方向。系统提示【输入穿丝点位置】，输入【0，-55】回车。

提示【输入退出点（回车则与穿丝点重合）】回车确定。

提示【输入切入点（回车则垂直切入】，单击空格键，弹出【立即菜单】，选择【端点】，选择圆弧的端点 *A*，如图 6.118 所示，系统并生成加工轨迹。

步骤 18：单击【轨迹仿真】按钮，修改【立即菜单】参数：1: 静态 拾取加工轨迹:。提示【拾取加工轨迹】，选择轨迹线，结果如图 6.119 所示。

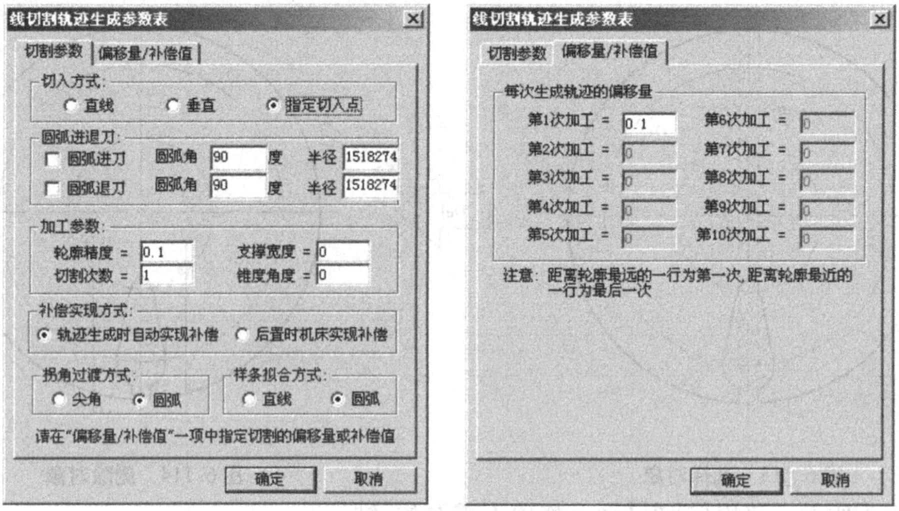

图 6.116 【线切割轨迹生成参数表】对话框

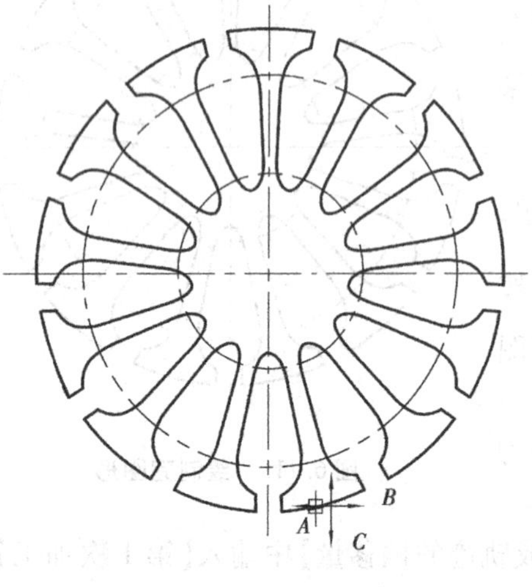

图 6.117 拾取轮廓线

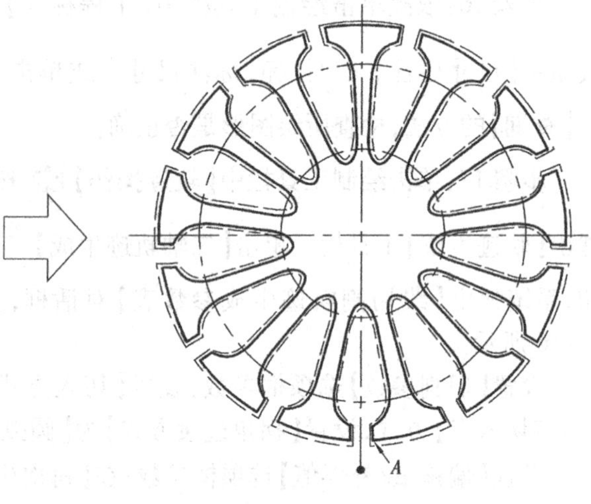

图 6.118 生成加工轨迹

步骤 19:单击绘制工具栏中【代码生成】按钮。弹出代码生成工具栏,选择【生成 3B 代码】按钮。系统弹出【生成 3B 加工代码】对话框,如图 6.120 所示。

选择保存路径,在【文件名】文本框中,输入文件名【凸模】,单击【保存】按钮。系统弹出立即菜单,如图 6.121 所示。接受默认值,提示栏提示【拾取加工轨迹】,选择已生成的轨迹,右击,系统弹出【凸模-记事本】。如图 6.122 所示。程序段【159】为停机码【DD】,当传输到控制器后,停机码【DD】自动加到程序段【158】后,而无程序段【159】。

二、程序传送

步骤 1:首先打开 HX—Z5 控制器。将传输线(该线必须按规定配套制作)的一端插入本控制器的通讯口,另一端插入计算机的并行端口。

步骤 2:在待命状态下,依次按【GX】键→【GY】键→【D】键,将控制器 X,Y 轴坐标清零。

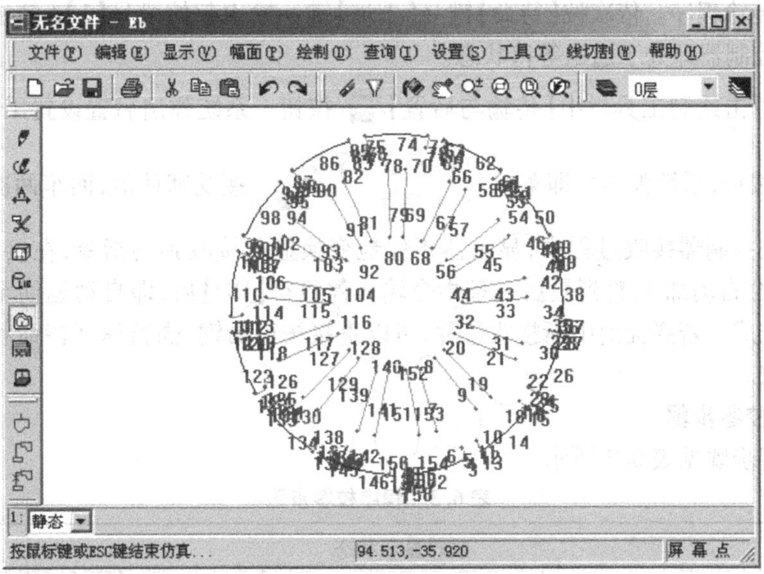

图 6.119　轨迹静态仿真

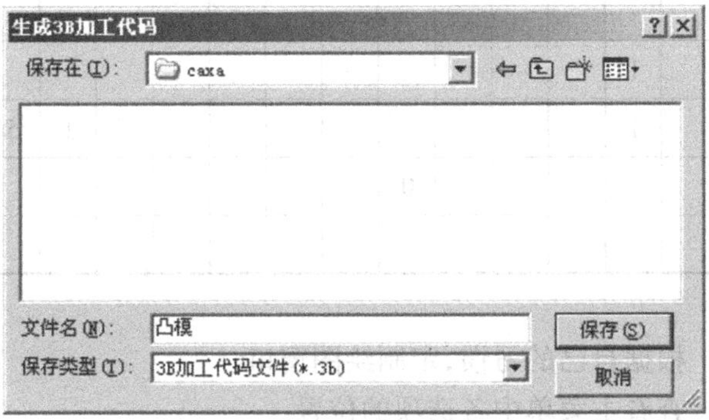

图 6.120　【生成 3B 加工代码】对话框

图 6.121　生成 3B 加工代码

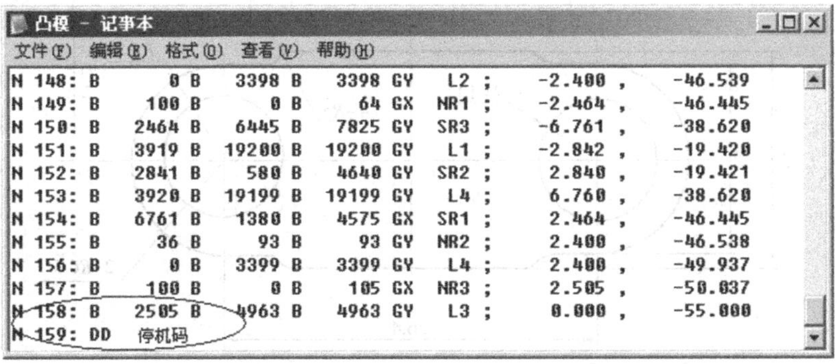
凸模 - 记事本
文件(F) 编辑(E) 格式(O) 查看(V) 帮助(H)
N 148: B 0 B 3398 B 3398 GY L2 ; -2.400 , -46.539
N 149: B 100 B 0 B 64 GX NR1 ; -2.464 , -46.445
N 150: B 2464 B 6445 B 7825 GY SR3 ; -6.761 , -38.620
N 151: B 3919 B 19200 B 19200 GY L1 ; -2.842 , -19.420
N 152: B 2841 B 580 B 4640 GY SR2 ; 2.840 , -19.421
N 153: B 3920 B 19199 B 19199 GY L4 ; 6.760 , -38.620
N 154: B 6761 B 1380 B 4575 GX SR1 ; 2.464 , -46.445
N 155: B 36 B 93 B 93 GY NR2 ; 2.400 , -46.538
N 156: B 0 B 3399 B 3399 GY L4 ; 2.400 , -49.937
N 157: B 100 B 0 B 105 GX NR3 ; 2.505 , -50.037
N 158: B 2505 B 4963 B 4963 GY L3 ; 0.000 , -55.000
N 159: DD 停机码

图 6.122　【凸模-记事本】3B 程序

步骤 3:传输程序。依次按【待命】键→【上档】键→输入起始段号【1】(例如从 1 开始)→【通讯】键。控制器即处于通讯等待状态。

步骤 4:单击绘制工具栏中【传输与后置】按钮。系统弹出后置设置工具栏,选择【应答传输】按钮,系统弹出立即菜单:

接受默认值,回车两次,计算机开始传输程序。在控制器接收过程中,显示器不停地变换显示接收到的指令,在接收完一条指令后,指令段号会自动加 1,直到最后一条指令输入停机符【DD】后,即自动返回至待命状态,表示通讯传送完成。若要提前中断接收过程,可以直接按待命键,强行返回待命状态,控制器会自动停止接收。

三、程序校零步骤

程序校零步骤见表 6.3 所示。

表 6.3　程序校零步骤

按键操作	数码显示状态																说　明
待命	P																处于待命状态
上档	P.																处于上档状态
1			1														输入起始段号
校零			1											1	5	8	执行校零运算
校零								0								0	显示校零结果
待命	P																返回待命状态

【自己动手 6-1】　根据自己的习惯,定制绘图窗口。

【自己动手 6-2】　查看主菜单中各选项的位置。

【自己动手 6-3】　将鼠标停留在工具栏图标按钮上,系统将弹出该图标按钮的名称。采用该方法认识各个图标按钮。

【自己动手 6-4】　编写图 6.123 的 3B 程序,并传输到控制器。(注:钼丝直径为 0.18 mm)

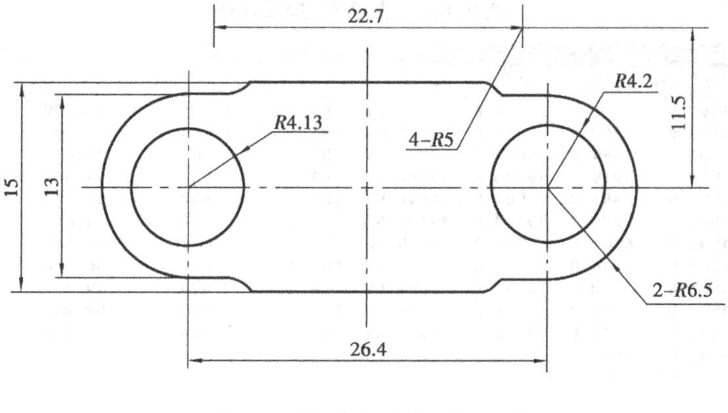

图 6.123　【自己动手 6-4】的图形

【自己动手 6-5】 编写图 6. 124 的 3B 程序,并传输到控制器。(注:钼丝直径为 0. 16 mm)

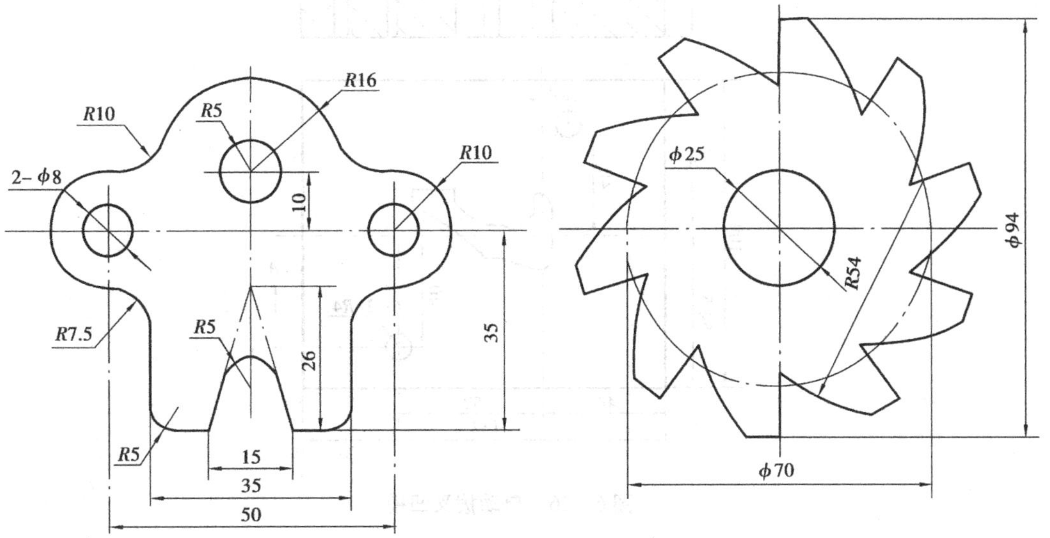

图 6. 124 【自己动手 6-5】的图形

【自己动手 6-6】 编写图 6. 125 的 3B 程序,并传输到控制器。(注:钼丝直径为 0. 14 mm)

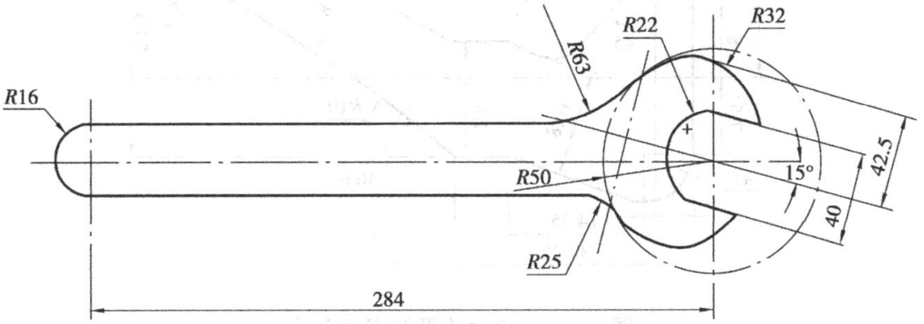

图 6. 125 【自己动手 6-6】的图形

任务四 CAXA 线切割 XP 自动编程加工案例

课题一 自动拨叉凹模加工

一、自动拨叉凹模加工图样

自动拨叉凹模加工图样,如图 6. 126、图 6. 127 所示。

二、准备工作

1. 工艺分析

1)从图 6. 126 可以看出,该凹模不仅要加工出凹模刃口尺寸,还要加工出两个 ϕ8 mm 的

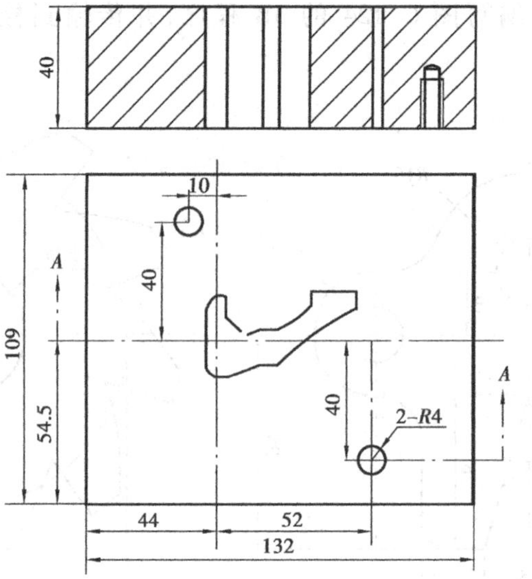

图 6.126　自动拨叉凹模

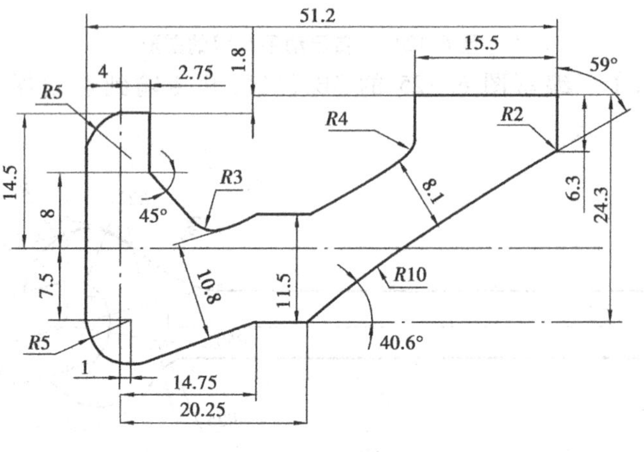

图 6.127　自动拨叉凹模刃口尺寸

销子孔。

2)由于该模具是凹模,因此必需加工出穿丝孔,如图 6.128 所示,直径为 $\phi5$ mm 的 3 个孔。

3)在进行装夹前,应清除工件毛刺及穿丝孔处不利于导电的氧化层,并且将有螺纹孔的面放在下面,以保证凹模刃口尺寸。

4)用划针将图 6.128 中所示的中心线拉直,平行于相应的机床坐标,并以两中心线的交点(即穿丝孔圆心)为凹模刃口程序原点,进行切割。在进行跳步模加工时,必须保证各个加工轨迹的位置精度。

2. 装夹方案

1)装夹的前提是不损坏机床,必须保证工件坐标系(工件放置在机床上的坐标系)、机床坐标系(机床自身坐标系)、程序坐标系(采用图形交互式编程时编程软件有一个二维坐标系)

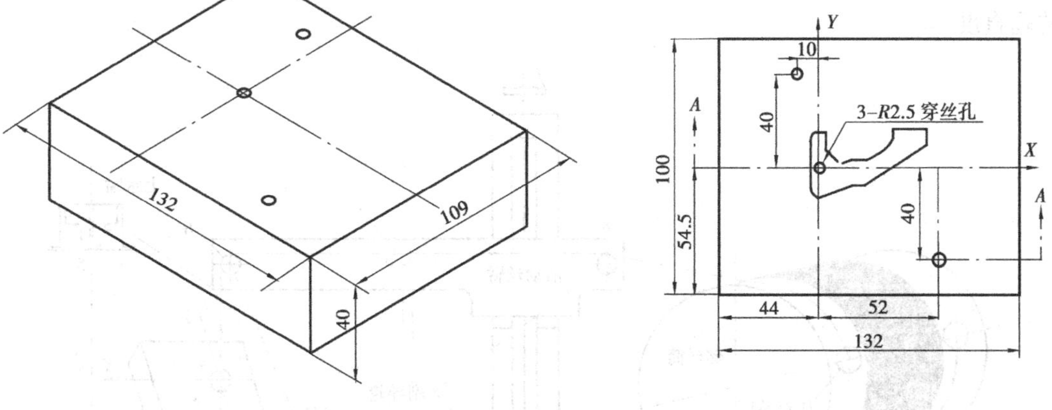

图 6.128 毛坯及穿丝孔布置图(注:毛坯材料为 Gr12)

等三坐标系一致。

2)采用桥式支撑方式,将工件安装在工作台面的中间位置用一对压板压紧,如图 6.129 所示。

3)采用划针划线法拉直如图 6.129 所示的两个轴线,再复查外形边缘是否满足加工要求。

4)校正后,再用压板压紧工件。

提示:

●在装夹时,检查上丝臂、螺杆是否发生干涉现象。

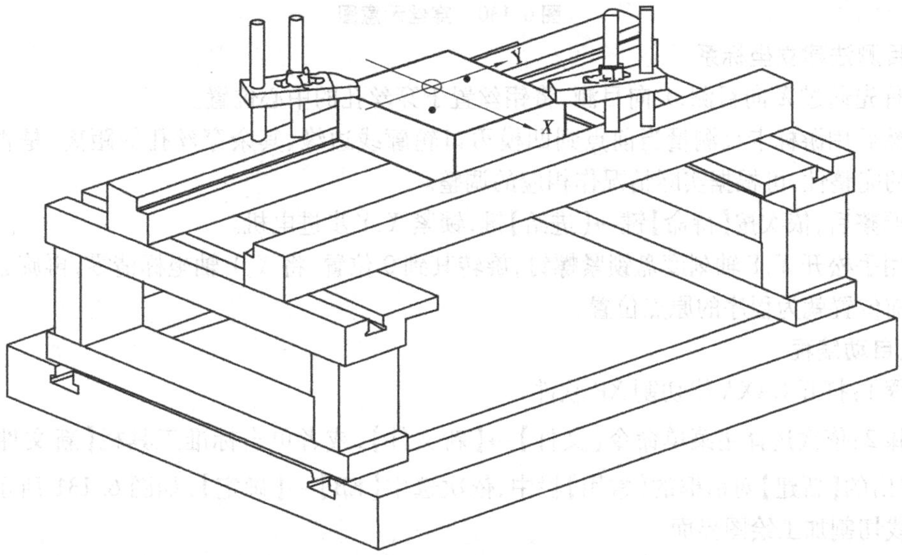

图 6.129 装夹示意图

3. 安装电极丝

1)如图 6.130 所示,将储丝筒上钼丝的一端,经过副导轮 1,导电块 2,导轮 3,下水嘴中心 4,穿丝孔,上水嘴中心 5,上导轮 6,导电块 7,副导轮 8,最后将其缠在储丝筒压丝螺钉处。

2)检查钼丝是否在导轮槽中,与导电块接触是否良好,松紧程度是否合适,并校正电极丝的垂直度。

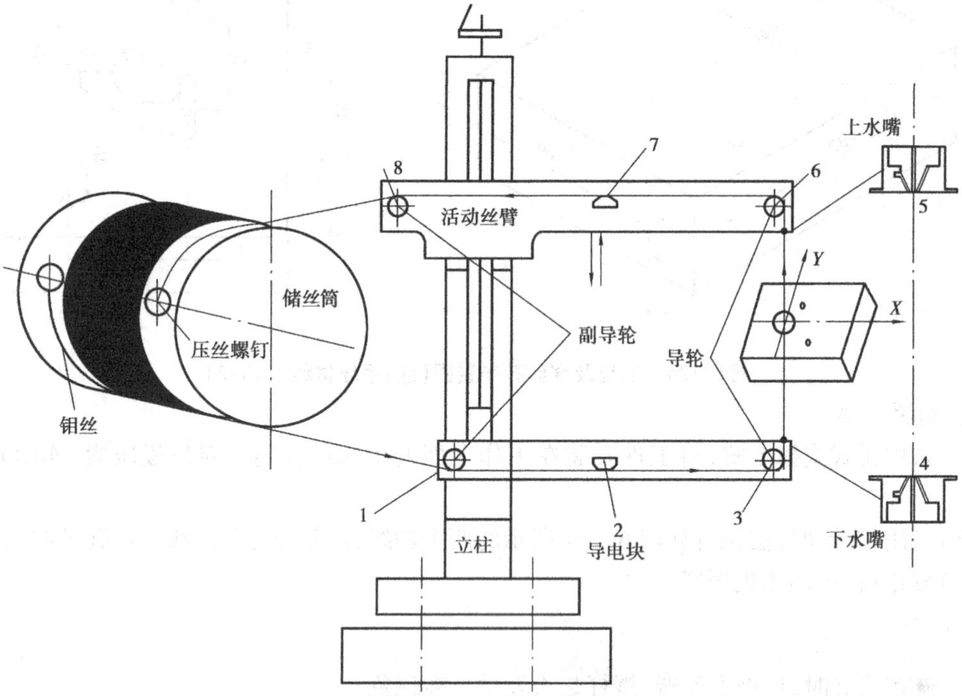

图 6.130　穿丝示意图

4. 目测法建立坐标系

1)首先通过 X 向目测,Y 向目测,将钼丝置于穿丝孔的中心位置。

2)然后用游标卡尺测量当前点到凹模刃口轮廓线边缘、其余穿丝孔的距离,是否保证加工工件的完整性,可根据实际情况作相应的调整。

3)调整后,依次按【待命】键→【进给】键,锁紧 X,Y 步进电机。

4)用手松开 X,Y 轴刻度盘锁紧螺钉,旋转其到 0 位置,将 X,Y 轴坐标清零,再旋紧锁紧螺钉。当前位置就为程序的原点位置。

三、自动编程

步骤 1:打开 CAXA 线切割 XP 软件。

步骤 2:依次选择主菜单命令【文件】→【新文件】,或者单击标准工具栏【新文件】按钮,在弹出的【新建】对话框的【常用】栏中,依次选中【EB】→【确定】,如图 6.131 所示。系统进入到线切割加工绘图界面。

步骤 3:将中心线层设置为当前层。移动鼠标到属性工具栏【选择当前图层】位置,单击,选择【中心线层】,如图 6.132 所示。

步骤 4:绘制中心线。依次单击绘制工具栏中【基本曲线】→【直线】按钮,系统弹出立即菜单,修改其参数为: 

。

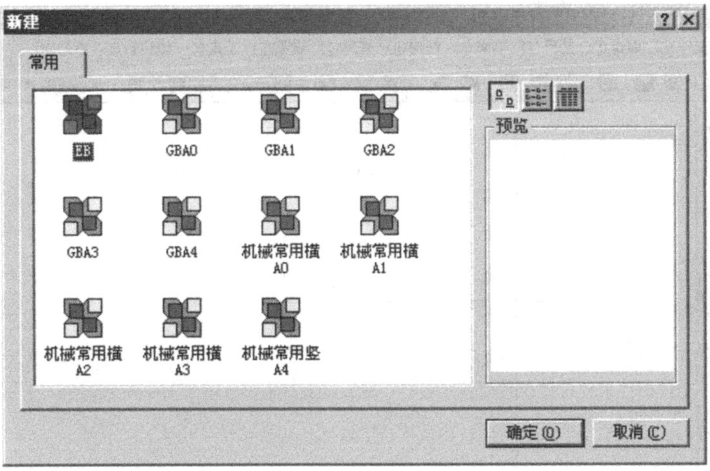

图 6.131 【新建】对话框

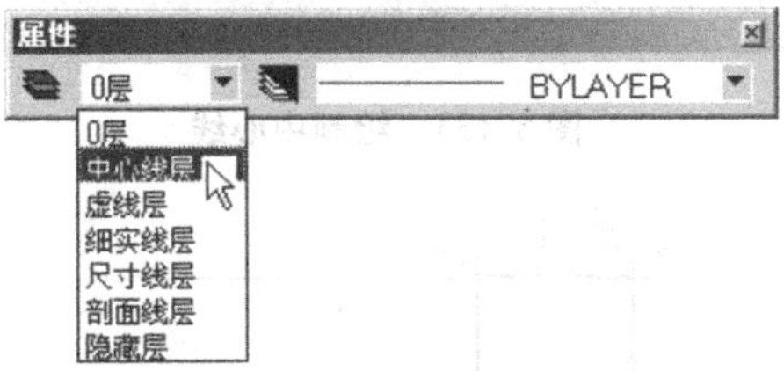

图 6.132 设置当前图层

提示栏提示【第一点(切点,垂足点)】,输入【-10,0】,回车。

提示【第二点(切点,垂足点)】,移动光标到当前点的 0 度方向,单击。

单击【5:】,输入长度【40】,回车。

提示【第一点(切点,垂足点)】,输入【0,20】,回车。

提示【第二点(切点,垂足点)】,移动光标到当前点的 270°方向,单击。

单击【Esc】,取消中心线的绘制。

步骤 5:单击常用工具栏【显示全部】按钮,图形满屏显示,结果如图 6.133 所示。

步骤 6:采用步骤 3 的方法,设置【0 层】为当前层。

步骤 7:单击【直线】按钮,修改【立即菜单】参数为:

。

提示【拾取直线】,选择竖直中心线,移动光标至左侧。

提示【输入距离或点(切点)】,输入【4】,回车。

移动光标到竖直中心线右侧,提示【输入距离或点(切点)】,输入【2.75】,回车。

右击,选择水平中心线,移动光标到上侧,提示【输入距离或点(切点)】,输入【8】,回车。

输入【14.5】,回车。

修改立即菜单参数为:

。

提示【第一点(切点)】,移动光标到交点 A 处,待出现交点符号时单击,如图 6.134(a)所示。

提示【拾取曲线】,选择线段 12。

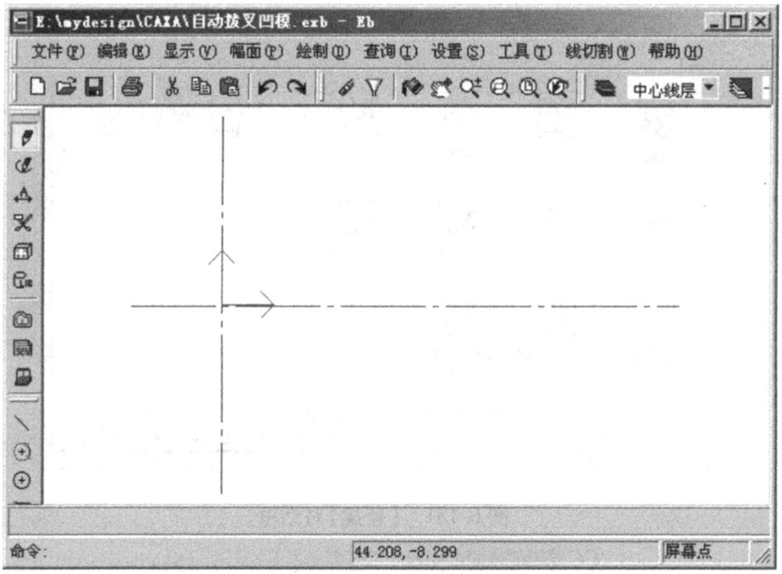

图 6.133 绘制中心线

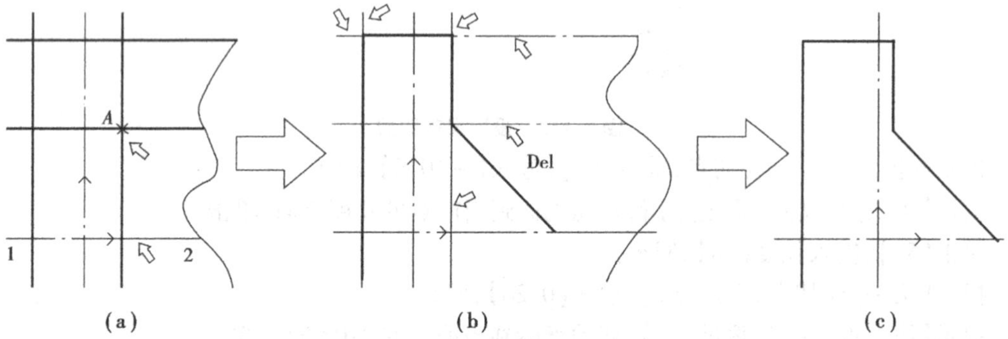

图 6.134 修剪图素

步骤 8:依次单击绘制工具栏中【曲线编辑】按钮→【裁剪】按钮。修改【立即菜单】参数为:1:快速裁剪 拾取要裁剪的曲线:,提示【拾取要裁剪的曲线】,分别选择如图 6.134(b)所示虚线位置。结果如图 6.134(c)所示。

提示:

●当被修剪对象,没有被分成两部分时,不能用修剪命令去除。此时,只能用删除命令删除对象。具体的修剪方法,应根据当时的情况,灵活运用【Del】、【裁剪】命令。

步骤 9:依次单击绘制工具栏中【基本曲线】按钮→选择【直线】按钮,修改【立即菜单】参数为::1:平行线 2:偏移方式 3:单向 拾取直线:。

提示【拾取直线】,选择线段 12,如图 6.135(a)所示。

移动光标至右侧,提示【输入距离或点(切点)】,输入【51.2】,回车。

右击,选择线段 34,移动光标到左侧。

提示【输入距离或点(切点)】,输入【15.5】,回车。

右击,选择线段 15,向上移动光标。

提示【输入距离或点(切点)】,输入【1.8】,回车。

右击,选择线段 67,向下移动光标。

提示【输入距离或点(切点)】,输入【6.3】,回车。

步骤 10:依次单击绘制工具栏中【曲线编辑】按钮→【齐边】按钮。

提示【拾取剪刀线】,选择线段 34,如图 6.135(a)所示。

提示【拾取要编辑的曲线】,选择线段 67(靠近端点 7 处)、98(靠近端点 8 处)。

右击,提示【拾取剪刀线】,选择线段 67,提示【拾取要编辑的曲线】,选择线段 43(靠近端点 3 处)、2′1′(靠近端 1′处)。

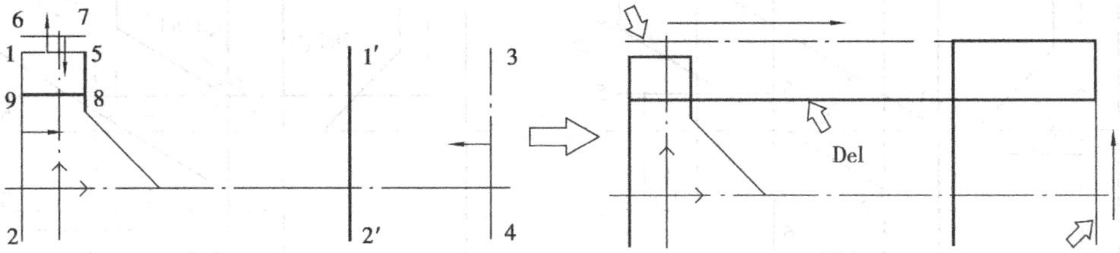

(a) (b)

图 6.135 绘制直线

步骤 11:采用步骤 8 的方法。修剪如图 6.135(b)所示虚线位置(按箭头方向顺次选择),单击【Esc】取消修剪状态。结果如图 6.136 所示。

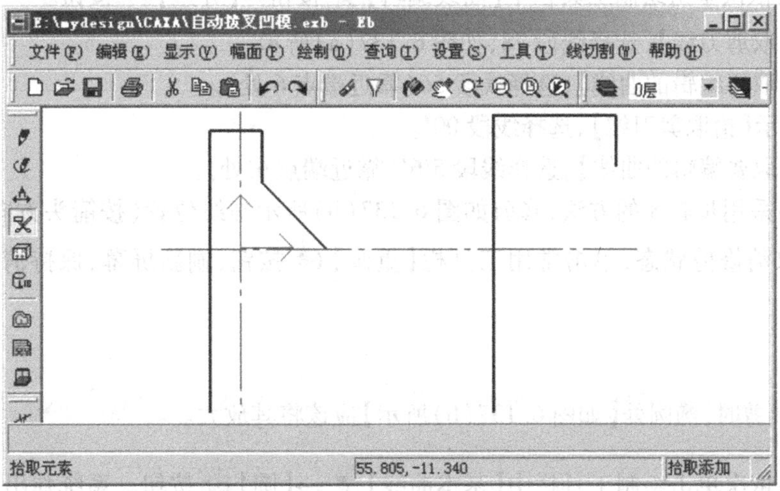

图 6.136 绘制图素

步骤 12:依次单击绘制工具栏中【基本曲线】→【直线】按钮,系统弹出立即菜单,修改其参数为:

。

提示栏提示【第一点(切点),移动光标到端点2位置,如图6.137(a)所示,待出现端点符号时,单击。

提示【第二点(切点)或长度】,移动光标大约到3位置,单击。

修改【立即菜单】参数为: 

。

提示【拾取直线】,选择线段23,如图6.137(a)所示,并向上移动光标。

提示【输入距离或点(切点)】,输入【8.1】,回车。

右击,选择线段14,并向下移动光标,提示【输入距离或点(切点)】,输入【24.3】,回车。

右击,选择线段56,并向上移动光标,提示【输入距离或点(切点)】,输入【11.5】,回车。

右击,选择线段00′,并向右移动光标,提示【输入距离或点(切点)】,输入【14.75】,回车。

输入【20.25】,回车。

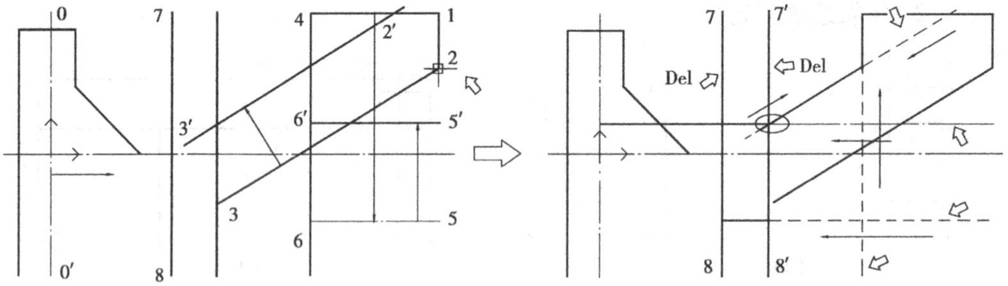

(a) (b)

图6.137 绘制直线

步骤13:依次单击绘制工具栏中【曲线编辑】按钮→【齐边】按钮。

提示【拾取剪刀线】,选择线段78,如图6.137(a)所示。

提示【拾取要编辑的曲线】,选择线段56(靠近端点6处)。

右击,提示【拾取剪刀线】,选择线段00′。

提示【拾取要编辑的曲线】,选择线段5′6′(靠近端点6′处)。

步骤14:采用步骤8的方法,修剪如图6.137(b)所示虚线位置(按箭头方向顺次选择)。单击【Esc】取消修剪状态,单击常用工具栏【重画】按钮,刷新屏幕,保持清洁,结果如图6.138所示。

提示:

●在裁剪时,椭圆处【如图6.137(b)所示】应该将其放大。

步骤15:依次单击绘制工具栏中【基本曲线】→【圆】按钮。系统弹出【立即菜单】,修改其参数为: 

。

提示【圆心点】,输入【1,-7.5】,回车。

提示【输入半径或圆上一点】,输入【5】,回车。

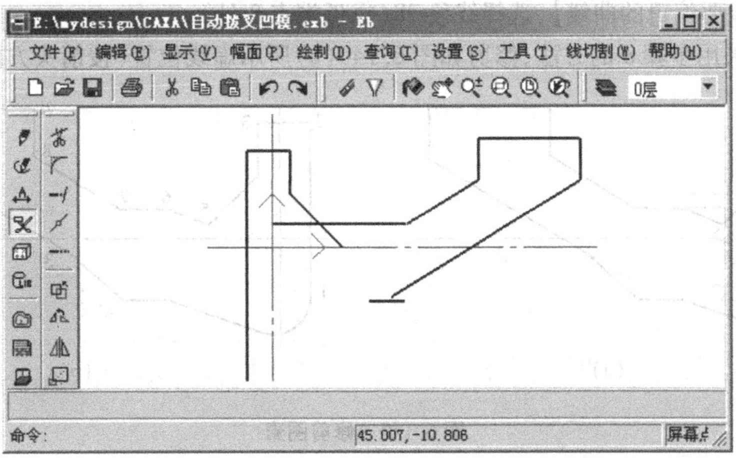

图 6.138 修剪后的图形

步骤 16:单击【直线】按钮,修改【立即菜单】参数为:

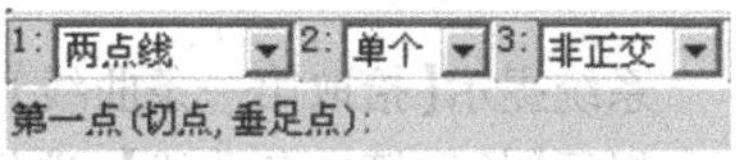

。

系统提示【第一点(切点,垂足点)】,移动光标到端点 1 位置,如图 6.139(a)所示,待出现端点符号时,单击。

提示【第二点(切点,垂足点)】,单击空格键,弹出【工具点菜单】,选择【切点】。

移动光标到 1′位置,单击。

修改【立即菜单】参数为:

。

提示【第一点(切点)】,移动光标到端点 2 位置,如图 6.139(a)所示。待出现端点符号时,单击。提示【拾取曲线】,选择线段 34。

修改【立即菜单】参数为:

。

提示【拾取直线】,选择线段 1′1,如图 6.139(b)所示,并向上移动光标。

提示【输入距离或点(切点)】,输入【10.8】,回车。

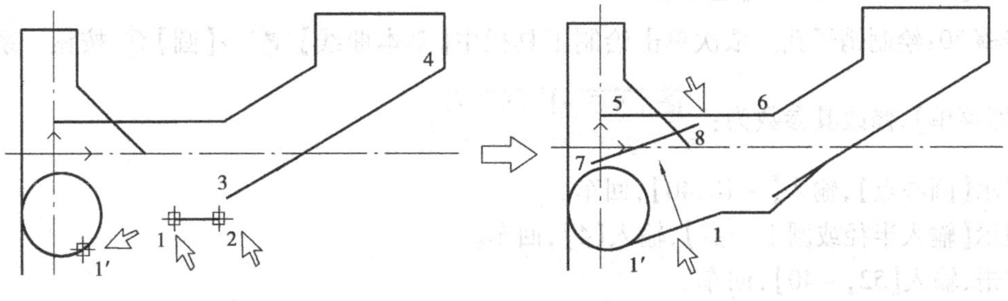

(a) (b)

图 6.139 绘制直线

步骤 17:依次单击绘制工具栏中【曲线编辑】按钮→【齐边】按钮。

提示【拾取剪刀线】,选择线段 56,如图 6.139(b)所示。

提示【拾取要编辑的曲线】,选择线段 78(靠近端点 8 处)。

步骤 18:采用步骤 8 的方法,修剪如图 6.140(a)所示虚线位置(按箭头方向顺次选择)。

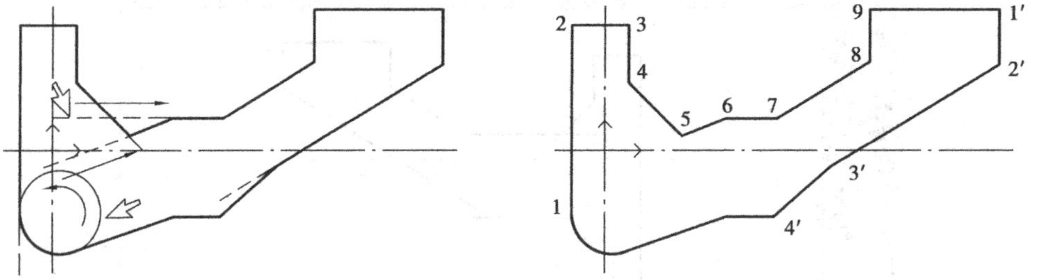

(a)　　　　(b)

图 6.140　修剪图素

步骤 19:单击【过渡】按钮,修改【立即菜单】参数为:

。

系统提示【拾取第一条曲线】,选择线段 12,如图 6.140(b)所示。

提示【拾取第二条曲线】,选择线段 23。

单击【3:】,输入【3】回车。

提示【拾取第一条曲线】,选择线段 45。

提示【拾取第二条曲线】,选择线段 56。

单击【3:】,输入【4】,回车。

提示【拾取第一条曲线】,选择线段 78。

提示【拾取第二条曲线】,选择线段 89。

单击【3:】,输入【2】,回车。

提示【拾取第一条曲线】,选择线段 1′2′。

提示【拾取第二条曲线】,选择线段 2′3′。

单击【3:】,输入【10】,回车。

提示【拾取第一条曲线】,选择线段 2′3′。

提示【拾取第二条曲线】选择线段 3′4′。

步骤 20:绘制销子孔。依次单击绘制工具栏中【基本曲线】→【圆】按钮。系统弹出【立即菜单】,修改其参数为:

。

提示【圆心点】,输入【-10,40】,回车。

提示【输入半径或圆上一点】,输入【4】,回车。

右击,输入【52,-40】,回车。

提示【输入半径或圆上一点】,输入【4】,回车。

单击单用工具栏【显示全部】按钮,图形满屏显示。

单击【Esc】取消绘圆状态。

步骤 21:确认穿丝孔。两个销子孔以自身圆心为穿丝起点,而凹模刃口以坐标系原点为穿丝起点，可以不绘制穿丝孔。如果要观察穿丝孔到轮廓边的距离，可以以【中心线层】绘制出穿丝孔。

步骤 22：依次单击绘制工具栏中【工程标注】按钮→【尺寸标注】按钮，标注尺寸。或单击主菜单【查询】的方法，检查所绘图形是否正确，结果如图 6.141 所示。

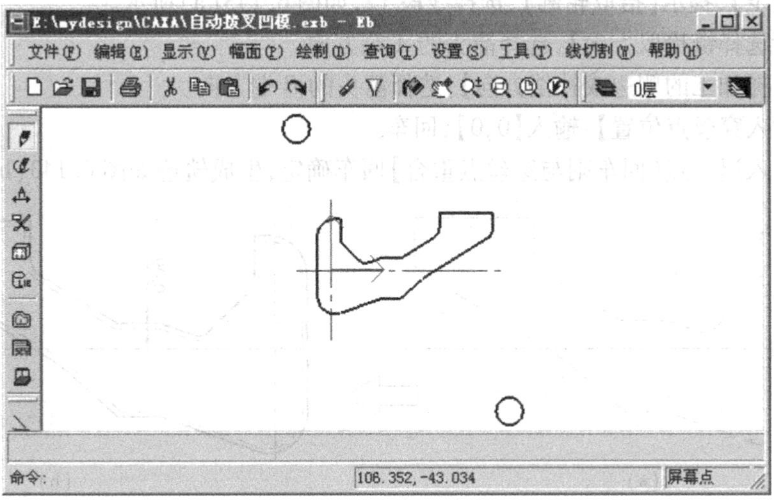

图 6.141　自动拔叉凹模

步骤 23：现用 $\phi 0.16$ mm 的钼丝，加工该凹模。间隙补偿值为 0.09 mm（$f_{凹} = r_{丝} + \delta_{电} = 0.08 + 0.01 = 0.09$），因为是凹模要外面，所以钼丝走内。

步骤 24：单击绘制工具栏中【轨迹操作】按钮，弹出【轨迹生成】工具栏。单击【二轴轨迹生成】按钮，系统弹出【线切割轨迹生成参数表】对话框，如图 6.142 所示。

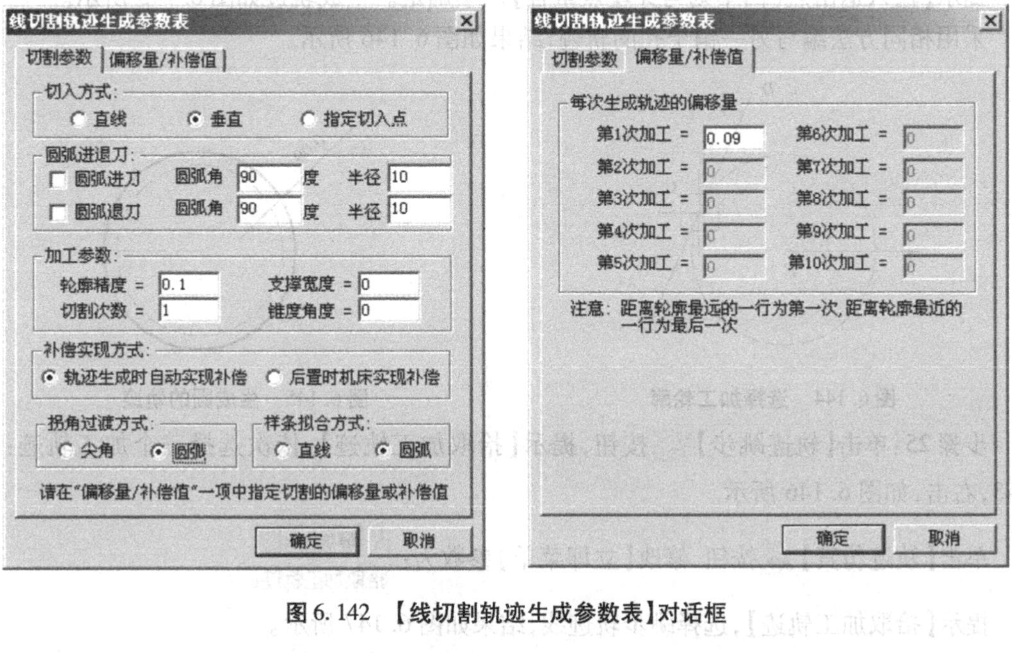

图 6.142　【线切割轨迹生成参数表】对话框

设置【切割参数】选项框参数：设置【切入方式】为【垂直】方式，设置【拐角过渡方式】为【圆弧】。

设置【偏移量/补偿值】选项框参数。在【每次生成轨迹的偏移量】中，输入【第1次加工】间隙补偿量为【0.09】，其余参数保持默认状态。

单击【确定】，提示【拾取轮廓】，选择线段12，如图6.143(a)所示。

提示【请选择链拾取方向】，选择箭头的 A 端方向。

提示【选择加工的侧边或补偿方向】，选择箭头的 B 端方向。

提示【输入穿丝点位置】：输入【0,0】，回车。

提示【输入退出点(回车则与穿丝点重合】回车确定，生成轨迹如图6.143(b)所示。

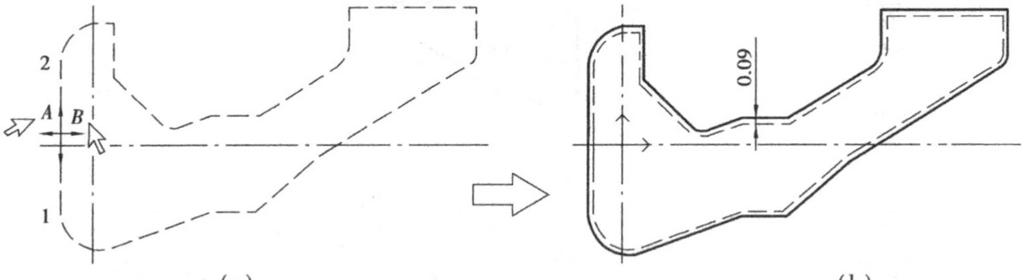

图6.143 轨迹生成

提示【拾取轮廓】，移动光标到 C 位置，单击，如图6.144所示。

提示【请选择链拾取方向】，选择箭头的 D 端方向。

提示【选择加工的侧边或补偿方向】，选择箭头的 E 端方向。

提示【输入穿丝点位置】，单击空格键，系统弹出【工具点菜单】，选择【圆心】，单击该圆周。

提示【输入退出点(回车则与穿丝点重合】回车确定。生成轨迹如图6.145所示。

采用相同方法编写另一销子孔的轨迹，结果如图6.146所示。

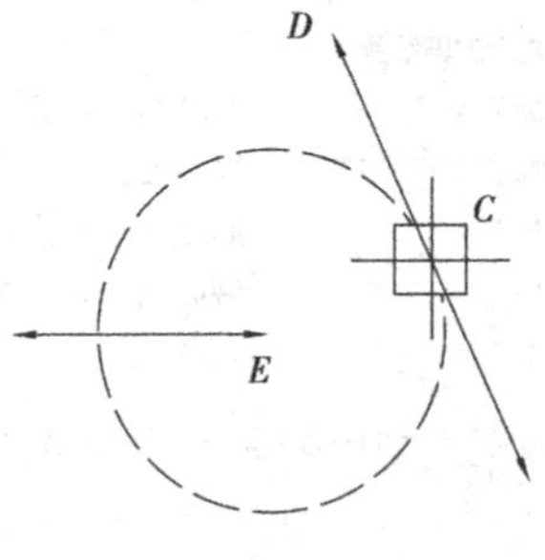

图6.144 选择加工轮廓

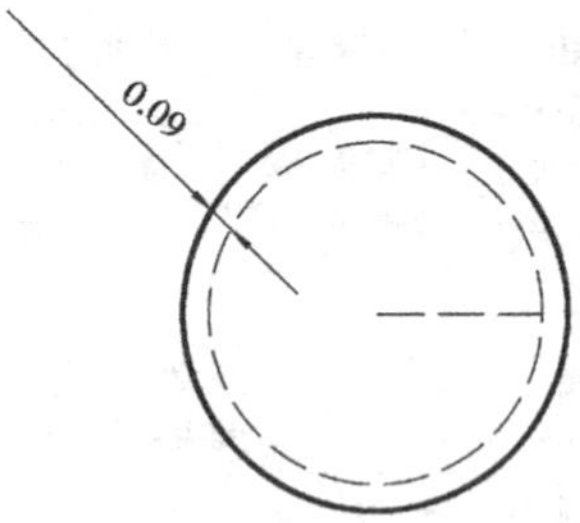

图6.145 生成圆的轨迹

步骤25：单击【轨迹跳步】按钮，提示【拾取加工轨迹】，依次选择三个加工轨迹：1→2→3，右击，如图6.146所示。

单击【轨迹仿真】按钮，修改【立即菜单】参数为：。

提示【拾取加工轨迹】，选择跳步轨迹线，结果如图6.147所示。

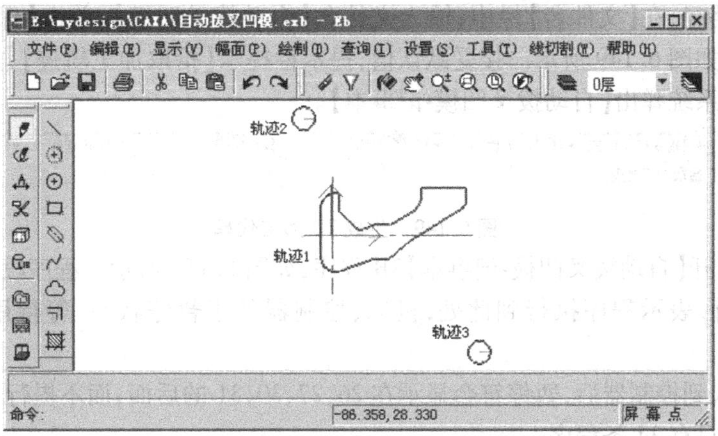

图 6.146 生成加工轨迹

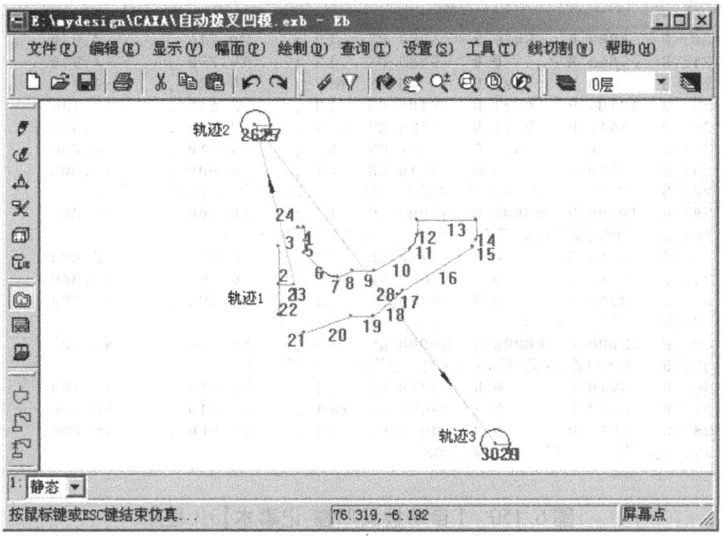

图 6.147 跳步轨迹静态仿真

步骤 26:单击绘制工具栏中【代码生成】按钮。弹出代码生成工具栏,选择【生成 3B 代码】按钮。系统弹出【生成 3B 加工代码】对话框,如图 6.148 所示。

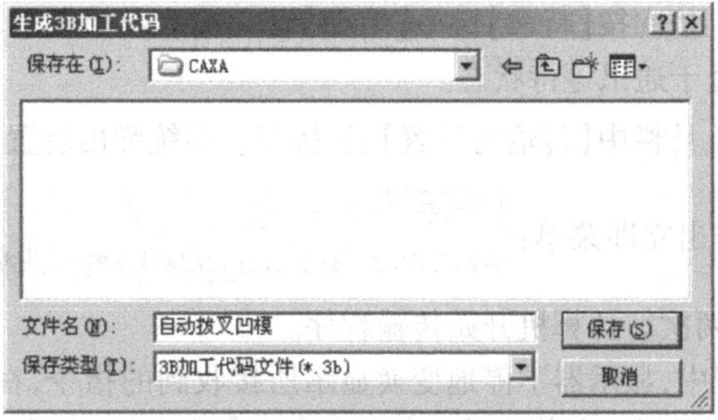

图 6.148 【生成 3B 加工代码】对话框

选择保存路径,在【文件名】栏中,输入文件名【自动拨叉凹模】,单击【保存】按钮。系统弹出立即菜单,如图 6.149 所示。接受默认值,提示栏提示【拾取加工轨迹】,选择已生成的跳步轨迹,右击。系统弹出【自动拨叉凹模-记事本】。

图 6.149　生成 3B 加工代码

步骤 27:打开【自动拨叉凹模-记事本】3B 程序,如图 6.150 所示。程序段 27,29,33,35 后面有暂停符【D】,表示程序执行到此处,机床、控制器处于暂停状态,等待用户进行相关的处理。

当程序输入到控制器后,暂停符会显示在 26,27,30,31 的后面,而不提行。所以当程序输入到控制器后,只有 34 条程序。

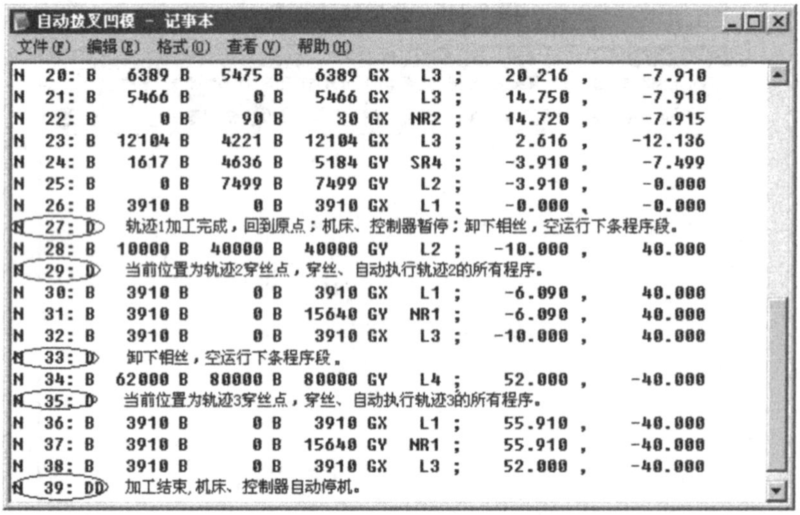

```
自动拨叉凹模 - 记事本
文件(F) 编辑(E) 格式(O) 查看(V) 帮助(H)
N  20: B   6389 B   5475 B   6389 GX   L3 ;    20.216 ,     -7.910
N  21: B   5466 B      0 B   5466 GX   L3 ;    14.750 ,     -7.910
N  22: B      0 B     90 B     30 GX  NR2 ;    14.720 ,     -7.915
N  23: B  12104 B   4221 B  12104 GX   L3 ;     2.616 ,    -12.136
N  24: B   1617 B   4636 B   5184 GY  SR4 ;    -3.910 ,     -7.499
N  25: B      0 B   7499 B   7499 GY   L2 ;    -3.910 ,     -0.000
N  26: B   3910 B      0 B   3910 GX   L1 ;    -0.000 ,     -0.000
N  27: D   轨迹1加工完成，回到原点；机床、控制器暂停；卸下钼丝，空运行下条程序段。
N  28: B  10000 B  40000 B  40000 GY   L2 ;   -10.000 ,     40.000
N  29: D   当前位置为轨迹2穿丝点，穿丝、自动执行轨迹2的所有程序。
N  30: B   3910 B      0 B   3910 GX   L1 ;    -6.090 ,     40.000
N  31: B   3910 B      0 B  15640 GY  NR1 ;    -6.090 ,     40.000
N  32: B   3910 B      0 B   3910 GX   L3 ;   -10.000 ,     40.000
N  33: D   卸下钼丝，空运行下条程序段。
N  34: B  62000 B  80000 B  80000 GY   L4 ;    52.000 ,    -40.000
N  35: D   当前位置为轨迹3穿丝点，穿丝、自动执行轨迹3的所有程序。
N  36: B   3910 B      0 B   3910 GX   L1 ;    55.910 ,    -40.000
N  37: B   3910 B      0 B  15640 GY  NR1 ;    55.910 ,    -40.000
N  38: B   3910 B      0 B   3910 GX   L3 ;    52.000 ,    -40.000
N  39: DD  加工结束，机床、控制器自动停机。
```

图 6.150　【自动拨叉凹模-记事本】3B 程序

四、程序传送

步骤 1:首先打开 HX—Z5 控制器。将传输线(该线必须按规定配套制作)的一端插入本控制器的通讯口,另一端插入计算机的并行端口。

步骤 2:在待命状态下,依次按【GX】键→【GY】键→【D】键,将控制器 X,Y 轴坐标清零。

步骤 3:传输程序。依次按【待命】键→【上档】键→输入起始段号【1】(例如从 1 开始)→【通讯】键。控制器即处于通讯等待状态。

步骤 4:单击绘制工具栏中【传输与后置】按钮。系统弹出后置设置工具栏,选择【应答传输】按钮。系统弹出立即菜单:。

接受默认值,回车两次。计算机开始传输程序。

在控制器接收过程中,显示器不停地变换显示所接收到的指令,在接收完一条指令后,指令段号会自动加 1,直到最后一条指令输入停机符【DD】后,即自动返回至待命状态,表示通讯传送完成。

若要提前中断接收过程，可以直接按待命键，强行返回待命状态，控制器会自动停止接收。

五、程序校零

由于该凹模是跳步模，存在跳步线，从而导致轨迹不封闭。因此，应分别对三个轨迹进行较零。操作步骤如下：

在待命状态下，输入指令段号【26】，按四次【检查】，控制左边显示程序段号、计数方向、加工指令，右边显示暂停符【End】。

再按两次【D】，将该程序段暂停符转为全停符。

同理修改【30】程序段为全停符。然后分别对【轨迹 1(1 ~26)、轨迹 2(28 ~30)、轨迹 3(32 ~34)】进行程序校零。轨迹 1 校零，见表 6.4

表 6.4　轨迹 1 校零步骤

按键操作	数码显示状态																说　明
待命	P																处于待命状态
上档	P.																处于上档状态
1				1													输入起始段号
校零				1											2	6	执行校零运算
校零								0								0	显示校零结果
待命	P																返回待命状态

同理，完成轨迹 2(28 ~30)、轨迹 3(32 ~34)程序段的校零。

校零后，采用同样的方法，将程序段【26】、【30】还原为暂停符段。

六、切割加工

打开高频脉冲电源驱动电源开关，将断丝保护、刹车、结束停车置于开状态。先开运丝，再开水泵，正常无误时，将控制器置【自动】运行方式，在待命状态下的操作见表 6.5。

表 6.5　在待命状态下的切割加工

按键操作	数码显示状态																说　明
待命	P																处于待命状态
1				1													输入起始段号
执行				1											3	4	进行结束指令查找并显示
执行				1	H		L	3	J				3	9	1	0	执行切割

将高频脉冲电源参数设成如下值(仅供参考)：

置【电压调整】旋钮于【1】档。

【脉冲幅度】开关接通【1 +2 +2】级。

【脉宽选择】旋钮【3】档。

【间隔微调】旋钮【中间】位置，切割电流稳定在【2.0】*A*。

调节控制器的变频速度档位为【4】档。

如果电流表指针有摆动，这时就调节控制器面板上的变频跟踪旋钮(即工作点旋钮)，顺时针进给速度大，反之进给速度慢。当指针不动时，可认为加工状态稳定。加工结果如图 6.151所示。

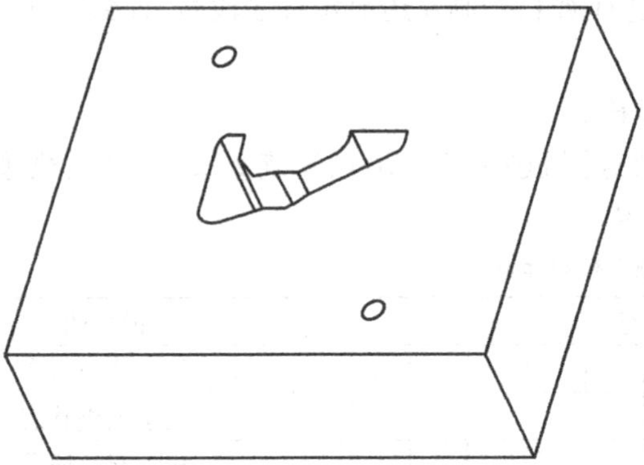

图 6.151　自动拔叉凹模

提示：

●在调节这些参数时（电压调整、脉冲幅度、脉宽选择、间隔微调）时应在储丝筒换向时调节，以免烧坏电路。

●该程序存在三个加工轨迹。由于程序段【26】后有暂停符，当执行到该段程序时自动暂停。首先【关水泵】→【关运丝】将钼丝卸下；再将控制器置【模拟】运行方式，按【执行】键，机床空走执行跳步线程序段【27】。程序段【27】执行完后，控制器显示下条程序段【28】，并自动暂停。此时穿丝→开运丝→开水泵，将控制器置【自动】运行方式，再按【执行】键执行【28～30】段程序，以下类同处理。

课题二　软三爪加工

一、软三爪加工的图样

软三爪加工的图样，如图 6.152 所示。

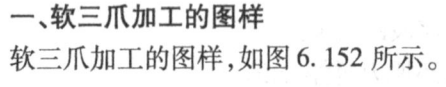

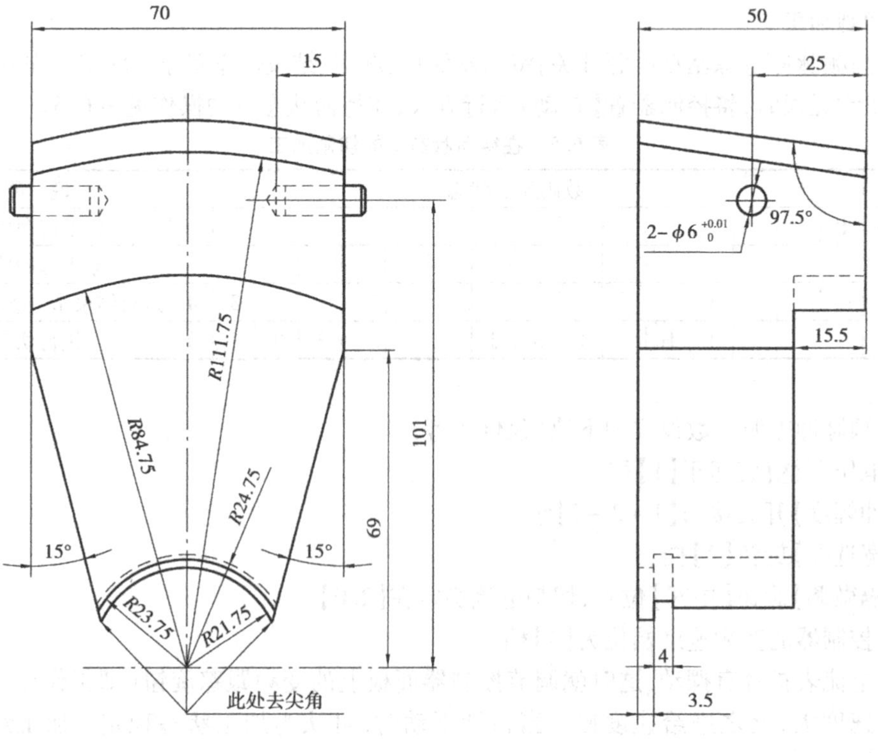

图 6.152　软三爪工程图

二、准备工作

1. 工艺分析

根据图 6.152 分析，该三爪的那些部位适合线切割加工。经分析得出：

1）用车床加工外形，内孔。该工件由车床加工出一个大头直径为 ϕ236.665 mm，小头直径为 ϕ223.5 mm 的圆台，并用车床加工出所有能用车床完成的工序，结果如图 6.153 所示。

2）线切割将车床加工所得半成品，进行三等份切割。用线切割一次性将半成品分成三等份，结果如图 6.152 所示的形状。

3）钻床加工销子孔。

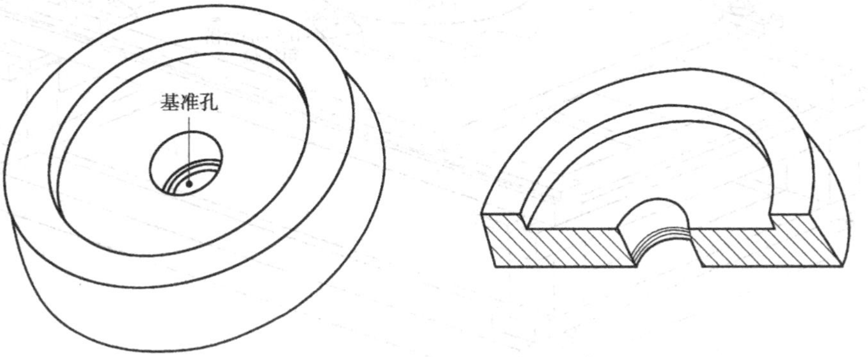

图 6.153　半成品（注：半成品材料为 45#钢）

由于半成品已经由车床加工出外形和一个基准孔，因此，可以直接以基准孔的中心进行分中来加工。但是要将其切断成三等份，在切断时材料存在着内部应力，不仅会将钼丝夹断，影响三爪尺寸精度，也会影响后序加工。因此不能直接将半成品装夹在工作台面上。必须制作专用夹具进行装夹。

2. 装夹方案

总装图，如图 6.154 所示。

1）首先将下板放在工作台面行程的中间位置，用划针将一边拉直后，用一对压板固定。

2）将半成品装到下板上深 0.5 mm 的台阶处，由于台阶与半成品保证了单边 0.02 mm 的配合间隙，对工件进行粗定位。

3）将上板装到半成品上，上板内孔的锥度和半成品的锥度采用配作法加工，其下平面的大端尺寸等于下板上平面台阶的小端尺寸，厚度小于半成品的厚度，因此靠锥度配合将半成品锁紧，从而防止材料切断时向外扩展。

4）通过销子定位，保证上、下两块板的中心轴线与半成品的中心轴线同轴。用螺钉将上下两板固定。批量加工时，通过手柄将上板取下，而下板不动。因此加工下一个产品时，就不需要找圆心。

5）由于半成品切断时，防止材料向内收缩，因此用三个压板将半成品压紧。

提示：

●在装夹时，检查上丝臂、螺杆是否发生干涉现象。

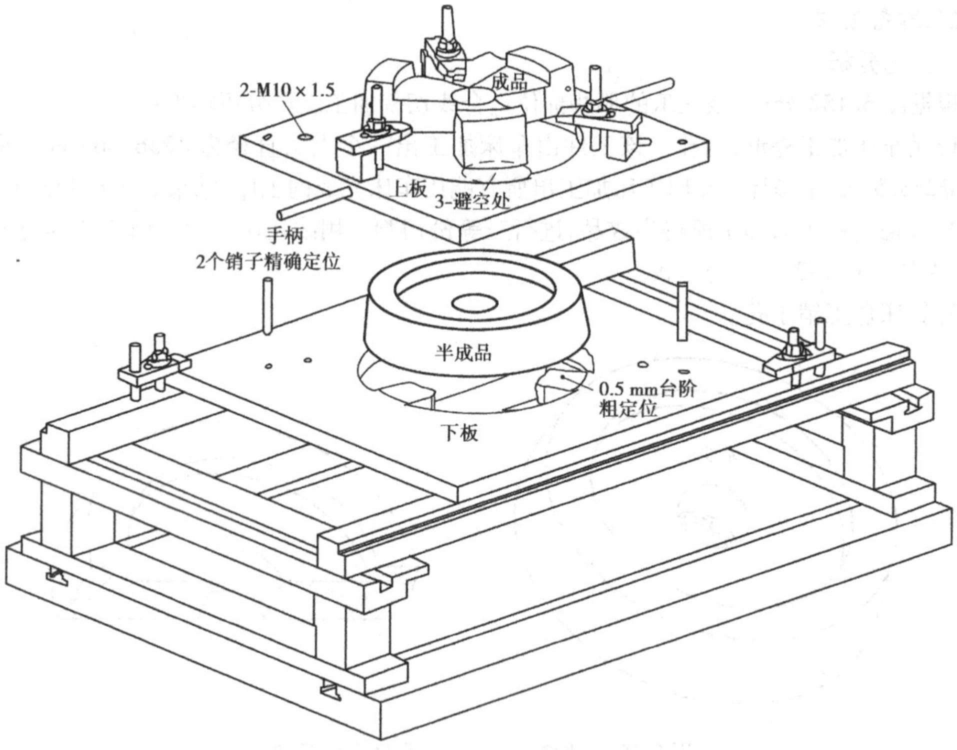

图 6.154 软三爪装夹示意图

3. 安装电极丝

将储丝筒上钼丝的一端经过副导轮 1(如图 6.155 所示)、导电块 2、导轮槽 3、下水嘴中心 4、半成品基准孔、上水嘴中心 5、上导轮 6、导电块 7、副导轮 8,最后将其缠在储丝筒压丝螺钉处。然后检查钼丝是否在导轮槽中,与导电块接触是否良好,松紧程度是否合适,并校正电极丝的垂直度。

4. 火花法找中心,建立坐标系

该半成品需要以圆心为中心,将其分成三等分,从而加工出三个三爪。由于该半成品中心已经加工出了一个精确的工艺孔,因此,以工艺孔为基准,采用火花法分中建坐标系。

1)开启 HX—Z5 型控制器电源,打开 YJF-3 型高频脉冲电源驱动电源,送上小能量脉冲电源。

2)按下机床控制板上的开运丝按钮。在高频允许状态下,按下【待命】键,按【高频】键。

设 P 点为电极丝在工件孔中的当前位置(参见项目五图 5.42 所示),先向右沿 X 坐标移动工作台,使钼丝与孔壁接触于点 A,待出现火花的瞬间,按【高频】键,关火花,按【进给】键,锁紧 X,Y 步进电机。

此时用手松开 X 轴刻度盘锁紧螺钉,旋转刻度到 0 位置(即 X 轴清零),再旋紧锁紧螺钉。

此时,按下【进给】键,松开电机,按下【高频】键,开火花,向相反方向移动 X 轴,直至和孔壁的另一点 B 点相接触(必需记下 X 轴所移动的距离),待出现火花的瞬间,关高频,锁紧步进电机。

此时,向相反方向移动到记下的距离值除以 2 处,即 AB 间的中间位置 C 点处(由于刻度盘一圈为 4 mm,每小格为 0.01 mm,假如从 A 到 B,手轮摇 10 圈,再加 $0.01\times190=1.9$ mm。

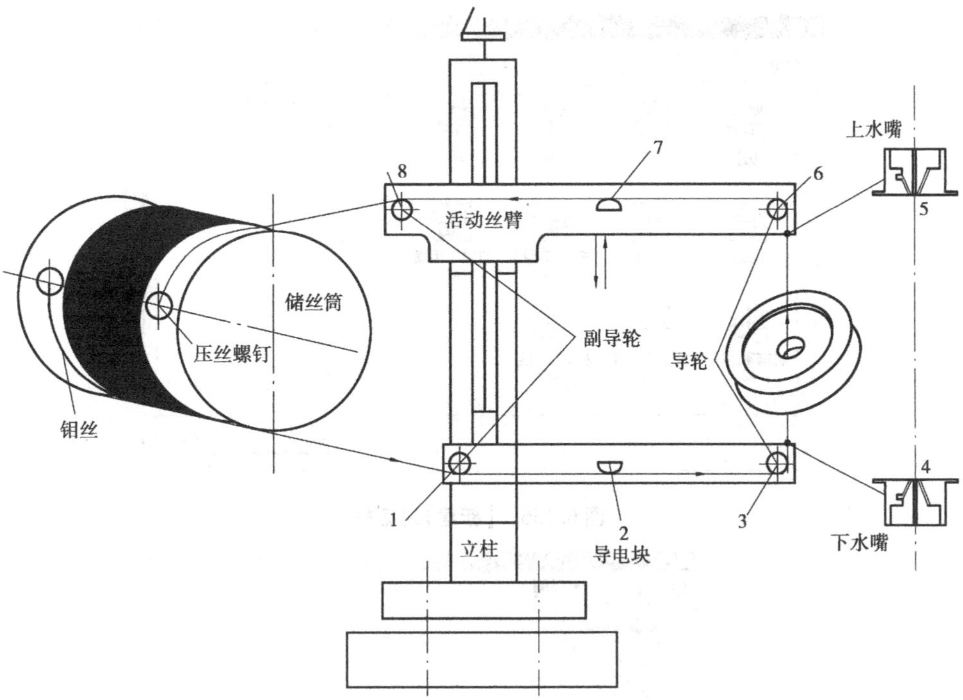

图 6.155 穿丝示意图

则从 B 处向相反方向摇 5 圈,再加 1.9/2 mm 的距离,就把电极丝中心定位到 C 点处)。

同理,重复上述过程,完成 Y 轴。

最后钼丝中心被定位到穿丝孔中心 O 点处。

按【待命】键,【进给】键,锁紧 X,Y 步进电机。

用手松开 X,Y 轴刻度盘锁紧螺钉,旋转其到 0 位置,将 X,Y 轴坐标清零,再旋紧锁紧螺钉。

三、自动编程

步骤 1:打开 CAXA 线切割 XP 软件。

步骤 2:依次选择主菜单命令【文件】→【新文件】,或者单击标准工具栏【新文件】按钮,在弹出的【新建】对话框的【常用】栏中,依次选中【EB】→【确定】,如图 6.156 所示。系统进入到线切割加工绘图界面。

步骤 3:将中心线层,设置为当前层。移动鼠标到属性工具栏【选择当前图层】位置,单击,选择【中心线层】,如图 6.157 所示。

步骤 4:绘制中心线。依次单击绘制工具栏中【基本曲线】→【直线】按钮,系统弹出立即菜单,修改其参数为:

。

提示栏提示【第一点(切点,垂足点)】,输入【-62.5,0】,回车

提示【第二点(切点,垂足点)】,移动光标到当前点的 0°方向,单击。

提示【第一点(切点,垂足点)】,输入【0,125】,回车。

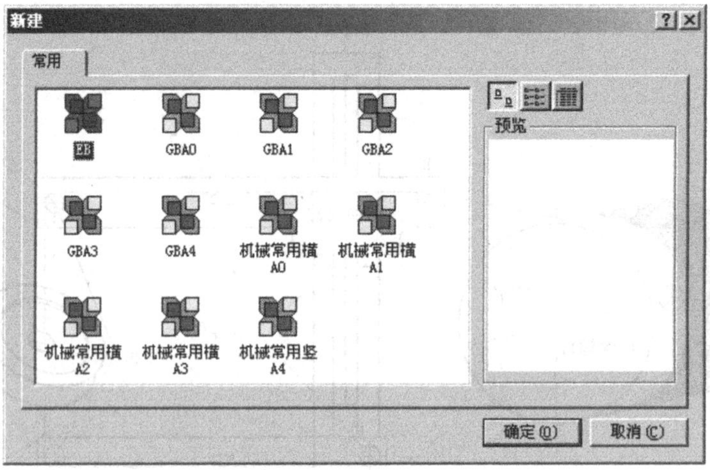

图 6.156 【新建】对话框

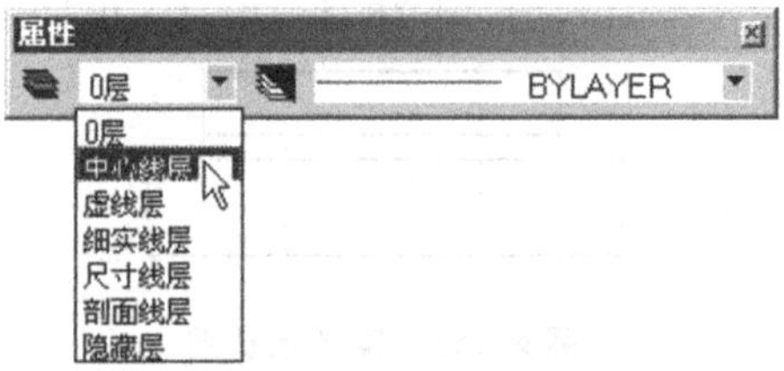

图 6.157 设置当前图层

提示【第二点(切点,垂足点)】,移动光标到当前点的 270°方向,单击。

单击【Esc】,取消中心线的绘制。

步骤 5:单击常用工具栏【显示全部】按钮,图形满屏显示,结果如图 6.158 所示。

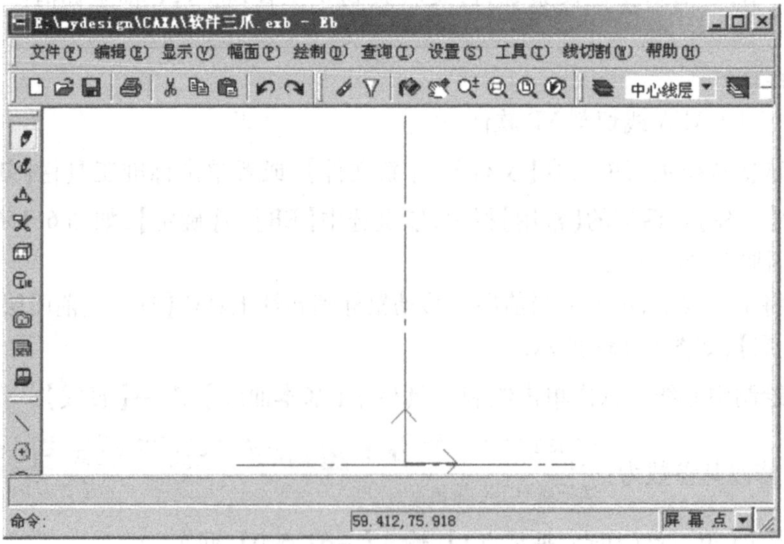

图 6.158 中心线的绘制

步骤 6:采用步骤 3 的方法,设置【0 层】为当前层。

步骤7:单击【圆】按钮,弹出【立即菜单】。修改其参数为: 

。

提示【圆心点】,输入【0,0】,回车。
提示【输入半径或圆上一点】,输入【236.665/2】,回车。
输入【21.75】,回车。

步骤8:单击【直线】按钮,弹出【立即菜单】参数为: 

。

提示【拾取直线】,选择竖直中心线,提示【输入距离或点(切点)】,输入【35】,回车。
右击,单击【3:】,选择【单向】。
提示【拾取直线】,选择水平中心线,并向上移动光标。
提示【输入距离或点(切点)】,输入【69】,回车。

步骤9:依次单击绘制工具栏中【曲线编辑】按钮→【裁剪】按钮。修改【立即菜单】参数为: 

。

提示【拾取要裁剪的曲线】,分别选择如图 6.159(a)所示虚线位置(按箭头方向顺次选择)。结果如图 6.159(b)所示。

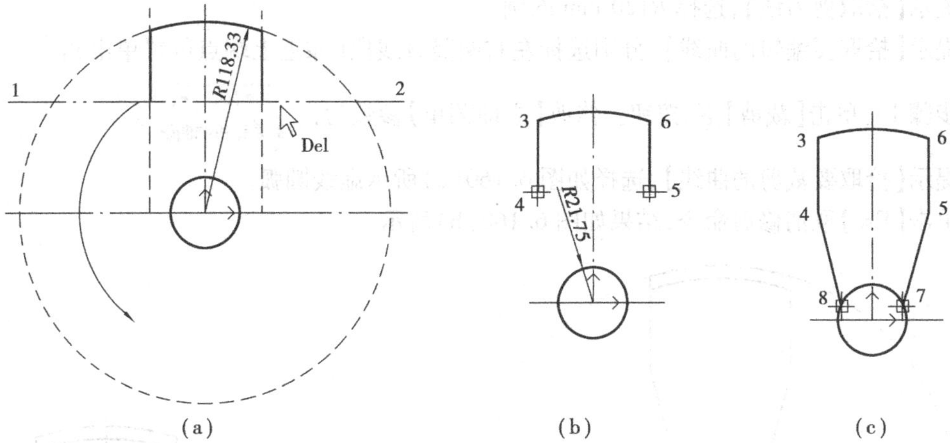

图 6.159 修剪图素

提示:

●当被修剪对象,没有被分成两部分时,不能用修剪命令去除。此时,只能用删除命令删除对象。具体的修剪方法,应根据当时的情况,灵活运用【Del】、【裁剪】命令。

步骤10:依次单击绘制工具栏中【基本曲线】→【直线】按钮,系统弹出立即菜单,修改其参数为: 

。

提示栏提示【第一点(切点)】,移动光标到端点 4 位置,如图 6.159(b)所示,待出现端点符号时,单击。

提示【拾取曲线】,选择 R21. 75 mm 的圆。

单击【4】,输入【 -15】,回车。

提示【第一点(切点)】,移动光标到端点 5 位置,待出现端点符号时,单击。

提示【拾取曲线】,选择 R21. 75 mm 的圆。

修改【立即菜单】参数为: 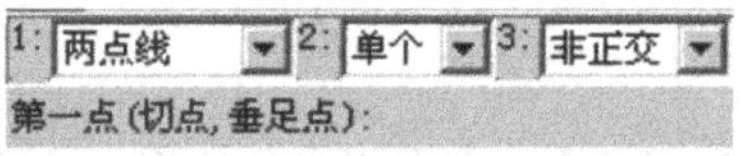

。

提示【第一点(切点,垂足点)】,移动光标到端点 7 处,如图 6. 159(c)所示,待出现端点符号时,单击。

提示【第二点(切点,垂足点)】,移动光标到端点 8 处,待出现端点符号时,单击。

步骤 11:为了防止切到大端尺寸边,因此将大端圆的半径增大,即加工该段时,钼丝的位置在夹具的避空位置,从而保证了尺寸精度,也有利于加工时间的节约。单击【圆】⊕按钮,弹出【立即菜单】。修改其参数为: 

。

提示【圆心点】,输入【0,0】,回车。

提示【输入半径或圆上一点】,输入【120】,回车。

步骤 12:依次单击绘制工具栏中【曲线编辑】按钮→【齐边】按钮。

提示【拾取剪刀线】,选择 R120 mm 的圆。

提示【拾取要编辑的曲线】,分别选择左右两竖直线段(靠近上端点位置单击)。

步骤 13:单击【裁剪】按钮。修改【立即菜单】参数为: 

。

提示【拾取要裁剪的曲线】,选择如图 6. 160(a)所示虚线圆弧。

单击【Esc】取消修剪命令,结果如图 6. 160(b)所示。

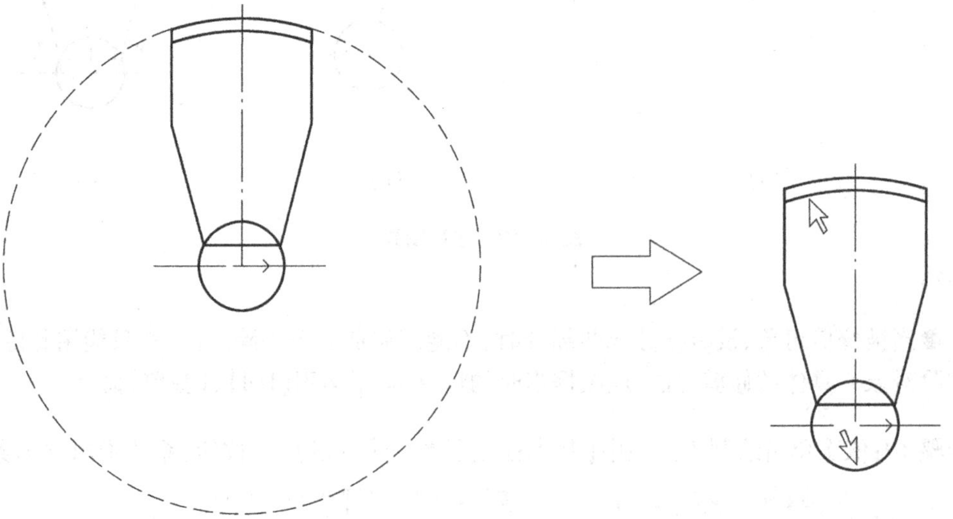

(a) (b)

图 6. 160 修剪圆弧

步骤14:修改图素的属性。分别单击直径为ϕ236.665 mm的圆弧、R21.75 mm的圆,如图6.160(b)箭头所示;右击,弹出快捷菜单,选择【属性修改】选项,系统弹出【属性修改】对话框,如图6.161(a)所示。

单击【层控制】按钮,系统弹出【层控制】对话框,如图6.161(b)所示。

依次单击【中心线层】→【确定】→【确定】。将其图素修改为中心线层。

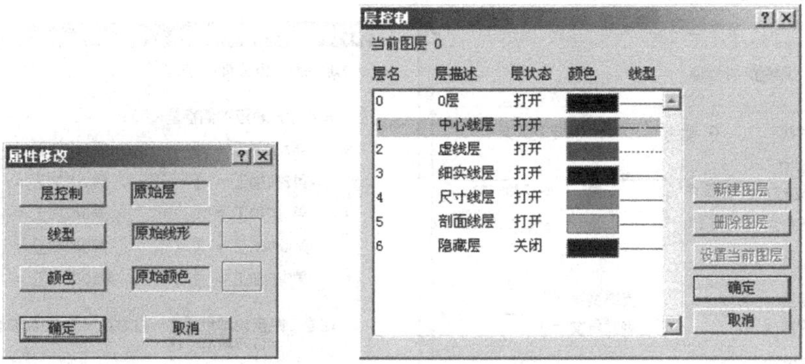

(a) (b)

图6.161 修改属性

步骤15:依次单击绘制工具栏中【工程标注】按钮→【尺寸标注】按钮,标注尺寸,或单击主菜单【查询】的方法,检查所绘图形是否正确。

步骤16:单击常用工具栏【显示全部】按钮,图形满屏显示,结果如图6.162所示。

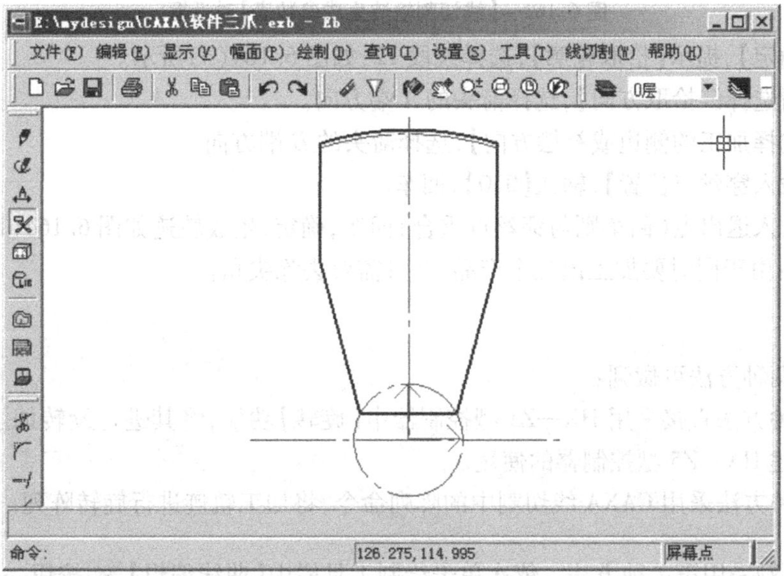

图6.162 软三爪

步骤17:现用ϕ0.18 mm的钼丝加工三爪。间隙补偿值为0.1 mm($f = r_{丝} + \delta_{电} = 0.09 + 0.01 = 0.1$),因为要里面,所以钼丝走外。

步骤18:单击绘制工具栏中【轨迹操作】按钮,弹出【轨迹生成】工具栏。单击【二轴轨迹生成】按钮，系统弹出【线切割轨迹生成参数表】对话框，如图 6.163 所示。

设置【切割参数】选项框参数：设置【切入方式】为【垂直】方式，设置【拐角过渡方式】为【尖角】。

设置【偏移量/补偿值】选项框参数。在【每次生成轨迹的偏移量】中输入【第 1 次加工】间隙补偿量为【0.1】。其余参数保持默认状态。

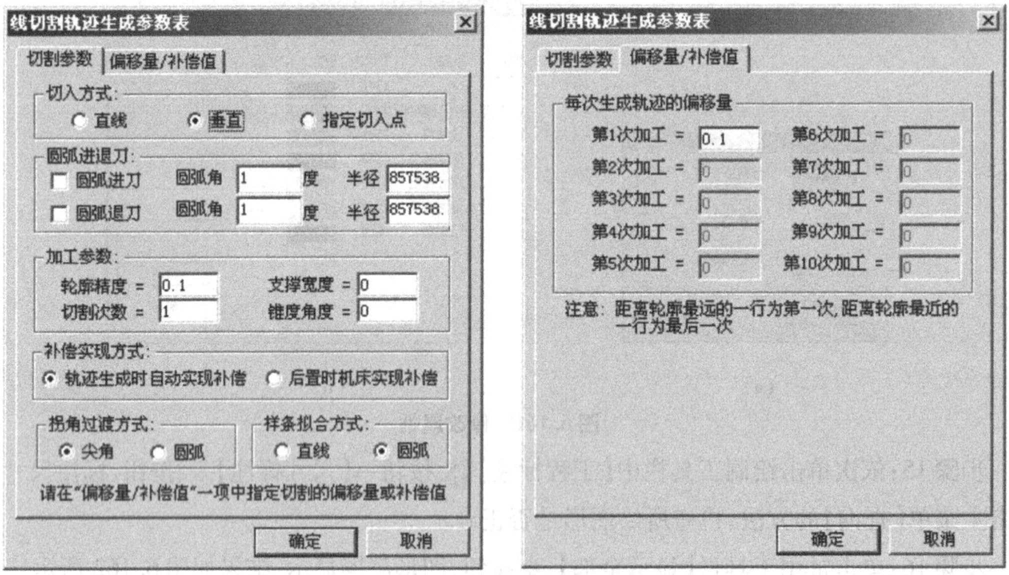

图 6.163 【线切割轨迹生成参数表】对话框

单击【确定】，提示【拾取轮廓】，选择线段 12，如图 6.164(a)所示。

提示【请选择链拾取方向】，选择箭头的 A 端方向。

提示【选择加工的侧边或补偿方向】，选择箭头的 B 端方向。

提示【输入穿丝点位置】，输入【0,0】，回车。

提示【输入退出点(回车则与穿丝点重合】回车，确定，生成轨迹如图 6.164(b)所示。

步骤 19：由于同时要加工出三个产品，并且需要去除尖角。

提示：

> ●有两种方法可做到：
>
> 第一种方法直接采用 HX—Z5 型控制器中【旋转】功能，将其进行旋转加工。可以参见前面所述 HX—Z5 型控制器的使用。
>
> 第二种方法采用 CAXA 线切割中的阵列命令，将加工轨迹进行旋转阵列。

在此，本例采用第二种方法。依次单击绘制工具栏中【曲线编辑】按钮→【阵列】按钮。修改【立即菜单】参数为：

。

提示【拾取添加】，选择已生成的加工轨迹线。

右击，提示【中心点】，输入【0,0】，回车。

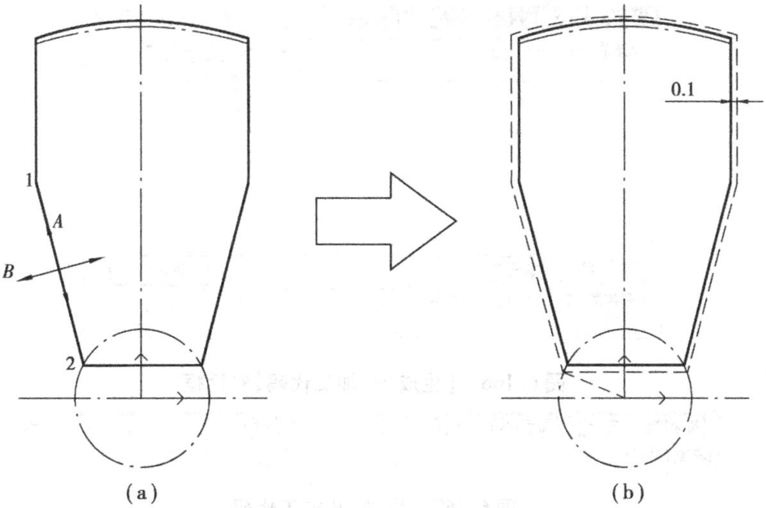

图 6.164　生成加工轨迹

单击【Esc】取消阵列状态。

步骤 20:单击常用工具栏【显示全部】按钮,图形满屏显示,结果如图 6.165 所示。

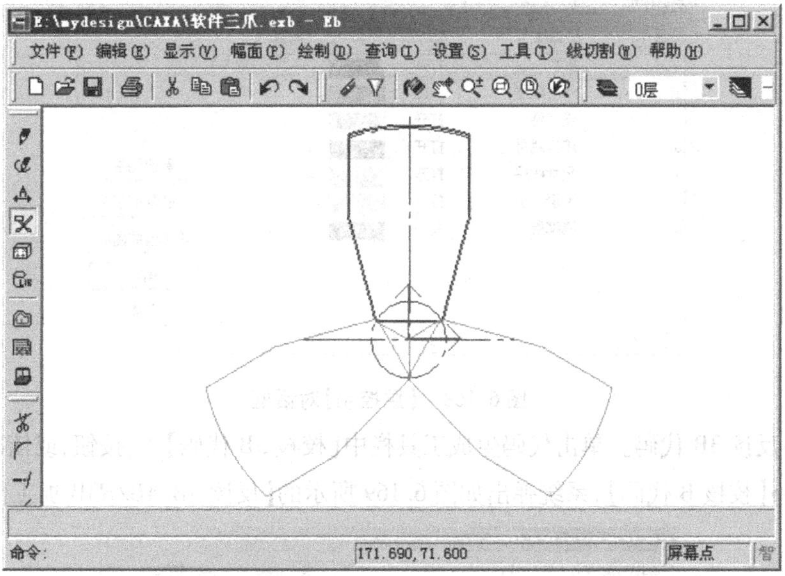

图 6.165　阵列加工轨迹

步骤 21:单击绘制工具栏中【代码生成】按钮。弹出代码生成工具栏,选择【生成 3B 代码】按钮。系统弹出【生成 3B 加工代码】对话框,如图 6.166 所示。

选择保存路径,在【文件名】栏中,输入文件名【软三爪】,单击【保存】按钮。系统弹出立即菜单,如图 6.167 所示。接受默认值,提示栏提示【拾取加工轨迹】,依次选择已生成的加工轨迹(从 90°方向沿逆时针选择),右击,系统弹出【软三爪-记事本】。

步骤 22:关闭图层。采用步骤 3 的方法设置【细实线层】为当前图层。单击属性工具栏中

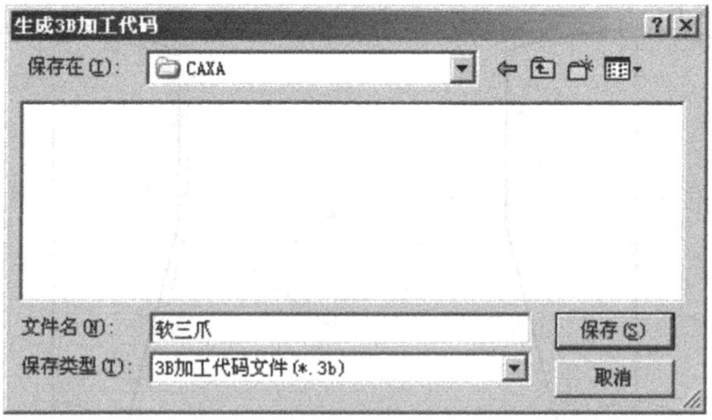

图 6.166 【生成 3B 加工代码】对话框

图 6.167 生成 3B 加工代码

【层控制】按钮，系统弹出【层控制】对话框，如图 6.168 所示。选择【0】层，双击【打开】，使其变为【关闭】状态。同理隐藏中心线层。

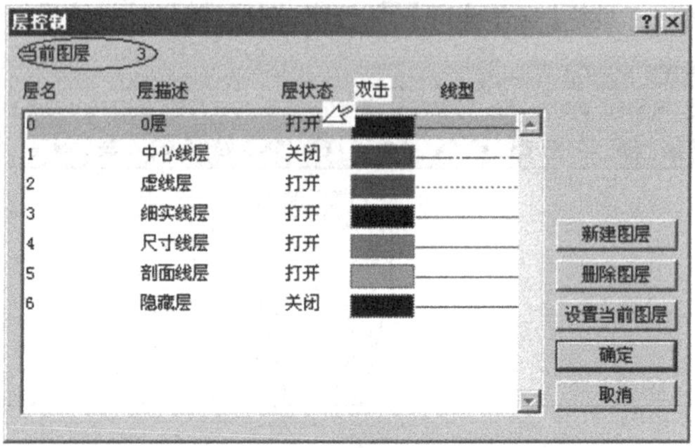

图 6.168 【层控制】对话框

步骤 23：反读 3B 代码。单击代码生成工具栏中【校核 3B 代码】按钮，或依次单击主菜单中【线切割】→【校核 B 代码】，系统弹出如图 6.169 所示的【反读 3B/4B/R3B 加工代码】对话框。

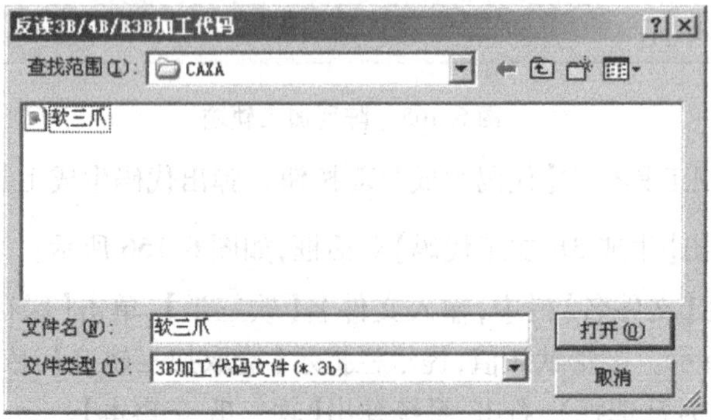

图 6.169 校核 B 代码

单击【文件类型】,选择【3B 加工代码文件 *.3b】。

然后选择【软三爪】,单击【打开】按钮。系统反读代码自动生成加工轨迹图形。

步骤 24:单击绘制工具栏中【轨迹操作】按钮,弹出【轨迹生成】工具栏。单击【轨迹仿真】按钮,修改【立即菜单】参数为: 

。提示【拾取加工轨迹】,选择反读生成的轨迹线,结果如图 6.170 所示。

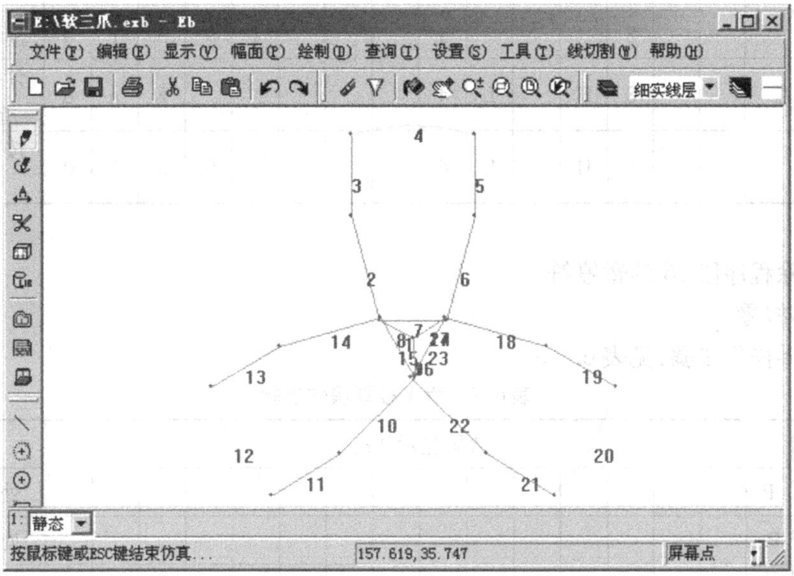

图 6.170　反读 3B 程序

四、程序传送

步骤 1:首先打开 HX—Z5 控制器。将传输线(该线必须按规定配套制作)的一端插入本控制器的通讯口,另一端插入计算机的并行端口。

步骤 2:在待命状态下,依次按【GX】键→【GY】键→【D】键,将控制器 *X*,*Y* 轴坐标清零。

步骤 3:传输程序。依次按【待命】键→【上档】键→输入起始段号【1】(例如从 1 开始)→【通讯】键。控制器即处于通讯等待状态。

步骤 4:单击绘制工具栏中【传输与后置】按钮。系统弹出后置设置工具栏,选择【应答传输】按钮。系统弹出立即菜单: 

。接受默认值,回车两次。

计算机开始传输程序。在控制器接收过程中,显示器不停地变换显示接收到的指令,在接收完一条指令后,指令段号会自动加 1,直到最后一条指令输入停机符【DD】后,即自动返回至待命状态,表示通讯传送完成。若要提前中断接收过程,可以直接按待命键,强行返回待命状态,控制器会自动停止接收。

五、检查程序

由于本程序中,程序段 8,16 后,有暂停符。在加工该三爪时,不需要用暂停符,因此,需删除暂停符状态。操作步骤见表 6.6。

表 6.6　检查程序操作步骤

按键操作	数码显示状态																说明
待命	P																处于待命状态
8				8													输入起始段号
检查				8				H				1	9	3	1	0	显示 X 坐标值
检查				8				Y				1	0	0	5	7	显示 Y 坐标值
检查				8				J				1	9	3	1	0	显示计数长度 J
检查				8	H		L	4						E	n	d	计数方向、加工指令和暂停符
删除				8	H		L	4				1	9	3	1	0	按删除键，删除暂停符

同理删除程序段 16 的暂停符。

六、程序校零

程序校零操作步骤，见表 6.7。

表 6.7　程序校零操作步骤

按键操作	数码显示状态																说明
待命	P																处于待命状态
上档	P.																处于上档状态
1				1													输入起始段号
校零				1											2	4	执行校零运算
校零								0								1	显示校零结果
待命	P																返回待命状态

七、切割加工

打开高频脉冲电源驱动电源开关，将断丝保护，刹车，结束停车置于开状态。先开运丝，再开水泵。正常无误时，将控制器置【自动】运行方式，在待命状态下，按表 6.8 所示进行操作。

表 6.8　在待命状态下的切割加工操作步骤

按键操作	数码显示状态																说明
待命	P																处于待命状态
1				1													输入起始段号
执行				1											2	4	进行结束指令查找并显示
执行				1	H		L	2	J			1	9	3	1	0	执行切割

将高频脉冲电源参数设成如下值（仅供参考）：

置【电压调整】旋钮于【1】档。

【脉冲幅度】开关接通【1 +2 +2】级。

【脉宽选择】旋钮【3】档。

【间隔微调】旋钮【中间】位置，切割电流稳定在【2.0】A。

调节控制器的变频速度档位为【4】档。如果电流表指针有摆动，这时就调节控制器面板上的变频跟踪旋钮（即工作点旋钮），顺时针，进给速度大；反之，进给速度慢。当指针不动时，可认为加工状态稳定。结果如图 6.171 所示。

提示：

●在调节这些参数时（电压调整、脉冲幅度、脉宽选择、间隔微调）时应在储丝筒换向时调节，以免烧坏电路。

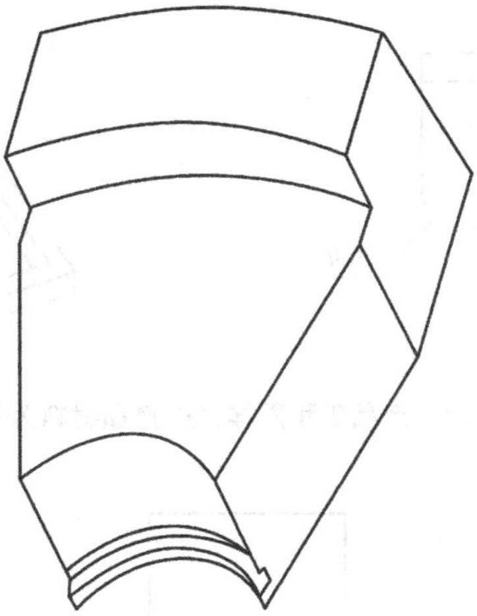

图 6.171　软三爪

课题三　产品加工

一、产品加工图样及工艺分析

1. 产品加工图样

产品加工图样，如图 6.172 所示。

2. 工艺分析

从产品图可以看出，该产品需要进行三次翻面加工，才能达到符合要求的形状。该工件形状较小，可用磁铁吸附方式进行装夹。第二、三次加工的穿丝孔，在第一次加工后进行，有利于钻孔，观察后面工序的正确性。三次线切割加工的形状，如图 6.173 所示。

二、第一次加工

1. 工件尺寸图、毛坯尺寸及穿丝孔布置图

1）工件尺寸图样，如图 6.174 所示。

2）毛坯尺寸及穿丝孔布置图，如图 6.175 所示。

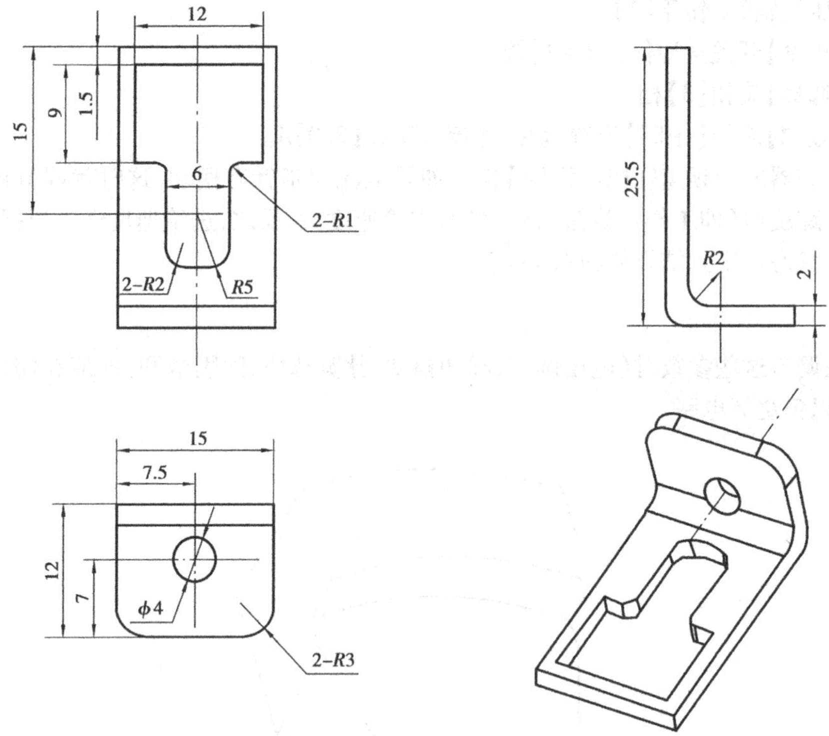

图 6.172　产品工程图样（注：产品材料为45#钢）

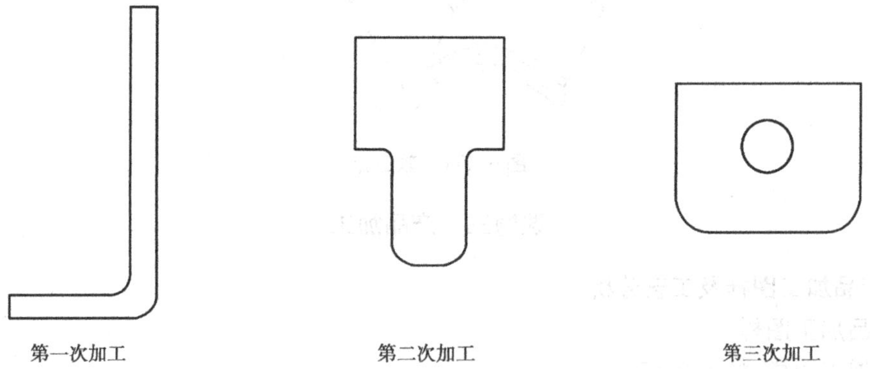

图 6.173　三次加工形状

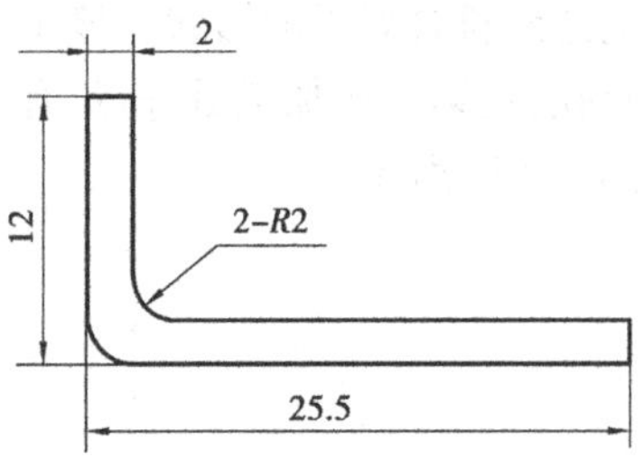

图 6.174　第一次加工工件尺寸图

2. 装夹方案

该工件体积小，需要进行多次加工，因此采用表座弱磁吸附式进行装夹，如图 6.176 所示。

1）首先采用火花法或百分表，校正表座工作面（垂直度、平行度），后将毛坯材料吸附在表座上。

2）然后采用划针法，复查穿丝孔处两中心线（如图 6.175 所示）与机床相应坐标的平行度。

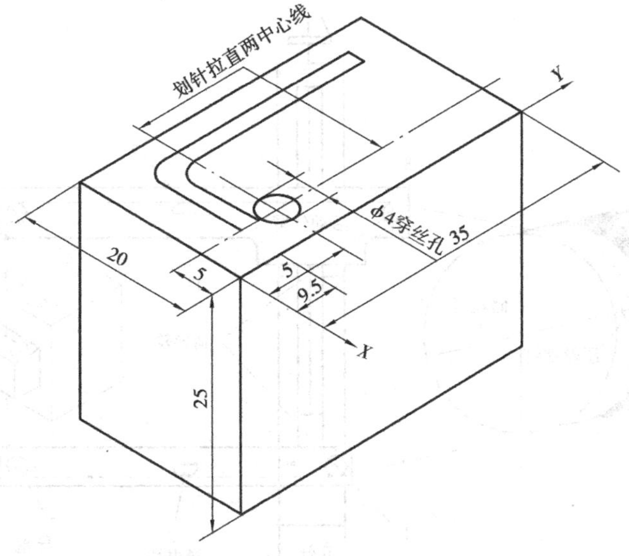

图 6.175 毛坯尺寸及穿丝孔位置图

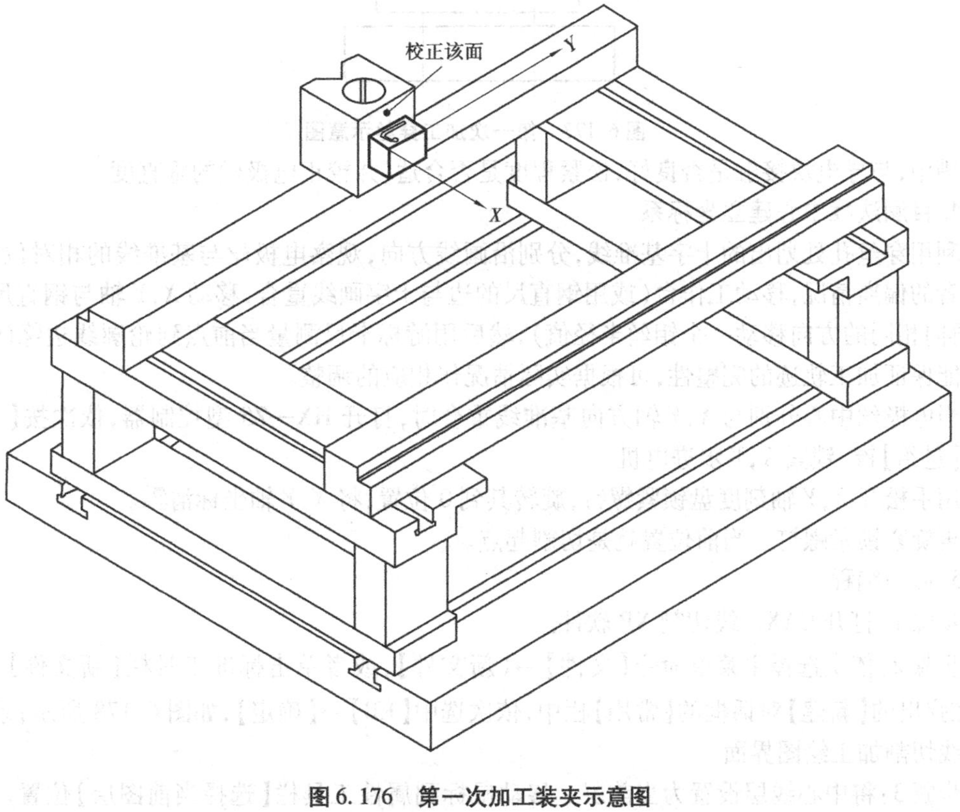

图 6.176 第一次加工装夹示意图

3. 安装电极丝

安装电极丝,如图 6.177 所示。

将储丝筒上钼丝的一端经过副导轮 1,导电块 2,下导轮 3,下水嘴中心 4,穿丝孔,上水嘴中心 5,上导轮 6,导电块 7,副导轮 8,最后将其缠在储丝筒压丝螺钉处。然后检查钼丝是否在

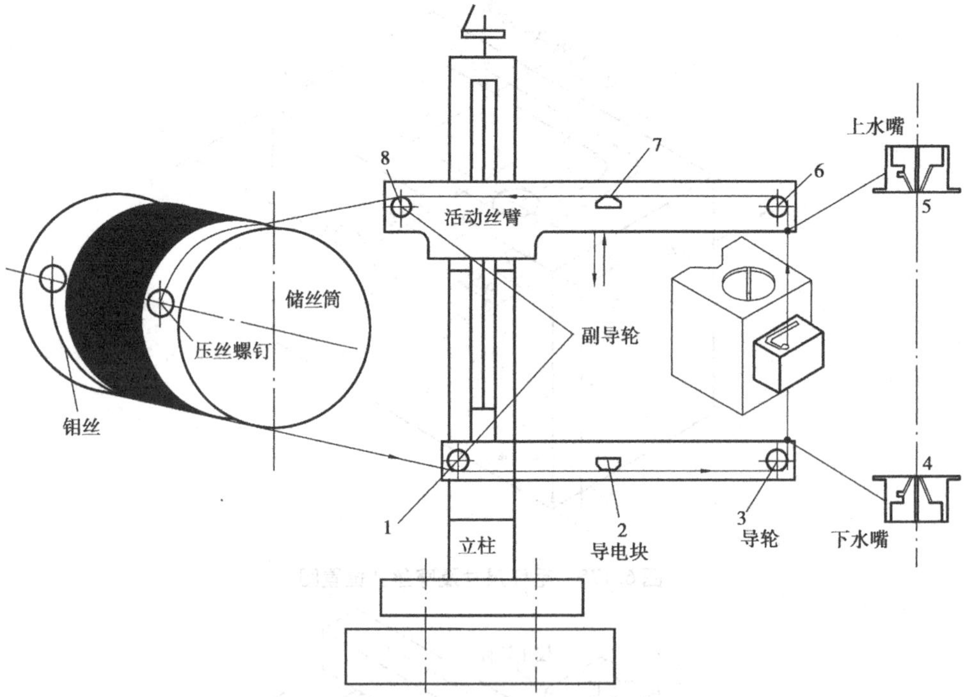

图 6.177　第一次加工穿丝示意图

导轮槽中，与导电块接触是否良好，松紧程度是否合适，并校正电极丝的垂直度。

4. 目测法找中心建立坐标系

利用穿丝孔处划出的十字基准线，分别沿画线方向，观察电极丝与基准线的相对位置，根据两者的偏离情况，移动工作台（或用钢直尺的边与十字画线重合，移动 X,Y 轴与钢直尺边相切，再向相同的方向移动一个钼丝半径值），然后用游标卡尺测量当前点到轮廓线边缘的距离是否能保证加工轨迹的完整性，可根据实际情况作相应的调整。

当电极丝中心分别与 X,Y 轴方向基准线重合时，打开 HX—Z5 型控制器，依次按【待命】键→【进给】键，锁紧 X,Y 步进电机。

用手松开 X,Y 轴刻度盘锁紧螺钉，旋转其到 0 位置，将 X,Y 轴坐标清零。

再旋紧锁紧螺钉。当前位置就是切割起点。

5. 自动编程

步骤 1：打开 CAXA 线切割 XP 软件。

步骤 2：依次选择主菜单命令【文件】→【新文件】，或者单击标准工具栏【新文件】按钮，在弹出的【新建】对话框的【常用】栏中，依次选中【EB】→【确定】，如图 6.178 所示；系统进入到线切割加工绘图界面。

步骤 3：将中心线层设置为当前层。移动鼠标到属性工具栏【选择当前图层】位置，单击，选择【中心线层】，如图 6.179 所示。

步骤 4：绘制中心线作为基准边。依次单击绘制工具栏中【基本曲线】→【直线】按钮，系统弹出立即菜单，修改其参数为：

。

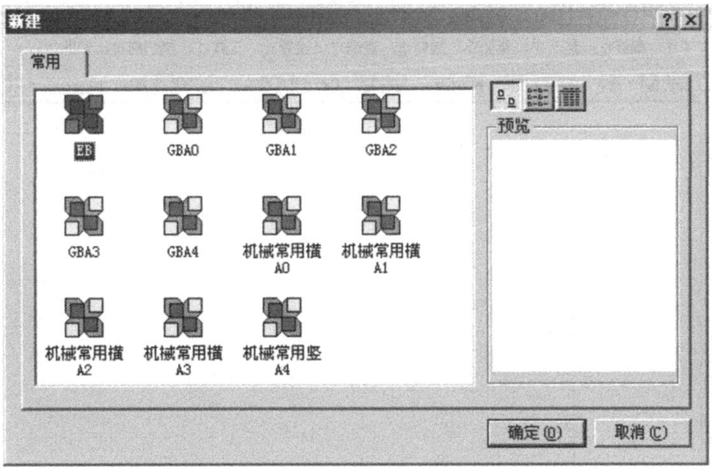

图6.178 【新建】对话框

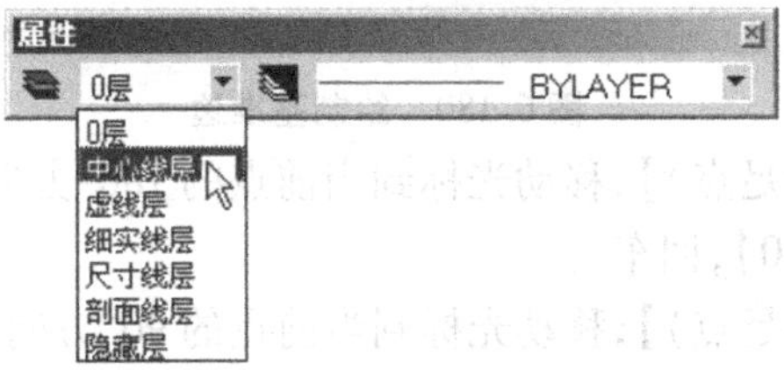

图6.179 设置当前图层

提示栏提示【第一点(切点,垂足点)】,输入【0,0】,回车。

提示【第二点(切点,垂足点)】,移动光标到当前点的0度方向,单击。

单击【5:】,输入长度【20】,回车。

提示【第一点(切点,垂足点)】,输入【0,0】,回车。

提示【第二点(切点,垂足点)】,移动光标到当前点的270°方向,单击。

单击【Esc】取消中心线的绘制。

步骤5:单击常用工具栏【显示全部】按钮,图形满屏显示,结果如图6.180所示。

步骤6:采用步骤3的方法,将【0】层设置为当前层。

步骤7:绘制连续直线。依次单击基本曲线工具栏中【直线】按钮。系统弹出【立即菜单】,修改其参数为:

。

提示【第一点(切点,垂足点)】,输入【5,-5】,回车。

提示【第二点(切点,垂足点)】,移动光标到当前点的270°方向,单击。

单击【5:】,输入长度【25.5】,回车。

提示【第二点(切点,垂足点)】,移动光标到当前点的0°方向,单击。

单击【5:】,输入长度【2】,回车。

提示【第二点(切点,垂足点)】,移动光标到当前点的90°方向,单击。

单击【5:】,输入长度【23.5】,回车。

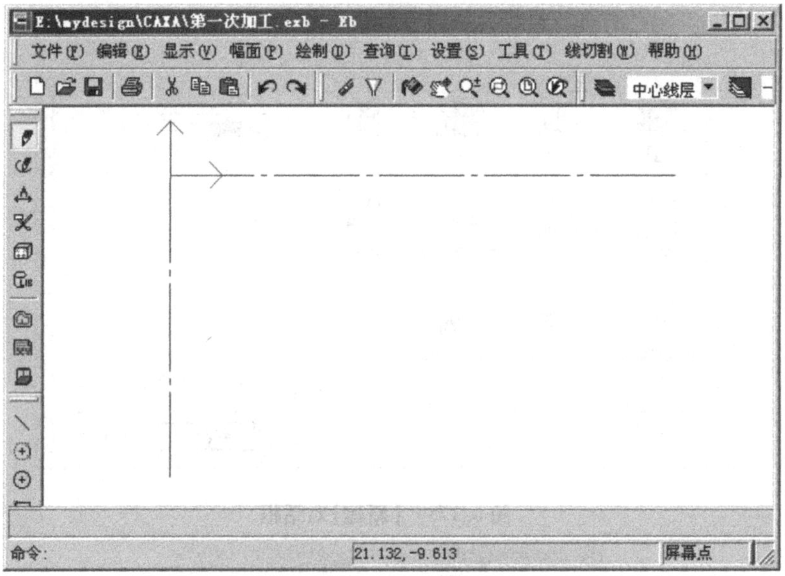

图 6.180　绘制基准边

提示【第二点(切点,垂足点)】,移动光标到当前点的 180°方向,单击。

单击【5:】;输入长度【10】,回车。

提示【第二点(切点,垂足点)】,移动光标到当前点的 90°方向,单击。

修改【立即菜单】参数为: 

。

提示【第二点(切点,垂足点)】,移动光标到起始线段的上端点位置,待出现端点符号时,单击。

单击【Esc】键,取消命令状态,结果如图 6.181 所示。

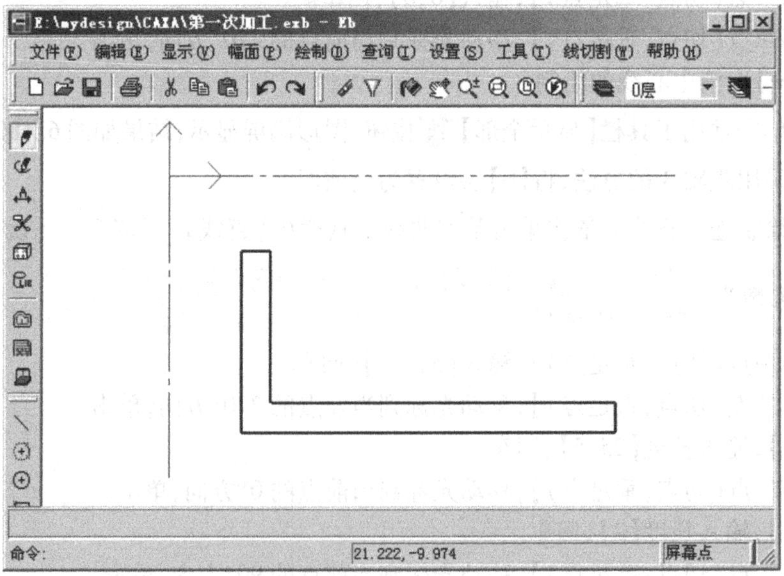

图 6.181　绘制直线

步骤 8:依次单击绘制工具栏中【曲线编辑】按钮→【过渡】按钮。修改【立即菜单】参数为:

。

系统提示【拾取第一条曲线】,选择线段 12,如图 6.182(a)所示。

提示【拾取第二条曲线】,选择线段 23。

提示【拾取第一条曲线】,选择线段 56。

提示【拾取第二条曲线】,选择线段 45,结果如图 6.182(b)所示。

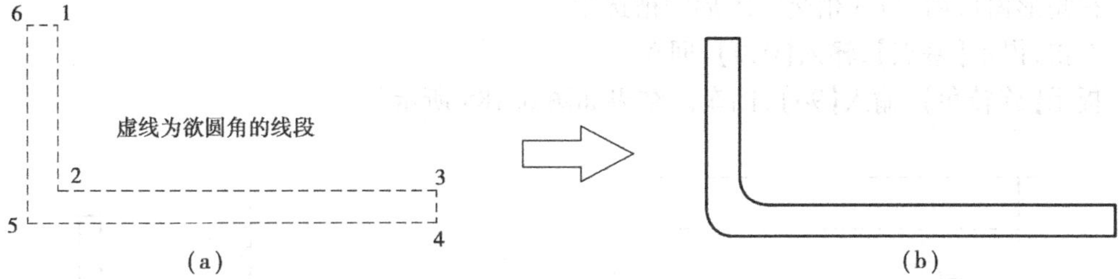

图 6.182 倒圆角

步骤 9:采用步骤 3 的方法,将【中心线层】设置为当前图层。绘制 $R2$ mm 的穿丝孔。

依次单击绘制工具栏中【基本曲线】→【圆】按钮。系统弹出【立即菜单】,修改其参数为:

。

提示【圆心点】,输入【9.5, -5】,回车。

提示【输入半径或圆上一点】,输入【2】,回车。

步骤 10:依次单击绘制工具栏中【工程标注】按钮→【尺寸标注】按钮,标注尺寸,或单击主菜单【查询】的方法,检查所绘图形是否正确,结果如图 6.183 所示。

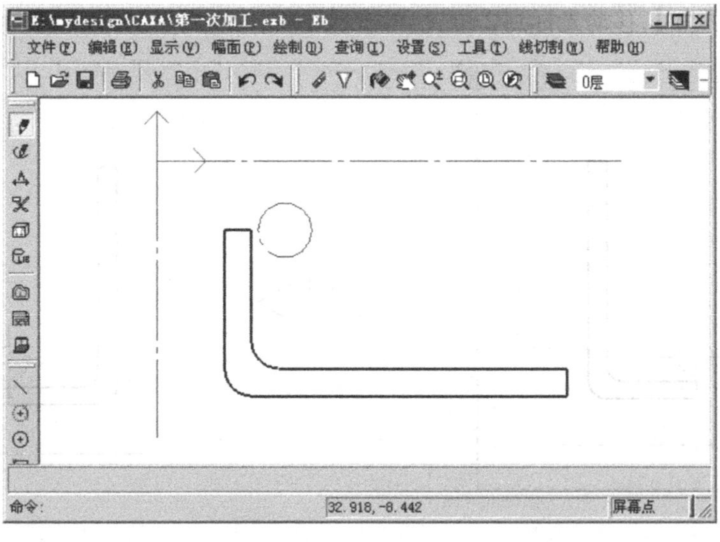

图 6.183 第一次加工图

步骤 11：保证程序坐标系与工件坐标系一致。由于工件现以 20 mm 的边作为 X 轴，35 mm的边作为 Y 轴，进行装夹。因此在程序坐标系的图形，需进行相应的处理。

步骤 12：依次单击绘制工具栏中【曲线编辑】按钮→【旋转】按钮。系统弹出【立即菜单】，修改其参数为：

。

提示【拾取添加】，移动光标到 1 位置，单击，如图 6.184 所示。

提示【另一角点】，移动鼠标到 1′处，单击。

在矩形窗口内，与其相交的图形均被选中。

右击，提示【基点】，输入【0，0】，回车。

提示【旋转角】，输入【90】，回车。结果如图 6.185 所示。

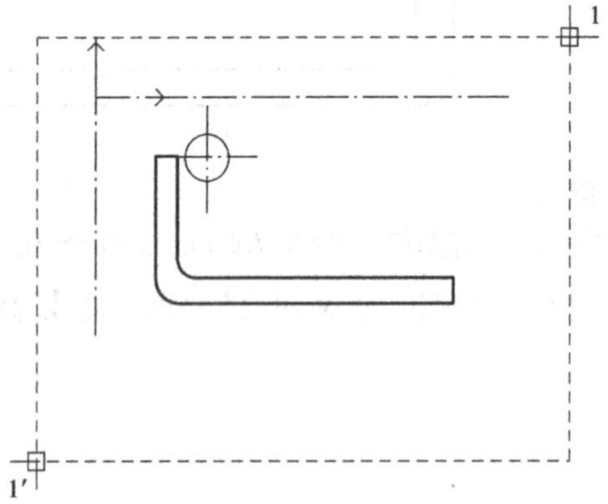

图 6.184　选择旋转对象

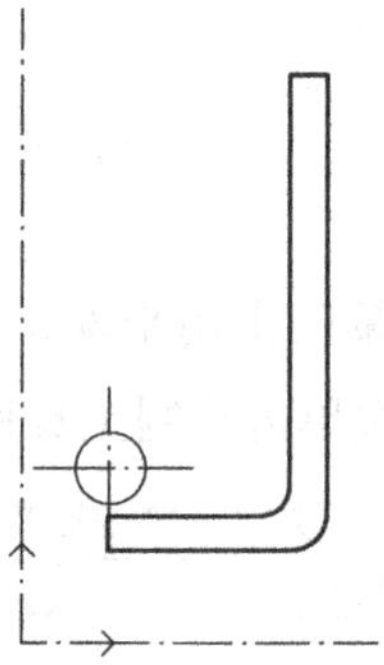

图 6.185　旋转图形

步骤 13：单击【镜像】按钮。修改【立即菜单】参数为：

。

提示【拾取添加】，移动光标到 2 位置，单击，如图 6.186 所示。

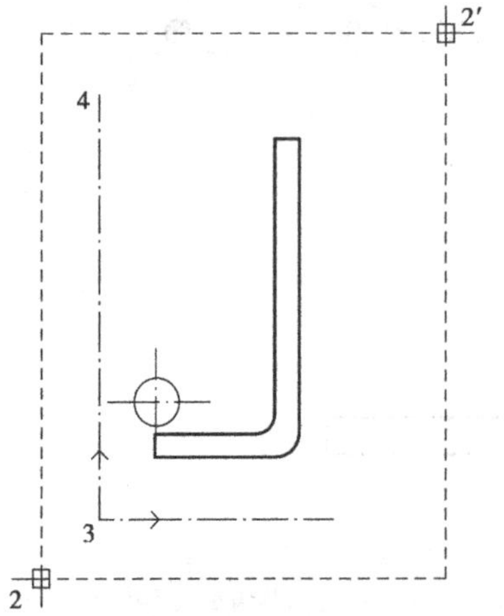

图 6.186　选择镜像对象

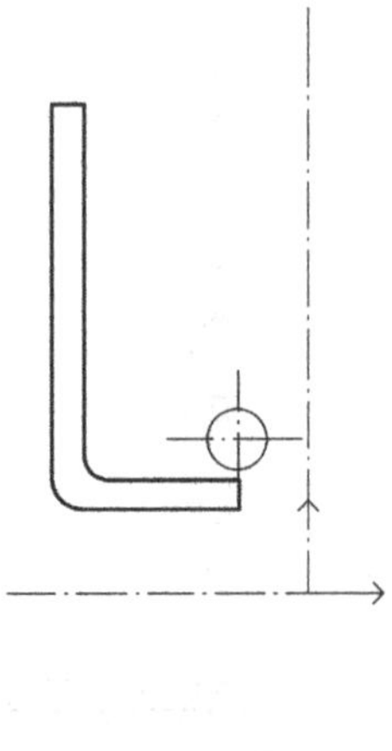

图 6.187　镜像图形

提示【另一角点】,移动鼠标到2′位置,单击,在矩形窗口内的图形均被选中。

右击,提示【拾取曲线】,单击线段34。结果如图6.187所示。

步骤14:现用ϕ0.18 mm的钼丝加工。间隙补偿值为0.1 mm($f=r_{丝}+\delta_{电}=0.09+0.01=0.1$),因为要里面,所以钼丝走外。

步骤15:单击绘制工具栏中【轨迹操作】按钮,弹出【轨迹生成】工具栏。单击【二轴轨迹生成】按钮,系统弹出【线切割轨迹生成参数表】对话框,如图6.188所示。

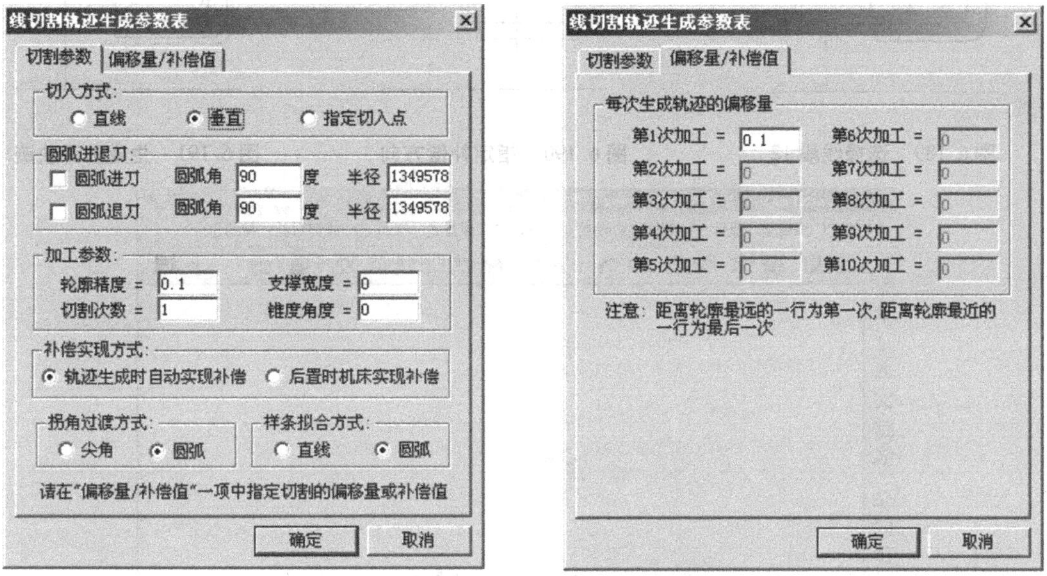

图6.188 【线切割轨迹生成参数表】对话框

设置【切割参数】选项框参数:设置【切入方式】为【垂直】方式,设置【拐角过渡方式】为【圆弧】。

设置【偏移量/补偿值】选项框参数。在【每次生成轨迹的偏移量】中,输入【第1次加工】间隙补偿量为【0.1】。其余参数保持默认状态。

单击【确定】,提示【拾取轮廓】,选择线段12靠近端点1位置,如图6.189所示。

提示【请选择链拾取方向】,选择箭头的*A*端方向。

提示【选择加工的侧边或补偿方向】,选择箭头的*B*端方向,如图6.190所示。

提示【输入穿丝点位置】,单击空格键,系统弹出【工具点菜单】,选择【圆心】,在穿丝孔*C*圆周上单击。

提示【输入退出点(回车则与穿丝点重合】回车确定,生成轨迹如图6.191所示。

步骤16:单击【轨迹仿真】按钮,修改【立即菜单】参数为:1:静态 拾取加工轨迹:。提示【拾取加工轨迹】,选择轨迹线,结果如图6.192所示。

步骤17:单击绘制工具栏中【代码生成】按钮。弹出代码生成工具栏,选择【生成3B代码】按钮。系统弹出【生成3B加工代码】对话框,如图6.193所示。

选择保存路径,在【文件名】栏中,输入文件名【第一次加工】,单击【保存】按钮。系统弹

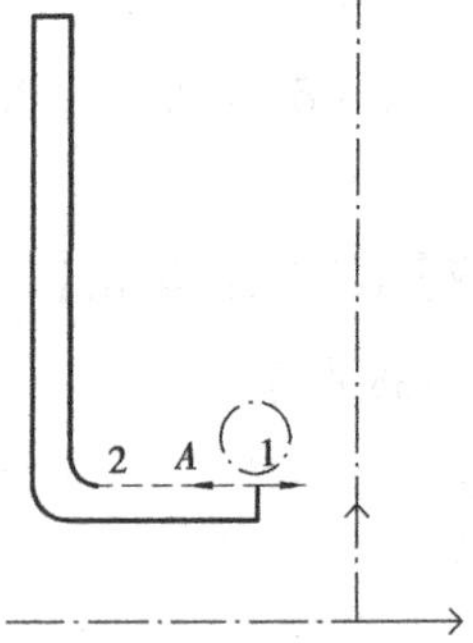

图 6.189　选择线段 12

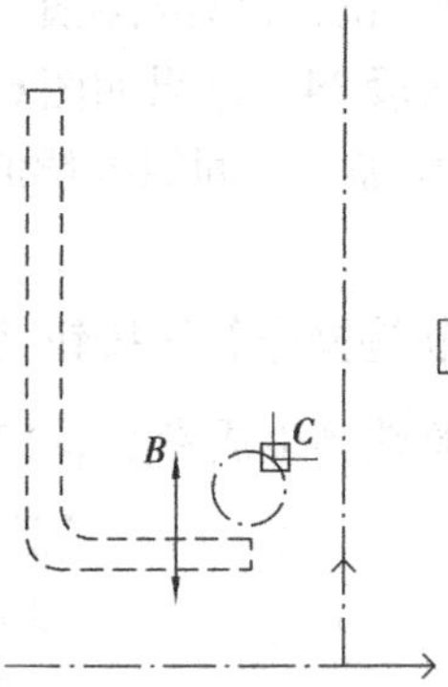

图 6.190　指定补偿方向

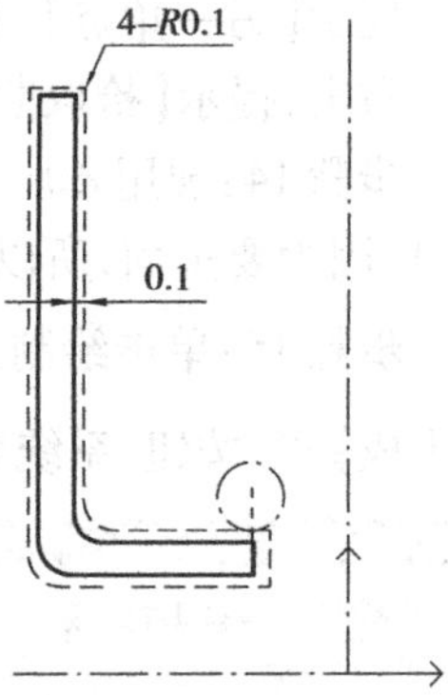

图 6.191　生成加工轨迹

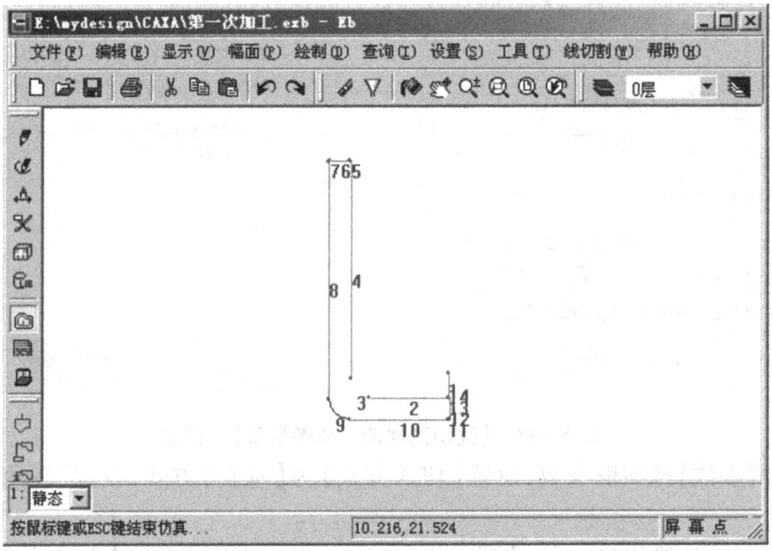

图 6.192　轨迹静态仿真

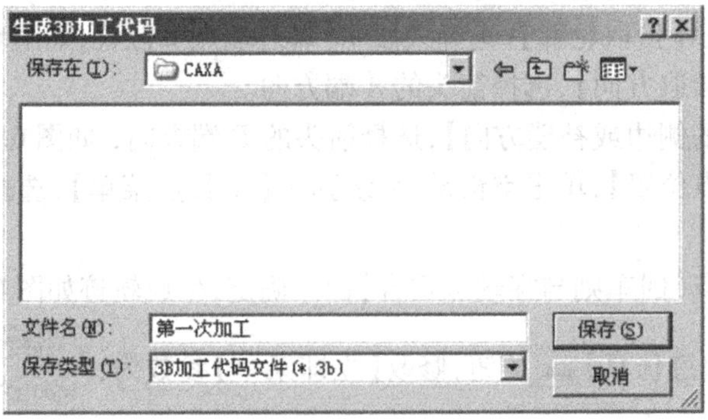

图 6.193　【生成 3B 加工代码】对话框

出立即菜单,如图 6.194 所示。接受默认值,提示栏提示【拾取加工轨迹】,选择已生成的轨迹。右击,系统弹出【第一次加工-记事本】。

图 6.194 生成 3B 加工代码

6. 程序传送

步骤 1:首先打开 HX—Z5 控制器。将传输线(该线必须按规定配套制作)的一端插入本控制器的通讯口,另一端插入计算机的并行端口。

步骤 2:在待命状态下,依次按【GX】键→【GY】键→【D】键,将控制器 X,Y 轴坐标清零。

步骤 3:传输程序。依次按【待命】键→【上档】键→输入起始段号【1】(例如从 1 开始)→【通讯】键。控制器即处于通讯等待状态。

步骤 4:单击绘制工具栏中【传输与后置】按钮。系统弹出后置设置工具栏,选择【应答传输】按钮。系统弹出立即菜单: 

。接受默认值,回车两次。

计算机开始传输程序。在控制器接收过程中,显示器不停地变换显示所接收到的指令,在接收完一条指令后,指令段号会自动加 1,直到最后一条指令输入停机符【DD】后,即自动返回至待命状态,表示通讯传送完成。若要提前中断接收过程,可以直接按待命键,强行返回待命状态,控制器会自动停止接收。

7. 程序校零

程序校零操作步骤,见表 6.9。

表 6.9 程序校零操作步骤

按键操作	数码显示状态																说明
待命	P																处于待命状态
上档	P.																处于上档状态
1				1													输入起始段号
校零				1											1	4	执行校零运算
校零								0								0	显示校零结果
待命	P																返回待命状态

8. 切割加工

打开高频脉冲电源驱动电源开关,将断丝保护,刹车,结束停车,置于开状态。先开运丝,再开水泵。正常无误时,将控制器置【自动】运行方式,在待命状态下的操作,见表 6.10。

将高频脉冲电源参数设成如下值(仅供参考),置:

【电压调整】旋钮于【1】档。

【脉冲幅度】开关接通【1 +2 +2】级。

【脉宽选择】旋钮【3】档。

【间隔微调】旋钮【中间】位置,切割电流稳定在【2.0】A。

调节控制器的变频速度档位为【4】档。

表 6.10　在待命状态下的切割加工操作步骤

按键操作	数码显示状态																说明
待命	P																处于待命状态
1				1													输入起始段号
执行				1											1	4	进行结束指令查找并显示
执行				1	y		L	4	J				2	4	0	0	执行切割

如果电流表指针有摆动，这时就调节控制器面板上的变频跟踪旋钮（即工作点旋钮），顺时针，进给速度大，反之，进给速度慢。当指针不动时，可认为加工状态稳定。第一次加工结果如图 6.195 所示。

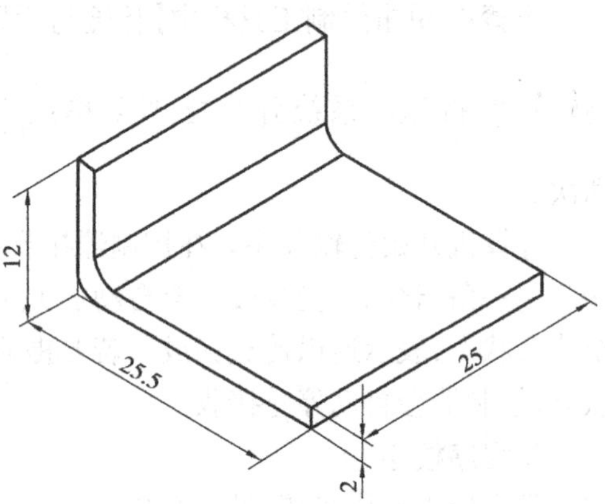

图 6.195　第一次加工效果

三、第二次加工

1. 第二次加工

第二次加工的图样，如图 6.196 所示。

2. 工艺分析

（1）首先将第一次加工后得到的半成品，按图 6.196 所示，钻出一个半径为 $R2.5$ mm 的穿丝孔。

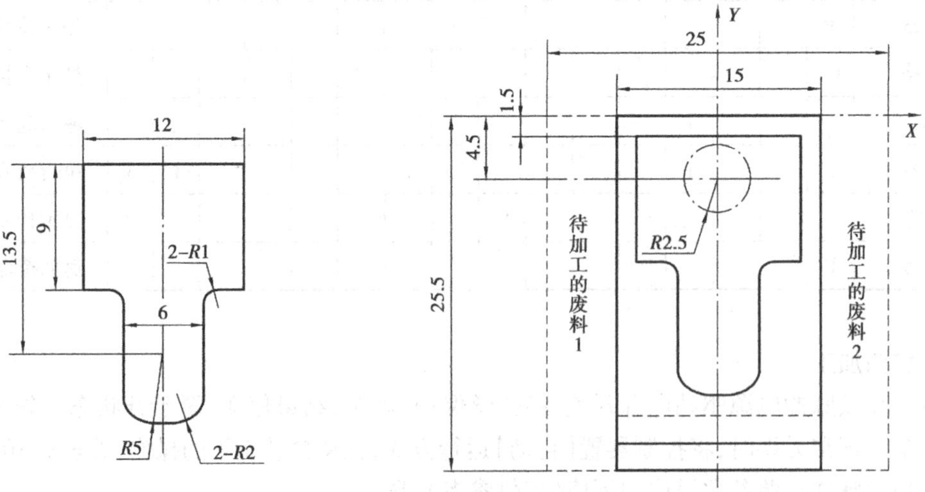

图 6.196　加工尺寸及穿丝孔位置

（2）X，Y 的布置如图 6.196 所示。为了保证下一工序的正常加工，需将待加工废料 2 切割掉，待加工废料 1 同第三次加工一起切掉。

3. 装夹方案

由于工件体积小，优先采用表座弱磁吸附式进行装夹，如图 6. 197 所示。

首先采用火花法、或百分表，校正表座工作面。将半成品【待加工的废料 1 侧面】吸附在表座上。

然后再采用百分表法、或火花法，复查 Y 向的平行度。

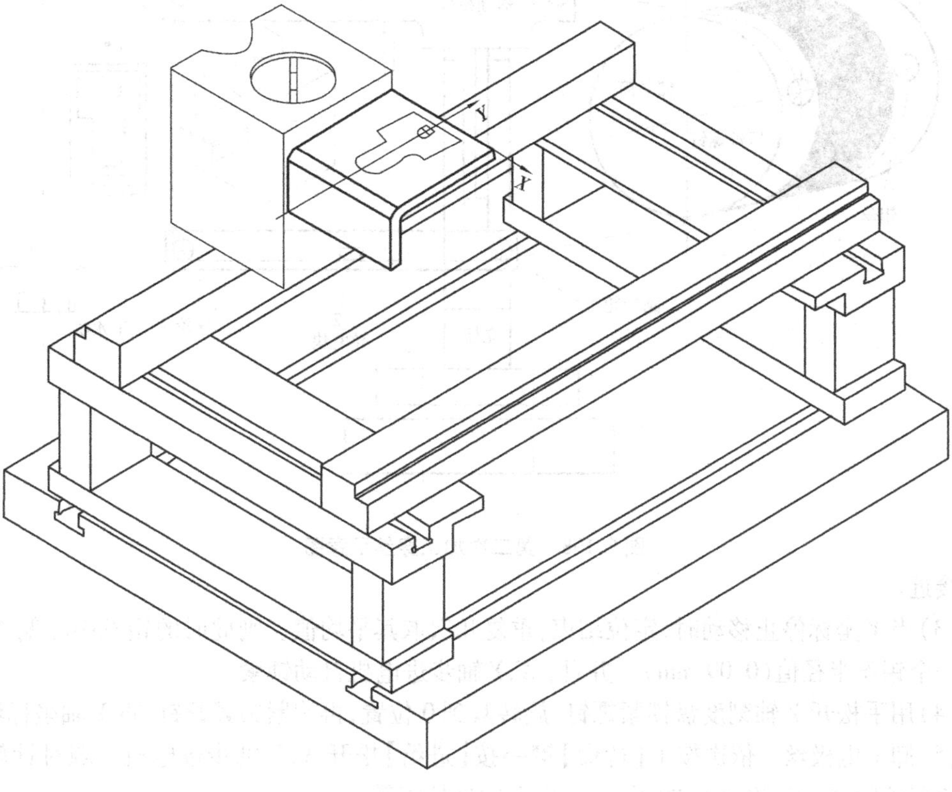

图 6. 197 第二次装夹示意图

4. 安装电极丝

该半成品需要两次穿丝，第一次穿丝不经过穿丝孔，而将钼丝定位在 X，Y 侧面偏移一定距离的位置，步骤如图 6. 198 所示。

将储丝筒上钼丝的一端经过副导轮 1，导电块 2，下导轮 3，下水嘴中心 4，上水嘴中心 5，上导轮 6，导电块 7，副导轮 8，最后将其缠在储丝筒压丝螺钉处。然后检查钼丝是否在导轮槽中，与导电块接触是否良好，松紧程度是否合适，并校正电极丝的垂直度。

5. 建立工件坐标系

现用 0. 18 mm 的钼丝自动找端面时，应注意关掉高频，否则会损伤工件表面的测量刃口。在找正前，首先将钼丝张紧，擦掉工件端面上的油、水、锈、灰尘和毛刺，以免产生误差。开启 HX—Z5 型控制器，将控制器置【模拟】状态、关【高频】，打开机床运丝电机，让钼丝移动。其具体方法为：

(1) 首先手动移动钼丝到 Y 向 A 位置，如图 6. 198 所示。

(2) 依次按【待命】键→【上档】键→【设置】键→【GY】→【$L2$】键，钼丝自动从当前位置向

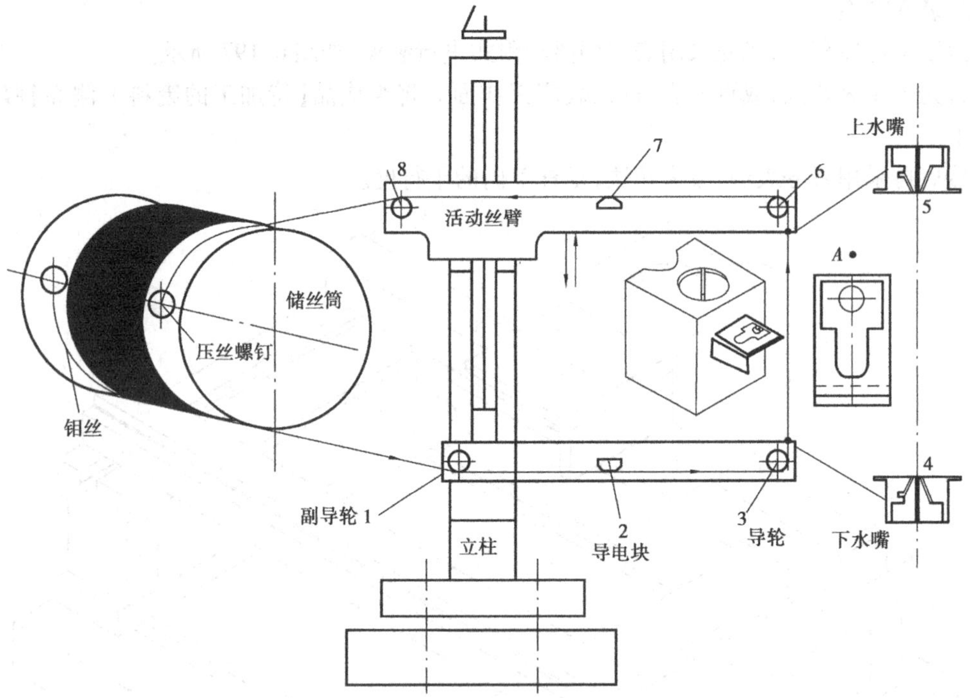

图 6.198　第二次加工穿丝示意图

工件接近。

(3)当 Y 坐标停止移动时,定位结束,重复几次取其平均值。则此时的钼丝中心偏移 Y 向端面一个钼丝半径值(0.09 mm)。并且,X,Y 轴步进电机自动锁紧。

(4)用手松开 Y 轴刻度盘锁紧螺钉,旋转其到 0 位置,再旋紧锁紧螺钉,将 Y 轴坐标清零。

(5)卸下电极丝。依次按下【待命】键→按【进给】松开 X,Y 轴步进电机。顺时针旋转 Y 轴手轮移动(4.5 +0.09)mm 的距离,再将 Y 轴坐标清零。

(6)再进行第二次穿丝,此时,需将钼丝经过穿丝孔,而其他与第一次穿丝相同。

(7)Y 轴保持不变,用目测法,调整 X 坐标位置到穿丝孔圆心处,然后用游标卡尺测量钼丝到 X 轴两侧的距离是否相等,即保证加工轨迹的完整性,同样完成 X 轴坐标清零。当前穿丝孔位置就是切割起点。

6. 自动编程

步骤 1:打开 CAXA 线切割 XP 软件。

步骤 2:依次选择主菜单命令【文件】→【新文件】,或者单击标准工具栏【新文件】按钮。在弹出的【新建】对话框的【常用】栏中,依次选中【EB】→【确定】,如图 6.199 所示。系统进入到线切割加工绘图界面。

步骤 3:将中心线层设置为当前层。移动鼠标到属性工具栏【选择当前图层】位置,单击,选择【中心线层】,如图 6.200 所示。

步骤 4:绘制中心线。依次单击绘制工具栏中【基本曲线】→【直线】按钮,系统弹

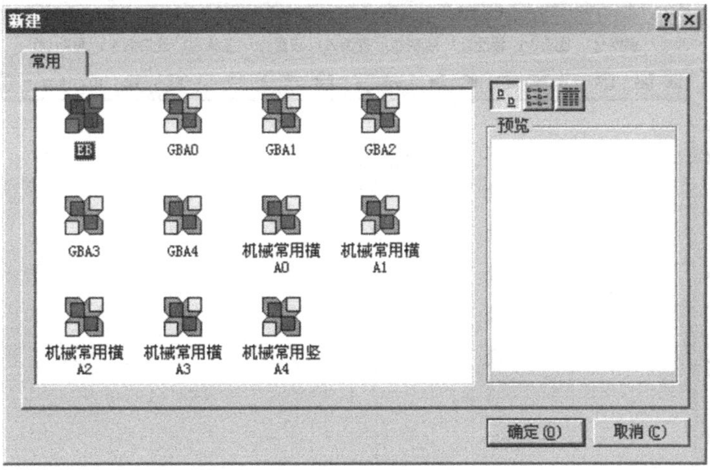

图 6.199　【新建】对话框

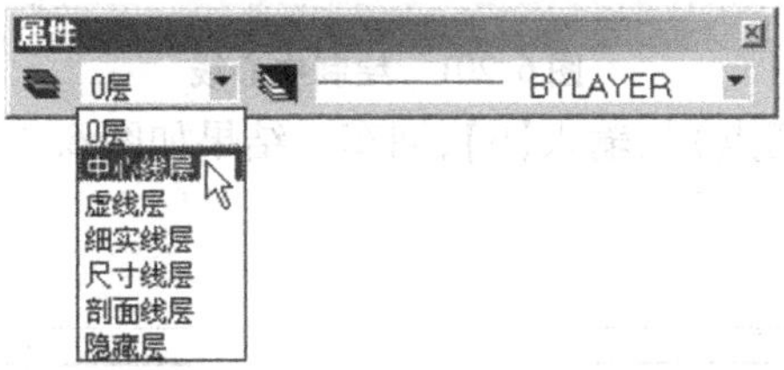

图 6.200　设置当前图层

出立即菜单，修改其参数为：

。

提示【第一点（切点，垂足点）】，输入【 −12.5，0】，回车。

提示【第二点（切点，垂足点）】，移动光标到当前点的 0°方向，单击。

单击【5：】，输入【25.5】，回车。

提示【第一点（切点，垂足点）】，输入【0，0】，回车。

提示【第二点（切点，垂足点）】，移动光标到当前点的 270°方向，单击。

单击【Esc】取消中心线的绘制。

步骤 5：单击常用工具栏【显示全部】按钮，图形满屏显示，结果如图 6.201 所示。

步骤 6：采用步骤 3 的方法，设置【0 层】为当前层。

步骤 7：单击【直线】按钮，修改【立即菜单】参数为：

。

提示【拾取直线】，选择水平中心线，并向下移动光标。

提示【输入距离或点（切点）】，输入【1.5】，回车。

右击，提示【拾取直线】，选择线段 12，如图 6.202 所示，并向左移动光标。

提示【输入距离或点（切点）】，输入【6】，回车。

输入【3】，回车。

右击，提示【拾取直线】，选择线段 34，并向下移动光标。

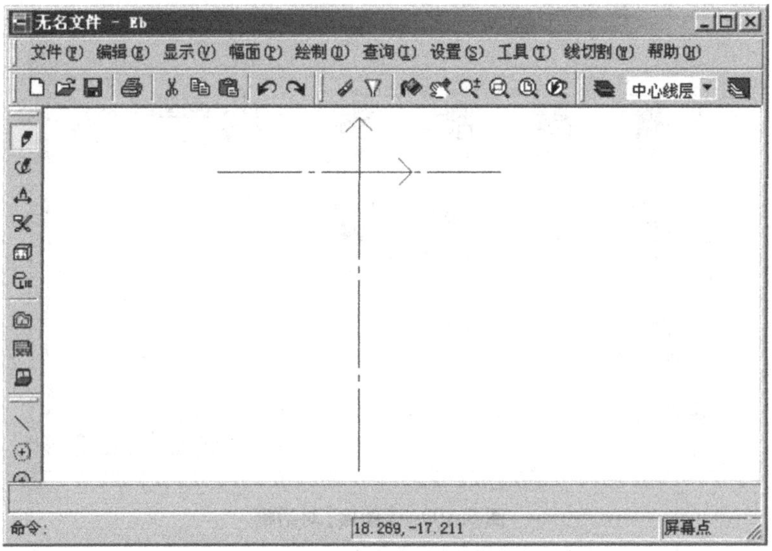

图6.201　绘制中心线

提示【输入距离或点(切点)】,输入【9】,回车。结果如图6.203所示。

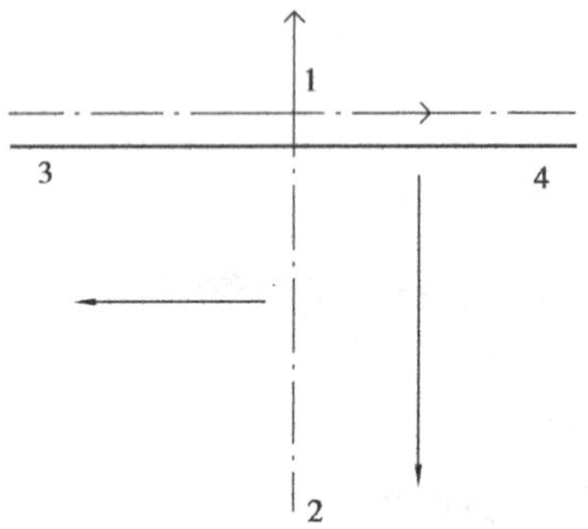

图6.202　偏移直线

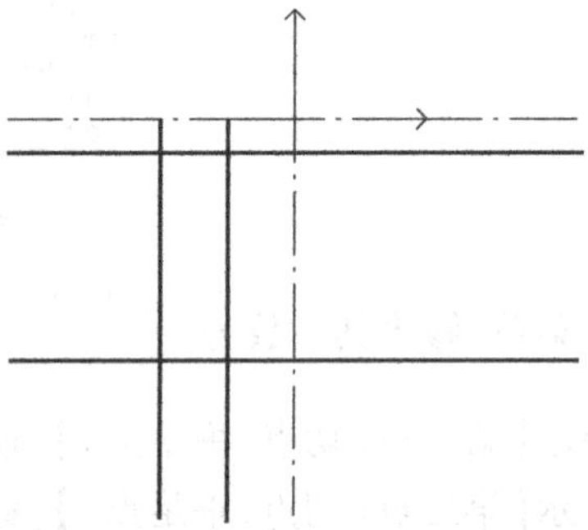

图6.203　偏移后的结果

步骤8:依次单击绘制工具栏中【曲线编辑】按钮→【裁剪】按钮。修改【立即菜单】参数为:1:快速裁剪 拾取要裁剪的曲线:。提示【拾取要裁剪的曲线】,分别选择如图6.204(a)所示虚线位置(按箭头方向顺次选择)。

提示:

●当被修剪对象没有被分成两部分时,不能用修剪命令去除。此时,只能用删除命令删除对象。具体的修剪方法,应根据当时的情况,灵活运用【Del】、【裁剪】命令。

步骤9:单击常用工具栏【重画】按钮,将屏幕刷新显示。结果如图6.204(b)所示。

步骤10:单击【镜像】按钮,修改【立即菜单】参数为:1:选择轴线 2:拷贝 拾取添加。

提示【拾取添加】,采用窗口选择方式,从左下角向右上角拖窗口,在1位置单击,如图6.205(a)所示。

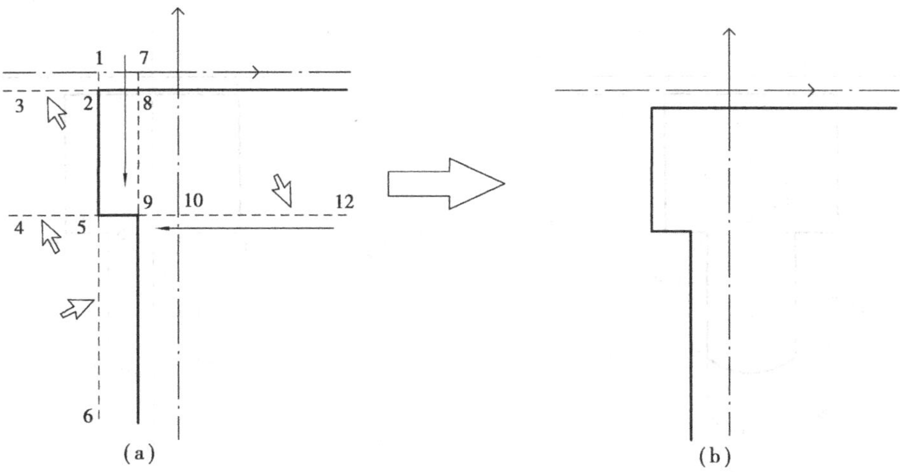

图 6.204　修剪图素

提示【另一角点】,移动光标到 1′,位置,单击(只有在窗口内的图素才被选中)。

右击,提示【拾取轴线】,选择中心线 22′,结果如图 6.205(b)所示。

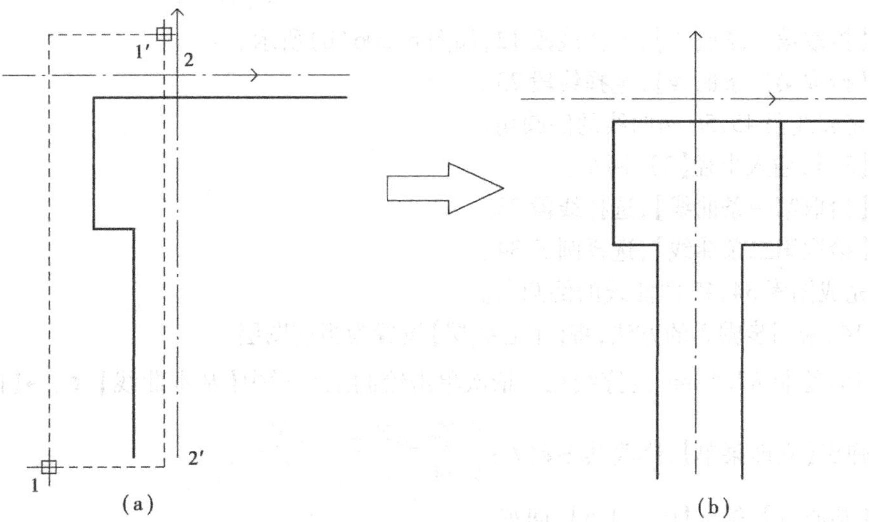

图 6.205　镜像图素

步骤 11:依次单击绘制工具栏中【基本曲线】→【圆】按钮。系统弹出【立即菜单】,修改其参数为: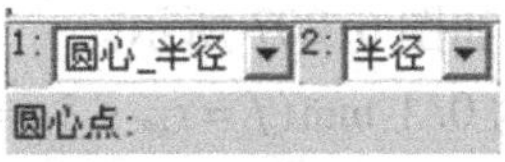

。

提示【圆心点】,输入【0, -15】,回车。

提示【输入半径或圆上一点】,输入【5】,回车。

步骤 12:依次单击绘制工具栏中【曲线编辑】按钮→【裁剪】按钮。修改【立即菜单】参数为:

,分别选择如图 6.206(a)所示虚线位置,结果如图 6.206(b)所示。

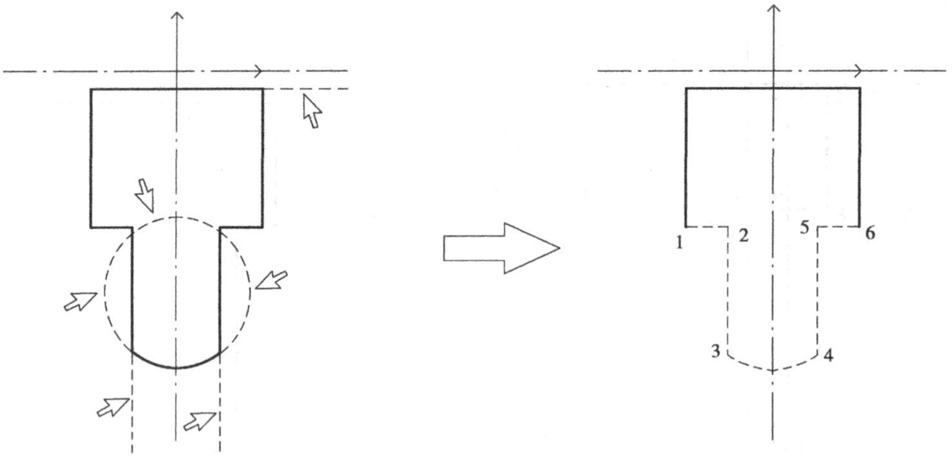

(a) (b)

图 6.206 修剪图素

步骤 13：单击【过渡】按钮，修改【立即菜单】参数为：1:圆角 2:裁剪 3:半径=1 拾取第一条曲线:。
系统提示【拾取第一条曲线】，选择线段 12，如图 6.206(b)所示。

提示【拾取第二条曲线】，选择线段 23。

同理完成线段 45，56 两曲线的倒圆角。

单击【3:】，输入半径【2】，回车。

提示【拾取第一条曲线】，选择线段 23。

提示【拾取第二条曲线】，选择圆弧 34。

同理完成图素 34，45 两曲线的倒圆角。

步骤 14：采用步骤 3 的方法，将【中心线层】设置为当前图层。

步骤 15：绘制 $R2.5$ mm 的穿线孔。依次单击绘制工具栏中【基本曲线】→【圆】按钮。系统弹出【立即菜单】，修改其参数为：1:圆心_半径 2:半径 圆心点:。

提示【圆心点】，输入【0，-4.5】，回车。

提示【输入半径或圆上一点】，输入【2.5】，回车。

步骤 16：依次单击绘制工具栏中【工程标注】按钮→【尺寸标注】按钮，标注尺寸，或单击主菜单【查询】的方法，检查所绘图形是否正确，结果如图 6.207 所示。

步骤 17：现用 $\phi 0.18$ mm 的钼丝加工。间隙补偿值为 0.1 mm($f = r_{丝} + \delta_{电} = 0.09 + 0.01 = 0.1$)，因为要外面，所以钼丝走内。

步骤 18：单击绘制工具栏中【轨迹操作】按钮，弹出【轨迹生成】工具栏。单击【二轴轨迹生成】按钮，系统弹出【线切割轨迹生成参数表】对话框；如图 6.208 所示。

设置【切割参数】选项框参数：设置【切入方式】为【垂直】方式，设置【拐角过渡方式】为【圆弧】。

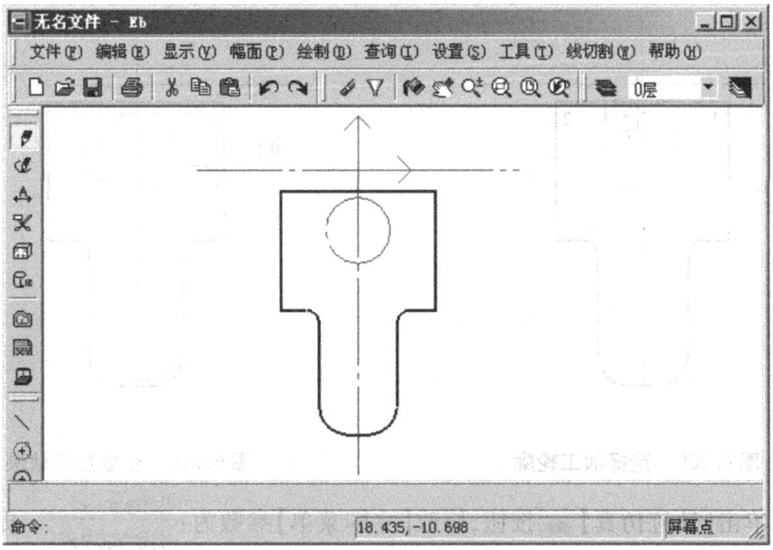

图 6.207 第二次加工图形

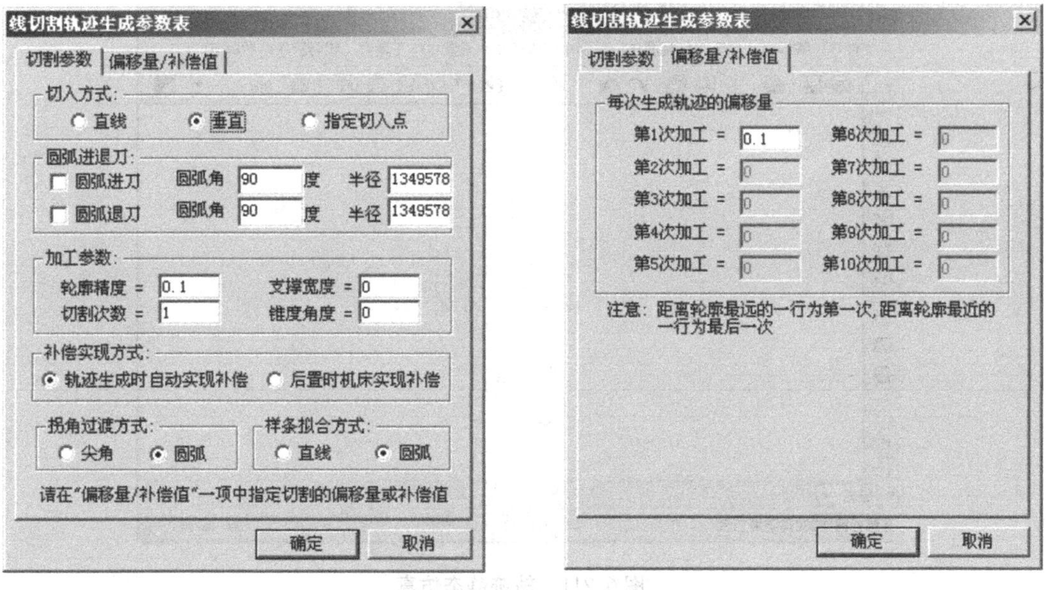

图 6.208 【线切割轨迹生成参数表】对话框

设置【偏移量/补偿值】选项框参数。在【每次生成轨迹的偏移量】中输入【第 1 次加工】间隙补偿量为【0.1】。其余参数保持默认状态。

单击【确定】，提示【拾取轮廓】，选择线段 12，如图 6.209 所示。

提示【请选择链拾取方向】，选择箭头的 A 端方向。

提示【选择加工的侧边或补偿方向】，选择箭头的 B 端方向。

提示【输入穿丝点位置】：单击空格键，系统弹出【工具点菜单】，选择【圆心】，移动光标到穿丝孔 C 圆周上，单击。

提示【输入退出点（回车则与穿丝点重合】回车确定，生成轨迹如图 6.210 所示。

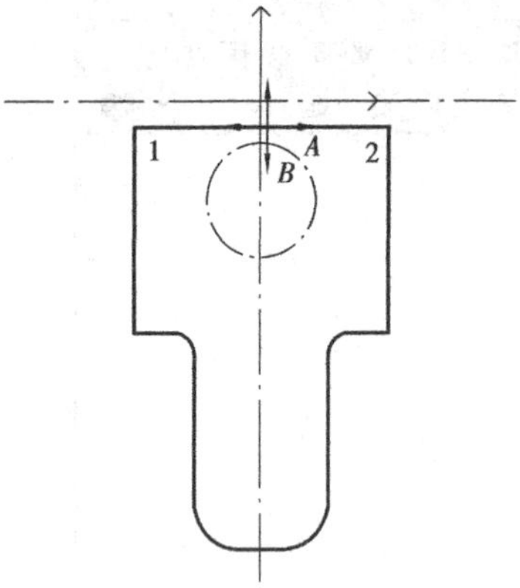

图 6.209　选择加工轮廓

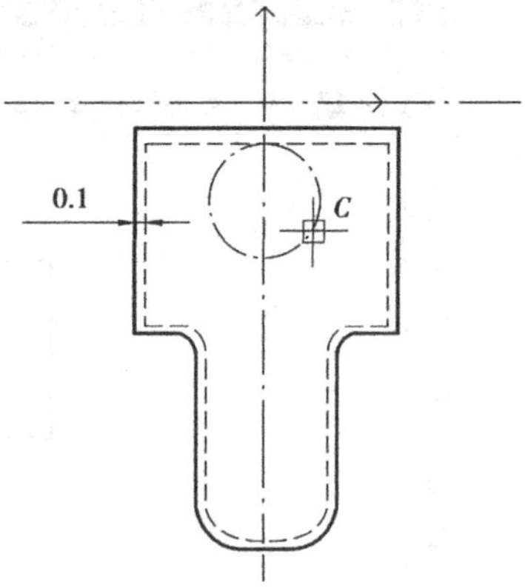

图 6.210　生成加工轨迹

步骤 19:单击【轨迹仿真】按钮,修改【立即菜单】参数为:1:静态 拾取加工轨迹。提示【拾取加工轨迹】,选择已生成的轨迹线,结果如图 6.211 所示。

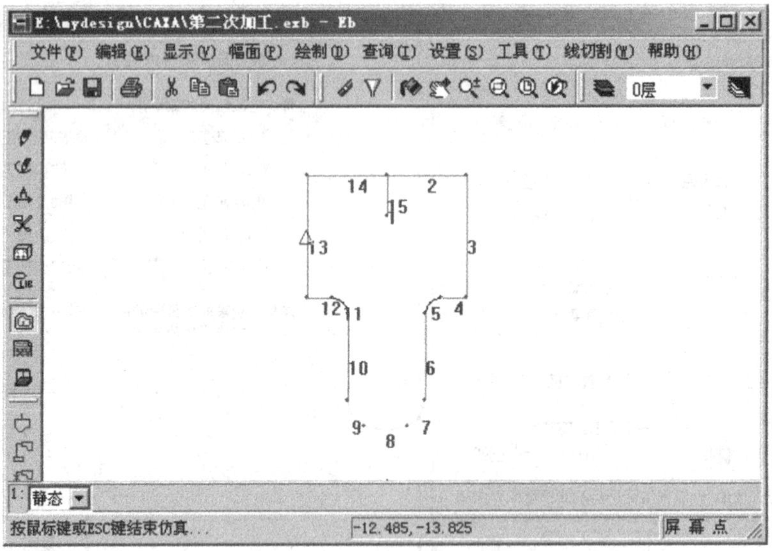

图 6.211　轨迹静态仿真

步骤 20:单击绘制工具栏中【代码生成】按钮。弹出代码生成工具栏,选择【生成 3B 代码】按钮。系统弹出【生成 3B 加工代码】对话框,如图 6.212 所示。

选择保存路径,在【文件名】栏中,输入文件名【第二次加工】,单击【保存】按钮。系统弹出立即菜单,如图 6.213 所示。接受默认值,提示栏提示【拾取加工轨迹】,选择已生成的轨迹。右击,系统弹出【第二次加工—记事本】。

7. 程序传送

步骤 1:首先打开 HX—Z5 控制器。将传输线(该线必须按规定配套制作)的一端插入本控制器的通信口,另一端插入计算机的并行端口。

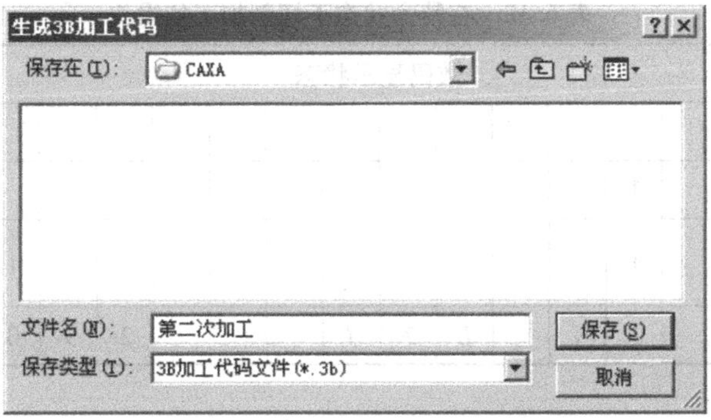

图 6.212　【生成 3B 加工代码】对话框

图 6.213　生成 3B 加工代码

步骤 2:在待命状态下,依次按【*GX*】键→【*GY*】键→【*D*】键,将控制器 *X*,*Y* 轴坐标清零。

步骤 3:传输程序。依次按【待命】键→【上档】键→输入起始段号【1】(例如从 1 开始)→【通信】键。控制器即处于通信等待状态。

步骤 4:单击绘制工具栏中【传输与后置】按钮。系统弹出后置设置工具栏,选择【应答传输】按钮。系统弹出立即菜单:

。接受默认值,回车两次。

计算机开始传输程序。在控制器接收过程中,显示器不停地变换显示接收到的指令,在接收完一条指令后,指令段号会自动加 1,直到最后一条指令输入停机符【*DD*】后,即自动返回至待命状态,表示通信传送完成。若要提前中断接收过程,可以直接按待命键,强行返回待命状态,控制器会自动停止接收。

8. 程序校零

程序校零操作步骤,见表 6.11。

表 6.11　程序校零操作步骤

按键操作	数码显示状态																说　明
待命	*P*																处于待命状态
上档	*P.*																处于上档状态
1				1													输入起始段号
校零				1											1	5	执行校零运算
校零							0									0	显示校零结果
待命	*P*																返回待命状态

9. 切割加工

打开高频脉冲电源驱动电源开关,将断丝保护,刹车,结束停车,置于开状态。先开运丝,再开水泵。正常无误时,将控制器置【自动】运行方式,在待命状态下的操作,见表 6.12 所示。

表 6.12　在待命状态下切割加工的操作

按键操作	数码显示状态																说　明
待命	P																处于待命状态
1				1													输入起始段号
执行				1											1	5	进行结束指令查找并显示
执行				1	y		L	2	J				2	9	0	0	执行切割

将高频脉冲电源参数设成如下值(仅供参考),置:

【电压调整】旋钮于【1】档。

【脉冲幅度】开关接通【1 +2 +2】级。

【脉宽选择】旋钮【3】档。

【间隔微调】旋钮【中间】位置。

切割电流稳定在【2.0】A。调节控制器的变频速度档位为【4】档。

如果电流表指针有摆动,这时就调节控制器面板上的变频跟踪旋钮(即工作点旋钮),顺时针,进给速度大,反之,进给速度慢。当指针不动时,可认为加工状态稳定。

10. 切割过程处理

为了有利于第三次加工,则需要加工出基准,因此将待加工的废料 2 区切割掉。当上述程序切割完成后,卸下钼丝,钼丝中心位于 O 点,如图 6.214 所示。

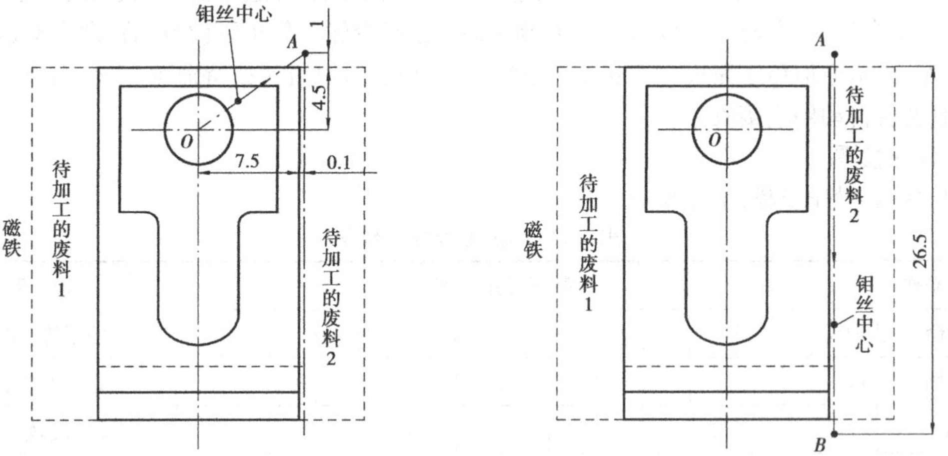

图 6.214　加工基准

为了切掉废料 2 区,保证侧面尺寸要求,需将钼丝移动到 A 点,现手工输入 $O \to A$ 段程序,按【待命】键,输入表 6.13 的程序。

将控制器置【模拟】运行方式,按【待命】键→输入起始段【100】→【执行】→【执行】。X,Y 轴开始移动相应的距离(7.6,5.5),当移动完成后,钼丝当前位置为 A 点。

保持 X,Y 轴不变,并将其坐标清零。就地穿钼丝。将断丝保护,刹车,结束停车置于开状态。检查储丝筒微动开关是否在两撞块之间,然后先开运丝,再开水泵。

表6.13 O→A的程序

按键操作	数码显示状态																说 明
待命	*P*																处于待命状态
100		1	0	0													输入起始段号
*B*7500+100		1	0	0				*H*					7	6	0	0	输入*X*坐标值
*B*4500+1000		1	0	0				*Y*					5	5	0	0	输入*Y*坐标值
*B*7600		1	0	0					*J*				7	6	0	0	输入*J*计数长度
GX		1	0	0	*H*		*L*	1	*J*				7	6	0	0	输入计数方向
*L*1																	加工指令
D		1	0	0	*x*		*L*	1	*J*					*E*	*n*	*d*	输入暂停符
D		1	0	0	*x*		*L*	1	*J*		*A*	*L*	*L*	*E*	*n*	*d*	输入全停符

输入如下程序：

200	*B*	0	*B*	27500	*B*	27500	*GY*	*L*4	*DD*

将控制器置【自动】运行方式，按【待命】键→输入起始段【200】→【执行】→【执行】。切割掉待加工的废料2区，加工结果如图6.215所示。

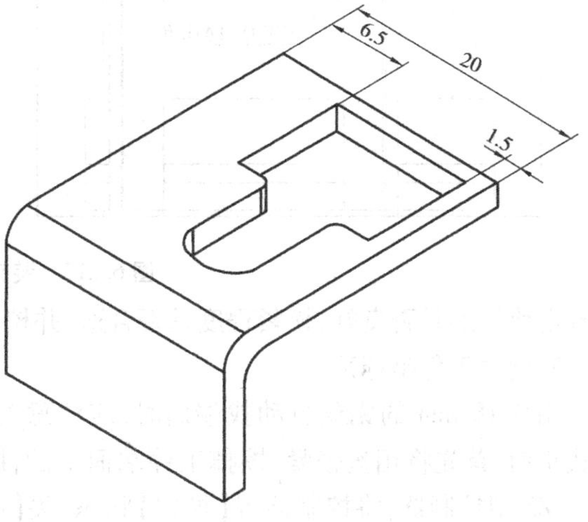

图6.215 第二次加工后半成品

四、第三次加工

1. 第三次加工

第三次加工的图样，如图6.216所示。

2. 工艺分析

该半成品已经加工出工艺基准为右上角，如图6.216所示。*R*1.5 mm为加工*R*2 mm的穿丝孔，以圆心为穿丝点，*A*点为加工外形虚线区域的穿丝点。

3. 装夹方案

采用弱磁铁装夹工件，如图6.217所示。先用百分表（钼丝）校正磁铁工作面与*Y*轴平行，然后将工件吸附在磁铁工作面上。

4. 安装电极丝

该半成品需要两次穿丝，第一次穿丝不经过穿丝孔而将钼丝定位在偏移*X*,*Y*轴一定距离的位置*O*点处，如图6.218所示。

将储丝筒上钼丝的一端经过副导轮1、导电块2、下导轮3、下水嘴中心4、水嘴中心5、上导轮6、导电块7、副导轮8，最后将其缠在储丝筒压丝螺钉处。然后检查钼丝是否在导轮槽中，

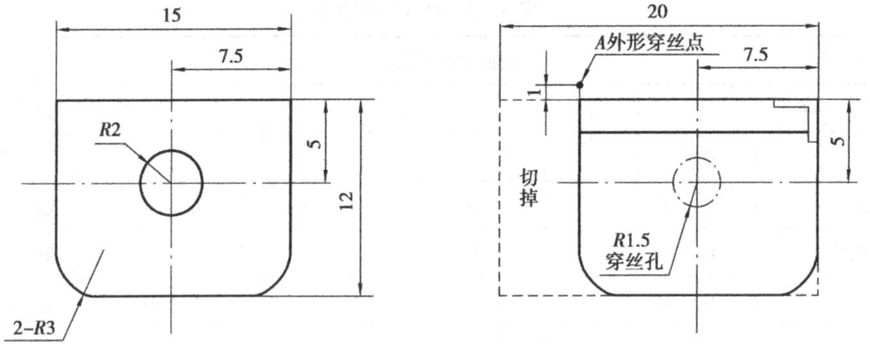

图 6.216　加工尺寸及穿丝孔位置图

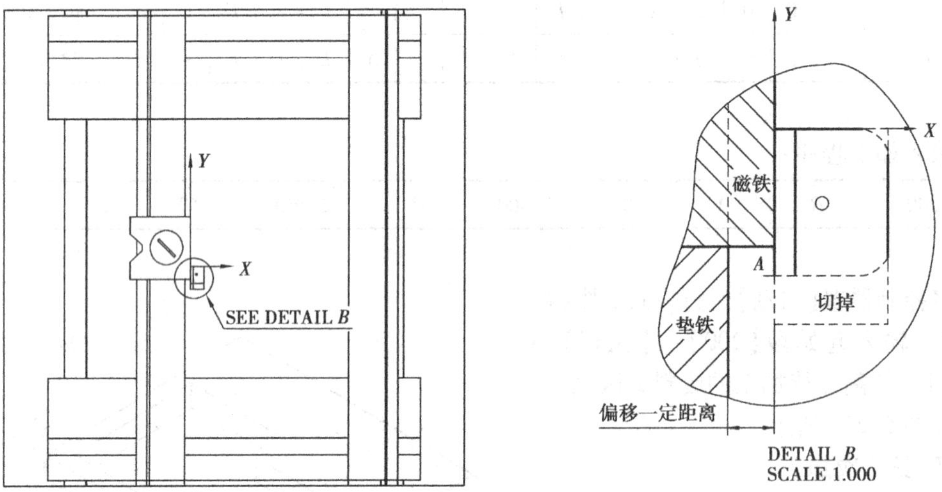

图 6.217　装夹示意图

与导电块接触是否良好,松紧程度是否合适,并校正电极丝的垂直度。

5. 建立工件坐标系

用 0.18 mm 的钼丝自动找端面时,应注意关掉高频,否则会损伤工件表面的测量刃口。在找正前,首先将钼丝张紧,擦掉工件端面上的油、水、锈、灰尘和毛刺,以免产生误差。开启 HX—Z5 型控制器,将控制器置【模拟】状态,关【高频】,打开机床运丝电机,让钼丝移动。其具体方法为:

步骤 1:建 X 轴。假定钼丝当前位置为 O 点,如图 6.219 所示。依次按【待命】键→【上档】键→【设置】键→【GX】→【L2】键,钼丝自动从当前位置向磁铁工作面接近。当 X 坐标停止移动时,定位结束,重复几次,取其平均值。则此时电极丝相切于 B 点,其中心偏移 X 向端面一个钼丝半径值(0.09 mm)。此时,X,Y 步进电机自动锁紧。

用手松开 X 轴刻度盘锁紧螺钉,旋转其到 0 位置,再旋紧锁紧螺钉,将 X 轴坐标清零。

步骤 2:建 Y 轴。保持 X 坐标不变(或者移开一定距离,最后再回到零点)。依次按【待命】键→【上档】键→【设置】键→【GY】→【L2】键,钼丝自动从当前位置向工件接近,当 Y 坐标停止移动时,定位结束,重复几次取其平均值。则此时的电极丝相切于 C 点,其中心偏移 Y 向

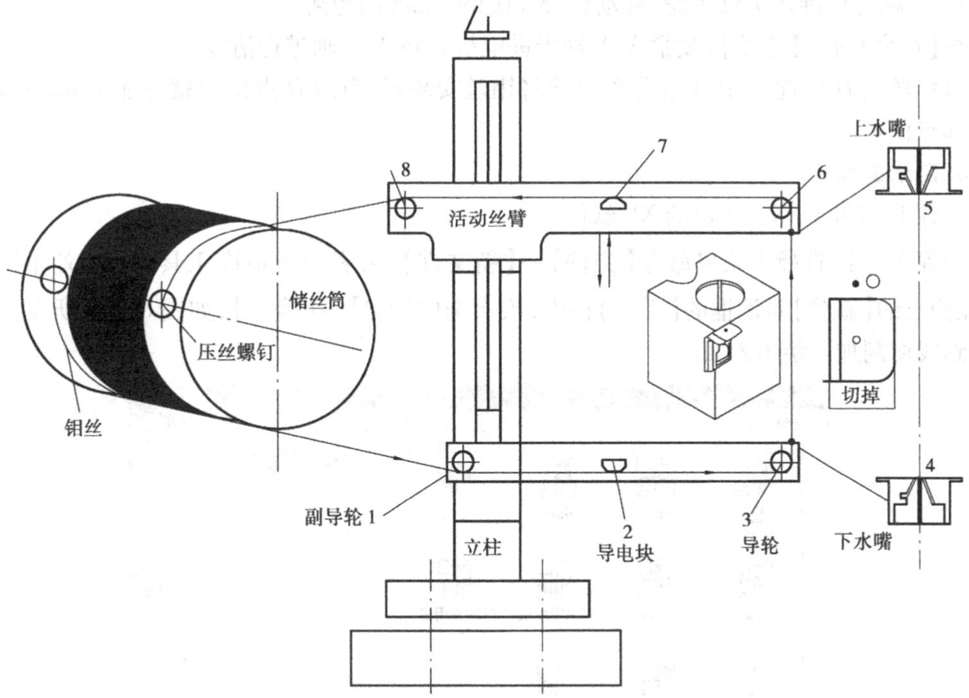

图 6.218　第三次加工穿丝示意图

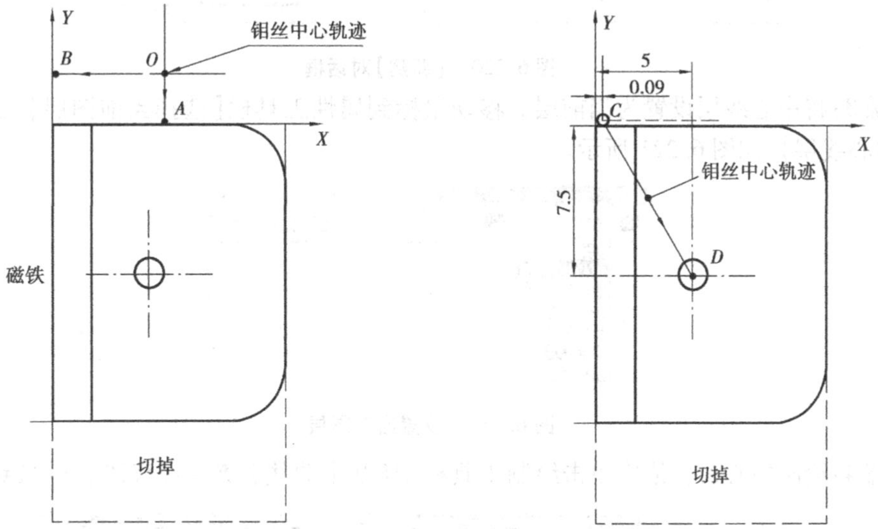

图 6.219　建坐标系示意图

端面一个钼丝半径值(0.09 mm)。此时，*X*,*Y* 轴步进电机自动锁紧。

用手松开 *Y* 轴刻度盘锁紧螺钉,旋转其到 0 位置,再旋紧锁紧螺钉,将 *Y* 轴坐标清零。

当前位置为 *C* 点,卸下电极丝。按【待命】键→【进给】,松开 *X*,*Y* 轴步进电机。然后,从当前点 *C* 移动到穿丝点 *D* 位置。

X 轴:顺时针旋转 *X* 轴手轮,移动(5 - 0.09) mm 的距离。

Y 轴:顺时针旋转 Y 轴手轮,移动(7.5 +0.09) mm 的距离。

按【待命】键→【进给】,锁紧 X,Y 轴步进电机。将 X,Y 轴进行清零。

过穿丝点 D 位置,采用上述穿丝方法将钼丝安装好,当前 D 点位置就为加工 $R2$ mm 孔的切割起点位置。

6. 自动编程

步骤 1:打开 CAXA 线切割 XP 软件。

步骤 2:依次选择主菜单命令【文件】→【新文件】,或者单击标准工具栏【新文件】按钮,在弹出的【新建】对话框的【常用】栏中,依次选中【EB】→【确定】,如图 6.220 所示。系统进入到线切割加工绘图界面。

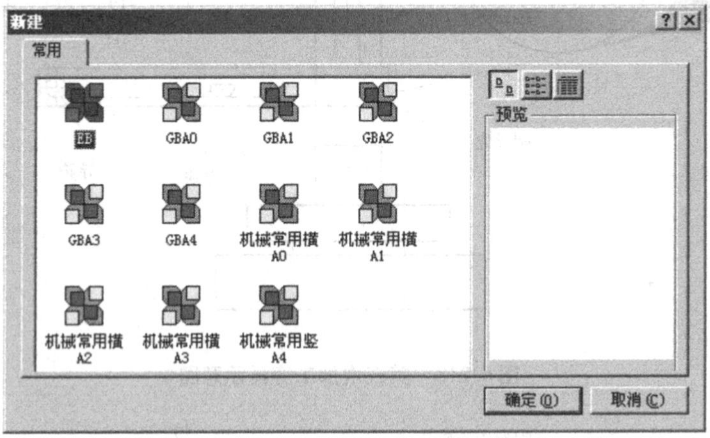

图 6.220 【新建】对话框

步骤 3:将中心线层设置为当前层。移动鼠标到属性工具栏【选择当前图层】位置,单击,选择【中心线层】,如图 6.221 所示。

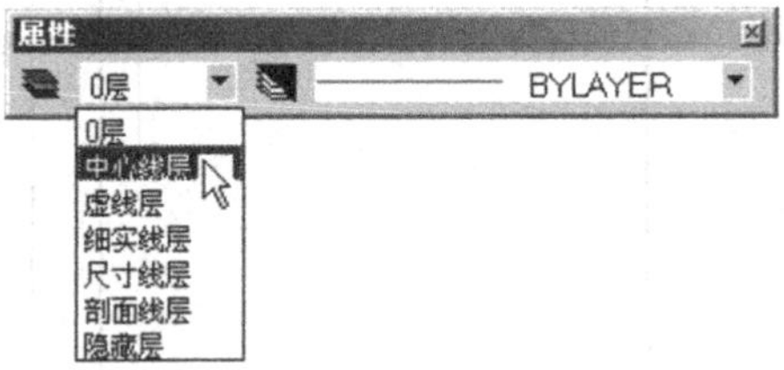

图 6.221 设置当前图层

步骤 4:绘制中心线。依次单击绘制工具栏中【基本曲线】→【直线】按钮,系统弹出立即菜单,修改其参数为:

。

提示栏提示【第一点(切点,垂足点)】,输入【0,0】,回车。

提示【第二点(切点,垂足点)】,移动光标到当前点的 180 度方向,单击。

单击【5:】,输入【12】,回车。

提示【第一点(切点,垂足点)】,输入【0,0】,回车。

提示【第二点(切点,垂足点)】,移动光标到当前点的 270 度方向,单击。

单击【Esc】取消中心线的绘制。

步骤 5：单击常用工具栏【显示全部】按钮，图形满屏显示，结果如图 6.222 所示。

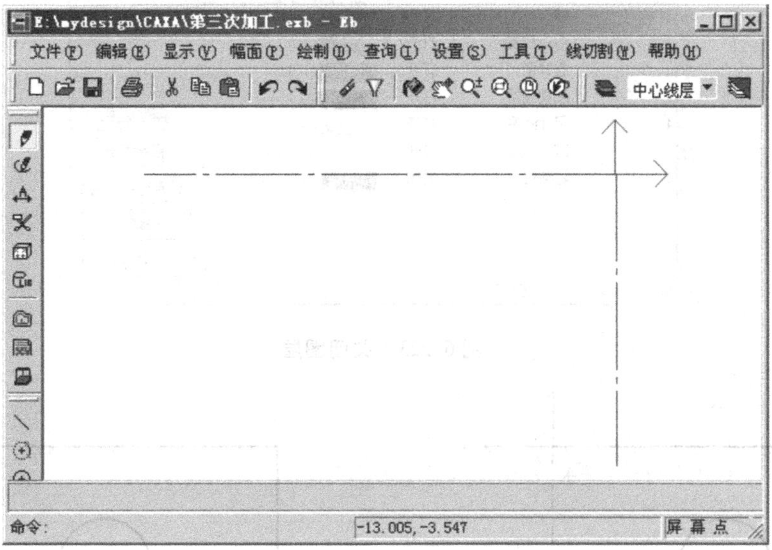

图 6.222　中心线绘制

步骤 6：采用步骤 3 的方法设置【0 层】为当前图层。

步骤 7：单击【矩形】按钮，修改【立即菜单】参数为：。

提示【第一角点】，输入【0，0】，回车。

提示【另一角点】，输入【 -15，-12】，回车。

步骤 8：单击【圆】按钮。系统弹出【立即菜单】，修改其参数为：。

提示【圆心点】，输入【 -7.5，-5】，回车。

提示【输入半径或圆上一点】，输入【2】，回车。

单击【Esc】取消命令状态。

步骤 9：为了倒圆角时捕捉准确，需把中心线层关闭。单击属性工具栏中【层控制】按钮，系统弹出【层控制】对话框，如图 6.223 所示。选择【中心线层】，双击【打开】，使其变为【关闭】状态。单击【确定】关闭中心线层。

步骤 10：依次单击绘制工具栏中【曲线编辑】按钮→【过渡】按钮，修改【立即菜单】参数为：。

系统提示【拾取第一条曲线】，选择线段 12，如图 6.224 所示。

提示【拾取第二条曲线】，选择线段 23。

同理，完成线段 23，34 倒圆角。结果如图 6.225 所示。

步骤 11：为了不对已加工面进行第二次加工，则进行如下处理。依次单击绘制工具栏中【基

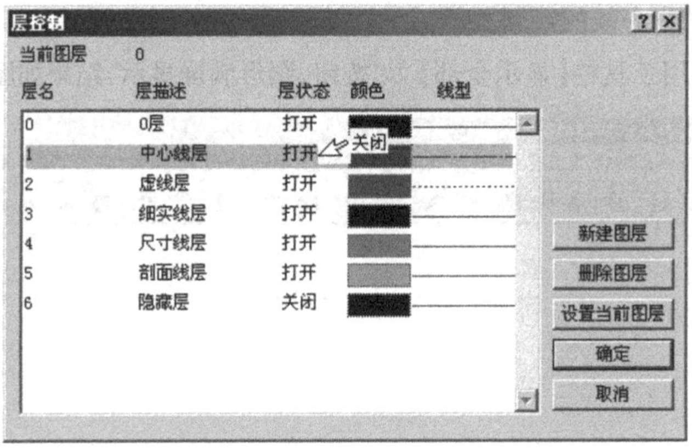

图 6.223 关闭图层

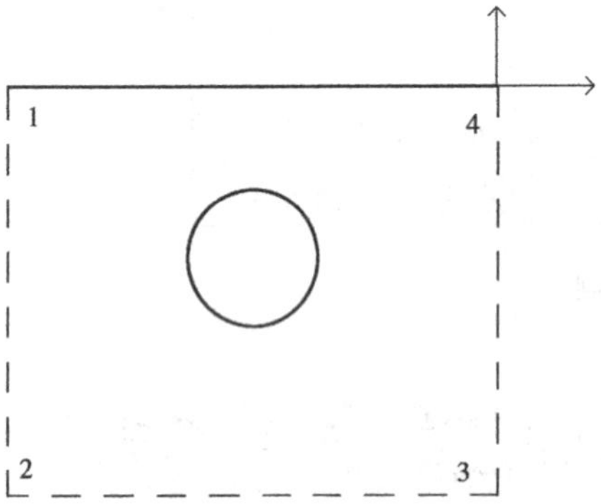

图 6.224 选择曲线倒圆角

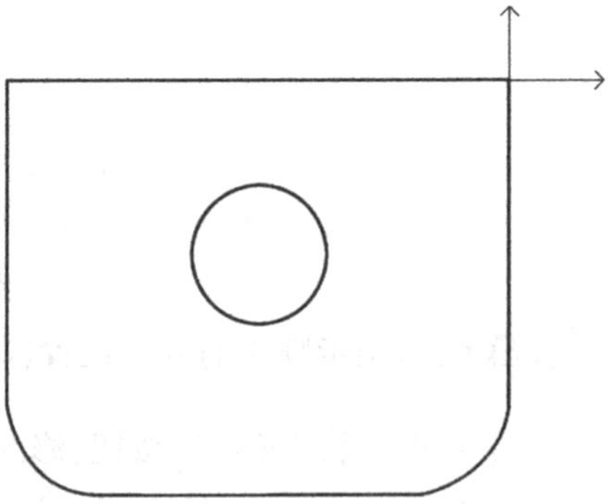

图 6.225 倒圆角后的图形

本曲线】→【直线】按钮。修改【立即菜单】参数为: 

。

提示【拾取直线】，选择线段 12，如图 6.226(a)所示，并向下移动光标。

提示【输入距离或点(切点)】，输入【1】，回车。

右击，修改【立即菜单】参数为: 

。

提示【第一点(切点，垂足点)】，单击空格键，弹出【立即菜单】，选择【端点】，移动光标到 A 位置，单击，如图 6.226(b)所示。

提示【第二点(切点，垂足点)】，单击空格键，选择【端点】，移动光标到 A'，位置，单击。

同理，完成线段 BB' 的绘制。

步骤 12：单击常用工具栏中的【删除】按钮。提示【拾取添加】，选择线段 AB，右击。结果如图 6.226(c)所示。

步骤 13：由于工件坐标与程序坐标不一致，因此需进行处理。采用步骤 9 的方法，打开【中心线层】。依次单击绘制工具栏中【曲线编辑】按钮→【旋转】按钮。系统弹出【立即菜单】，修改其参数为: 

。

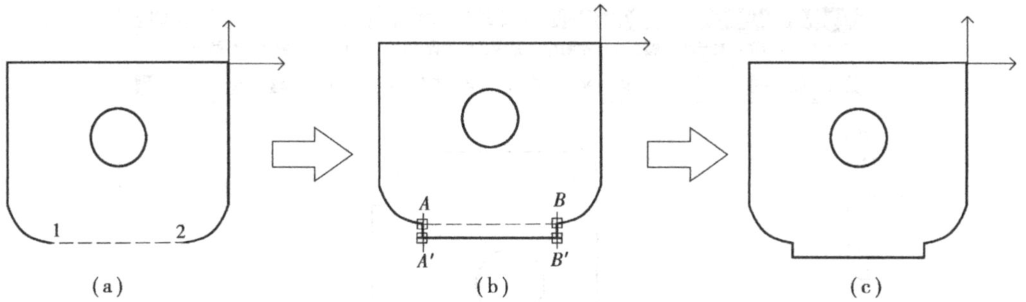

图 6.226 绘制直线

提示【拾取添加】，采用窗口方式选择所有的图素。移动光标到 1 位置，单击，如图 6.227(a)所示。

提示【另一角点】，移动鼠标到 1′处单击，在矩形窗口内的图形才被选中。

右击，提示【基点】，输入【0,0】，回车。

提示【旋转角】，输入【90】，回车。结果如图 6.227(b)所示。

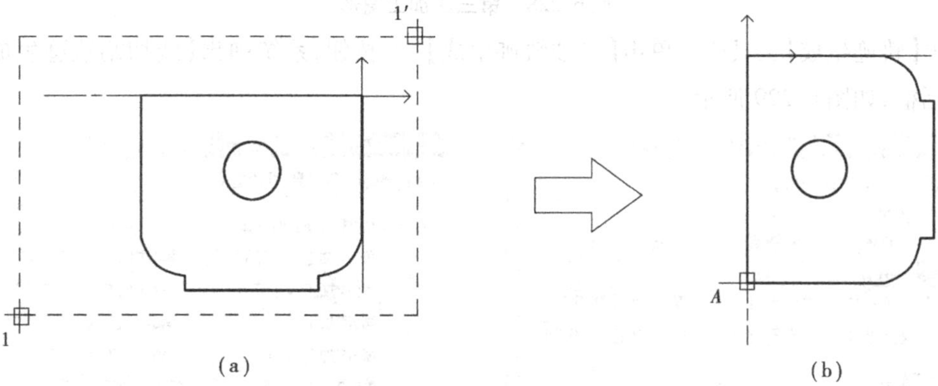

图 6.227 旋转工件

步骤 14：加工 *R*2 mm 的孔时，以钼丝当前位置为切割起点，加工外形时需做一条引入/引出线。

步骤 15：依次单击绘制工具栏中【基本曲线】→【直线】按钮，系统弹出立即菜单，修改其参数为：

。

提示【第一点(切点，垂足点)】，单击空格键，系统弹出【工具点菜单】，选择【端点】，移动光标到 *A* 位置，单击，如图 6.227(b)所示。

提示【第二点(切点，垂足点)】，在当前点的 180°方向，单击。

单击键盘上的【Esc】键，取消命令状态；

步骤 16：依次单击绘制工具栏中【工程标注】按钮→【尺寸标注】按钮，标注尺寸，或单击主菜单【查询】的方法，检查所绘图形是否正确，结果如图 6.228 所示。

步骤 17：现用 0.18 mm 的钼丝加工该产品，间隙补偿值为 0.1($f=r_{丝}+\delta_{电}=0.09+0.01=0.1$)。

(1)*R*2 mm 孔程序的编写。因为要外面，钼丝走内。单击绘制工具栏中【轨迹操作】按

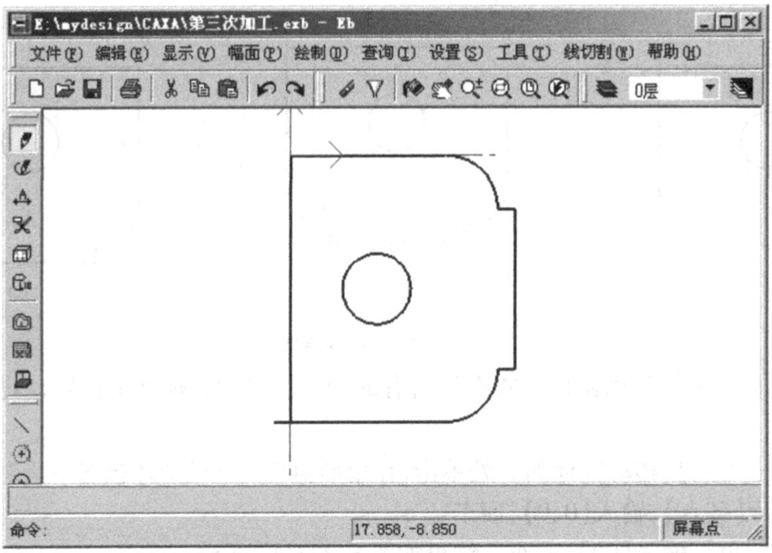

图 6.228　第三次加工图形

钮，弹出【轨迹生成】工具栏。单击【二轴轨迹生成】按钮，系统弹出【线切割轨迹生成参数表】对话框，如图 6.229 所示。

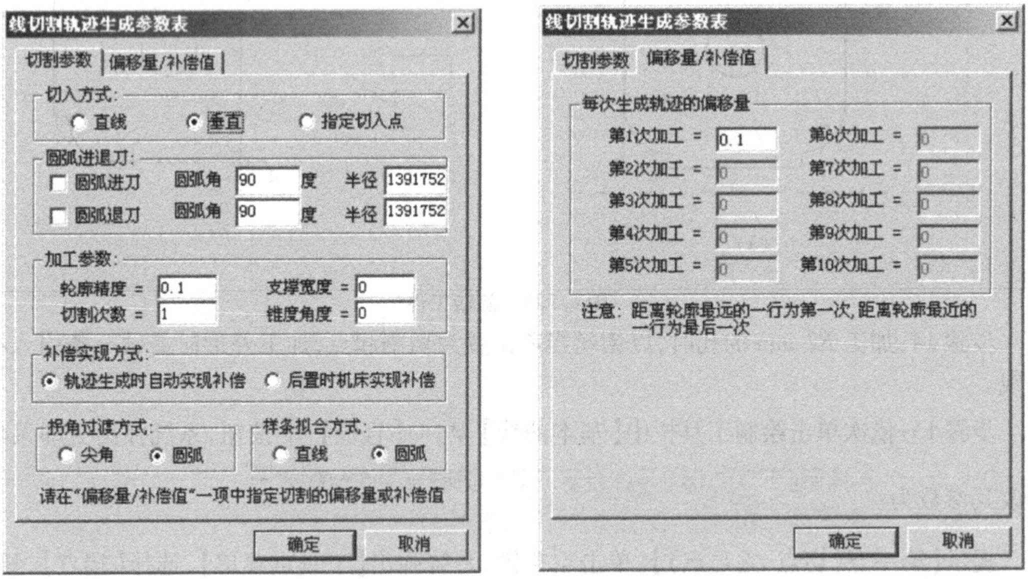

图 6.229　【线切割轨迹生成参数表】对话框

设置【切割参数】选项框参数：设置【切入方式】为【垂直】方式，设置【拐角过渡方式】为【圆弧】。

设置【偏移量/补偿值】选项框参数。在【每次生成轨迹的偏移量】中输入【第 1 次加工】间隙补偿量为【0.1】。其余参数保持默认状态。

单击【确定】，提示【拾取轮廓】，选择圆 1，如图 6.230 所示。

提示【请选择链拾取方向】，选择箭头的 A 端方向。

提示【选择加工的侧边或补偿方向】,选择箭头的 *B* 端方向。

提示【输入穿丝点位置】,单击空格键,弹出【工具点菜单】,选择【圆心】,在穿丝孔 1 圆周上单击。

提示【输入退出点(回车则与穿丝点重合】回车确定。生成轨迹如图 6.231 所示。

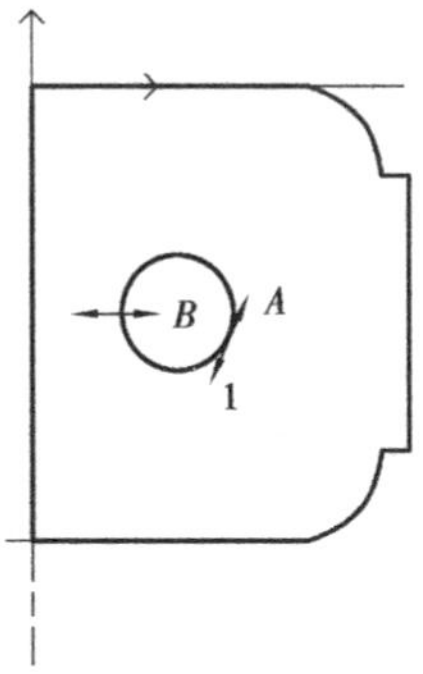

图 6.230 选择加工轮廓

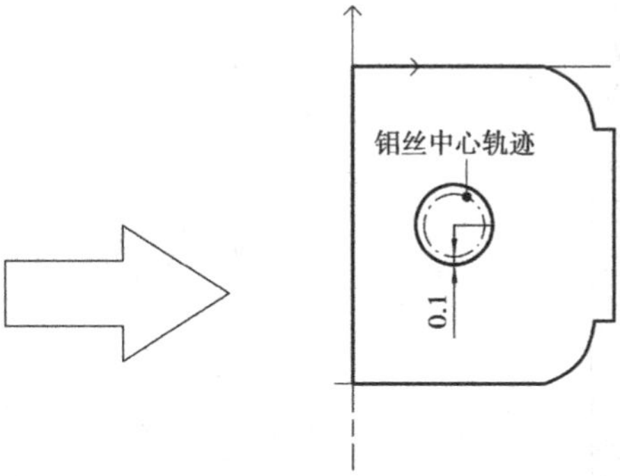

图 6.231 生成加工轨迹

(2)外形程序的编写。要里面,钼丝走外。关闭【中心线层】,单击【二轴轨迹生成】按钮,系统弹出【线切割轨迹生成参数表】对话框,如图 6.229 所示。

单击【确定】,提示【拾取轮廓】,选择线段 12 靠近端点 1 位置,如图 6.232 所示。

提示【请选择链拾取方向】,选择箭头的 *A* 端方向。

提示【选择加工的侧边或补偿方向】,选择箭头的 *B* 端方向。

提示【输入穿丝点】:单击空格键,弹出【工具点菜单】,选择【端点】,移动光标到端点 *C* 位置,单击。

提示【输入退出点(回车则与穿丝点重合】回车确定,生成轨迹如图 6.233 所示。

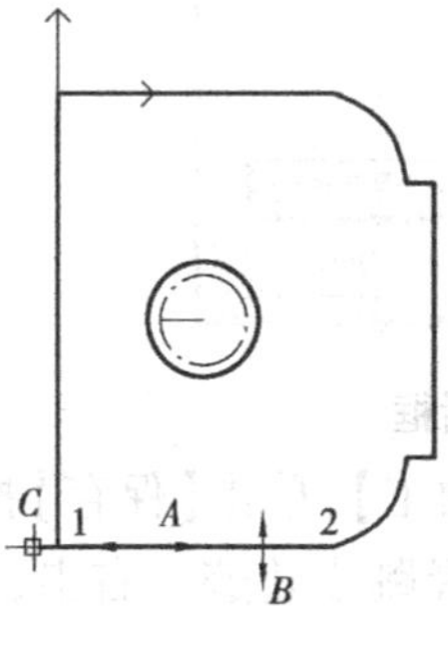

图 6.232 选择加工轮廓

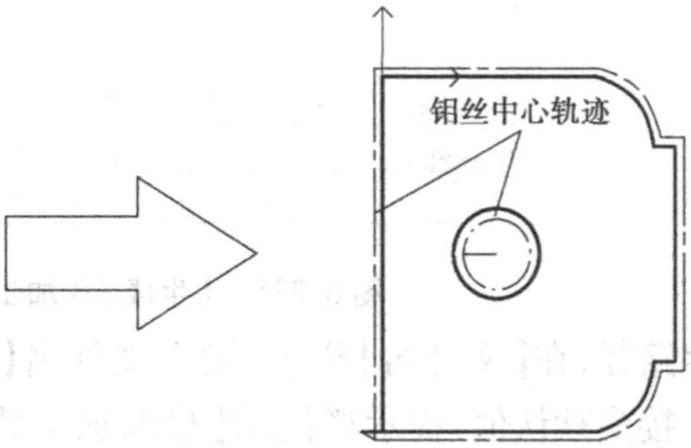

图 6.233 生成加工轨迹

步骤 18:由于该图形有两个加工轨迹,为了保证加工的顺利,确保各加工轨迹间的相对位置,从而把各个加工轨迹连接成一个轨迹,实现一次切割完成——轨迹跳步。

单击【轨迹跳步】按钮,提示【拾取加工轨迹】。为了保证加工的合理性,加工完内孔,再加工外形,因此必需先选择 *R*2 mm 的圆,再选择外形轮廓的二轴轨迹,右击。

单击【轨迹仿真】按钮,修改【立即菜单】参数为:

。

提示【拾取加工轨迹】，选择跳步轨迹线，如图 6.234 所示。

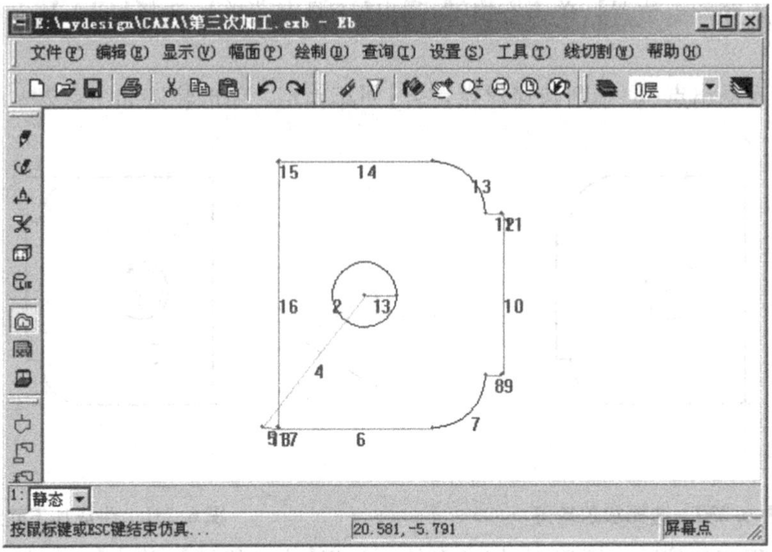

图 6.234　轨迹仿真

步骤 19：单击绘制工具栏中【代码生成】按钮。弹出代码生成工具栏，选择【生成 3B 代码】按钮。系统弹出【生成 3B 加工代码】对话框，如图 6.235 所示。

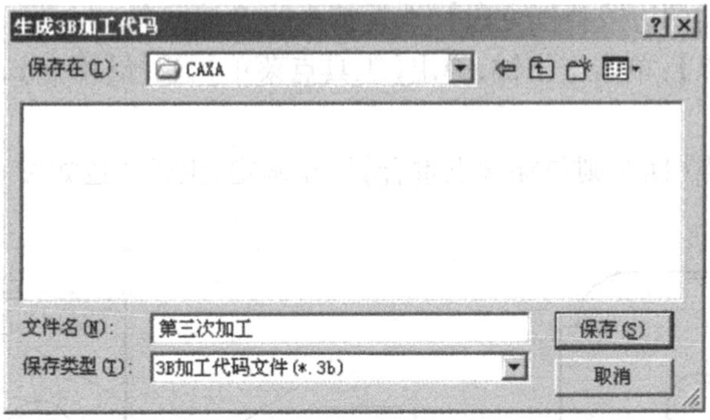

图 6.235　【生成 3B 加工代码】对话框

选择保存路径，在【文件名】栏中，输入文件名【第三次加工】，单击【保存】按钮。系统弹出立即菜单。接受默认值，提示栏提示【拾取加工轨迹】，选择跳步轨迹。右击，系统弹出【第三次加工—记事本】。

7. 程序传输

同前。

8. 程序校零

同前。

9. 切割加工

同前。

提示：

●当内孔加工完后，卸下钼丝，空运行程序段【4】。然后，装丝，执行后面的程序。但是，为了保证加工工件的精度以及加工安全性，程序段【13】以后的所有程序不需加工，因此，需在程序段【13】末，加上暂停符，或者停机符。最终加工结果，如图 6.236 所示。

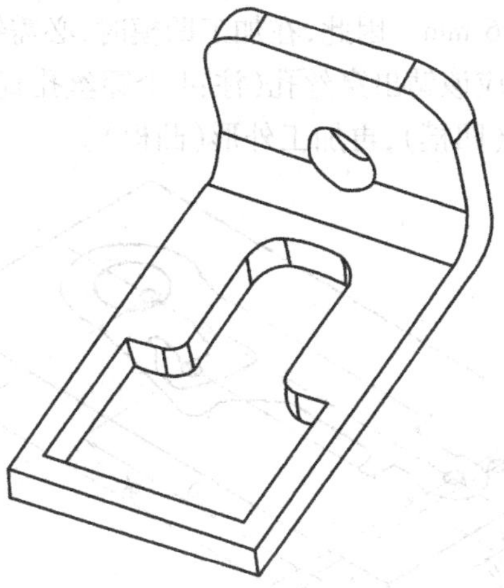

图 6.236 wind—door

课题四 泰 125 大臂展开凸凹模加工

一、泰 125 大臂展开凸凹模加工图样

泰 125 大臂展开凸凹模加工图样，如图 6.237 所示。

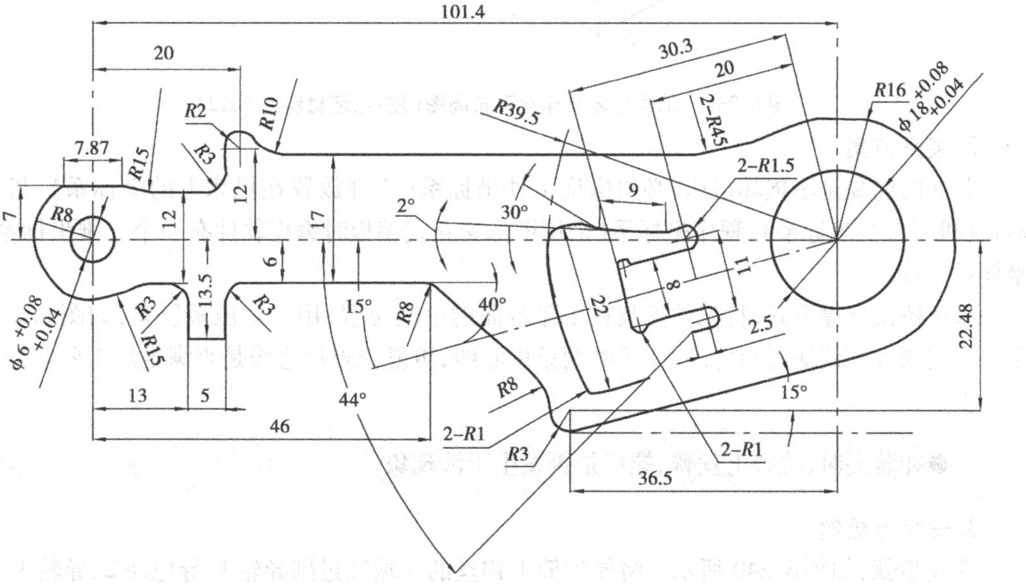

图 6.237 泰 125 大臂展开尺寸(注冲裁间隙 0.16 mm)

二、准备工作

1. 工艺分析

从展开图得出，该模是冲孔、落料复合模，因此应分别计算凸模、凹模刃口尺寸。

落料模以凹模刃口为主，凸模采用配作法加工，凸模刃口尺寸等于凹模刃口尺寸减去一个冲裁间隙0.16 mm。冲孔模以凸模刃口为主，凹模采用配作法加工，凹模刃口尺寸等于凸模刃口尺寸加上一个冲裁间隙0.16 mm。因此，在加工凹模时，必需钻穿丝孔；在加工凸模时，为了防止材料内部应力的释放，也应该钻出穿丝孔（注：4 个穿丝孔直径均为 5 mm），如图 6.238 所示。在加工时，应先加工内腔（凹模），再加工外形（凸模）。

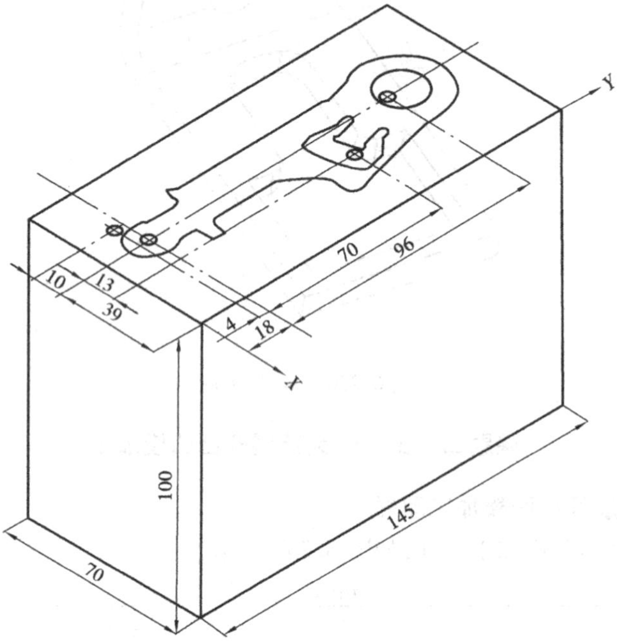

图 6.238　工件毛坯及穿丝孔布局图（注：毛坯材料为 Gr12）

2. 装夹方案

装夹的前提是不损坏机床，必须保证工件坐标系（工件放置在机床上的坐标系）、机床坐标系（机床自身坐标系）、程序坐标系（采用图形交互式编程时编程软件有一个二维坐标系）三坐标系一致。

采用桥式支撑方式，将工件安装在工作台面的中间位置，用一对压板压紧，如图 6.239 所示。采用划针划线法，拉直如图所示的两条中心线，再复查外形边缘是否满足加工要求。

提示：

● 在装夹时，检查上丝臂、螺杆是否发生干涉现象。

3. 安装电极丝

穿丝步骤，如图 6.240 所示。将储丝筒上钼丝的一端经过副导轮 1、导电块 2、导轮 3、下水嘴中心 4、穿丝孔、上水嘴中心 5、上导轮 6、导电块 7、副导轮 8，最后将其缠在储丝筒压丝螺钉处。然后检查钼丝是否在导轮槽中，与导电块接触是否良好，松紧程度是否合适，并校正电极丝的垂直度。

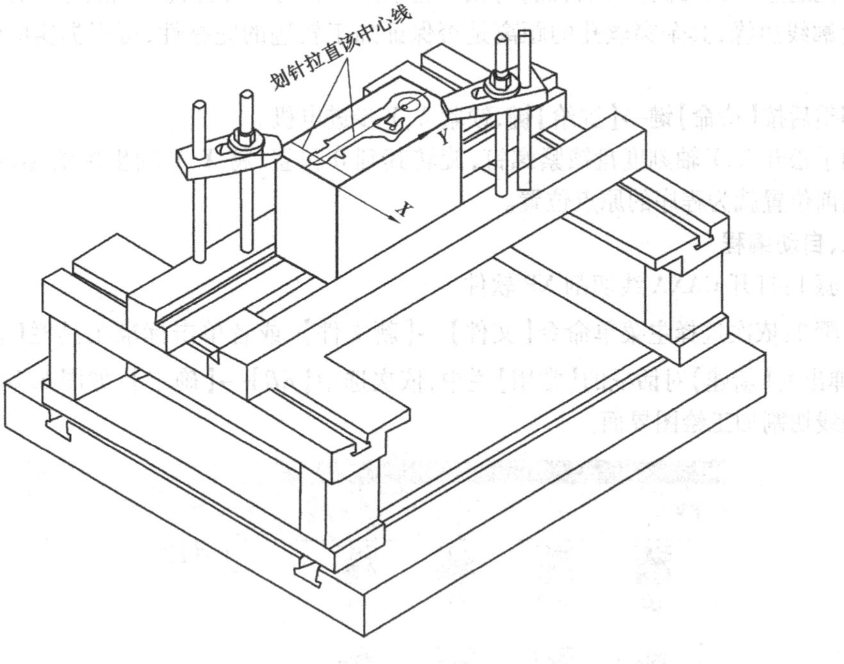

图 6.239 装夹示意图

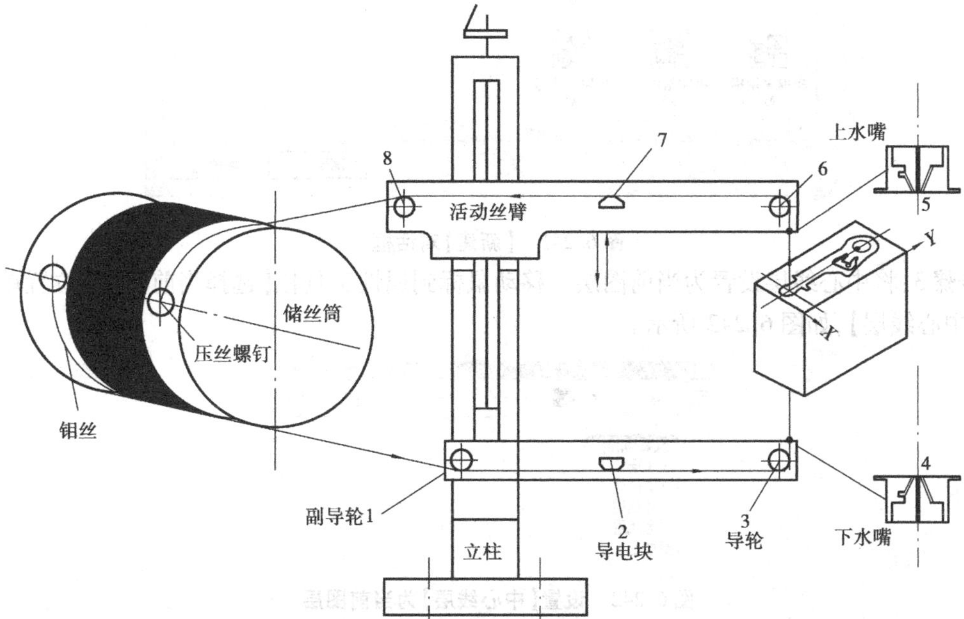

图 6.240 穿丝示意图

4. 目测法建立坐标系

首先通过 X 向目测，Y 向目测，将钼丝置于穿丝孔的中心位置。然后用游标卡尺测量当前点到轮廓线边缘，其余穿丝孔的距离是否保证加工轨迹的完整性，可根据实际情况作相应的调整。

调整后按【待命】键→【进给】键，锁紧 X,Y 步进电机。

用手松开 X,Y 轴刻度盘锁紧螺钉，旋转其到 0 位置，将 X,Y 轴坐标清零，再旋紧锁紧螺钉。当前位置就为程序的原点位置。

三、自动编程

步骤 1：打开 CAXA 线切割 XP 软件。

步骤 2：依次选择主菜单命令【文件】→【新文件】，或者单击标准工具栏【新文件】按钮，在弹出的【新建】对话框的【常用】栏中，依次选中【EB】→【确定】，如图 6.241 所示。系统进入到线切割加工绘图界面。

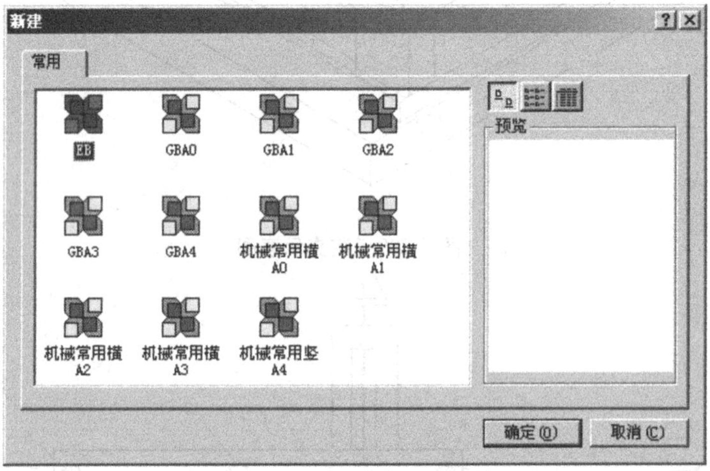

图 6.241 【新建】对话框

步骤 3：将中心线层设置为当前图层。移动鼠标到属性工具栏【选择当前图层】位置单击，选择【中心线层】，如图 6.242 所示。

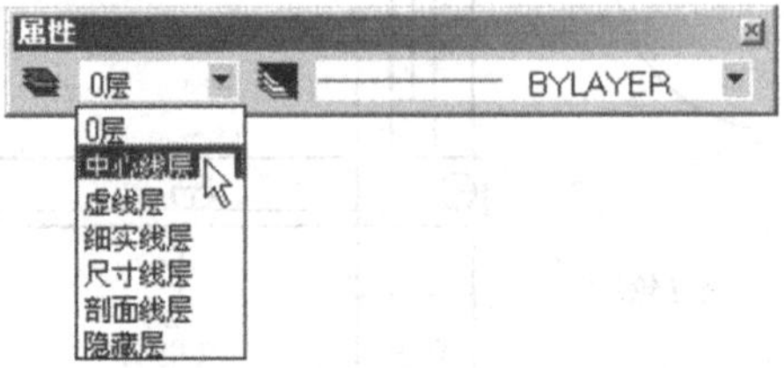

图 6.242 设置【中心线层】为当前图层

步骤 4：绘制中心线。依次单击绘制工具栏中【基本曲线】→【直线】按钮，系统弹出立即菜单，修改其参数为：

。

提示栏提示【第一点（切点，垂足点）】，输入【0,0】，回车。

提示【第二点(切点,垂足点)】,移动光标到当前点的0度方向,单击。

单击【5:】,输入长度【70】,回车。

提示【第一点(切点,垂足点)】,输入【0,0】,回车。提示【第二点(切点,垂足点)】,移动光标到当前点的90°方向,单击。

修改【立即菜单】参数为: 

。

提示【拾取直线】,选择竖直中心线,并向右移动光标。提示【输入距离或点(切点)】,输入【18】,回车。

输入【18+101.4】,回车。右击,选择水平中心线,并向上移动光标。

提示【输入距离或点(切点)】,输入【39】,回车。

修改【立即菜单】参数为: 

。

提示【第一点(切点)】,移动光标到平行于 *X* 轴、*Y* 轴中心线的相交处(最右边),待出现交点符号时,单击。

提示【第二点(切点)或长度】,移动光标到第三象限内大于40 mm的任意位置,单击。

单击【Esc】取消中心线的绘制。

步骤5:单击常用工具栏【显示全部】按钮,图形满屏显示,结果如图6.243所示。

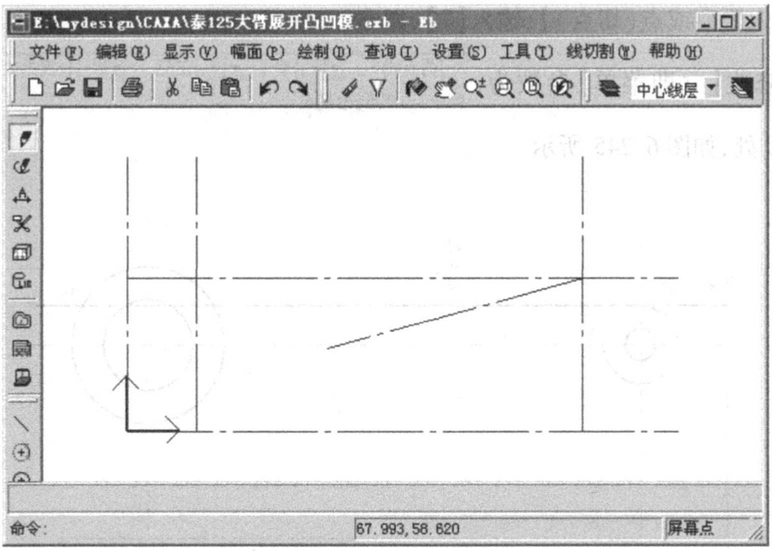

图6.243 绘制中心线

步骤6:采用步骤3的方法,设置【0层】为当前层。

步骤7:单击【圆】按钮。系统弹出【立即菜单】,修改其参数为: 

。

提示【圆心点】,移动光标到 *A* 位置,如图6.244所示,待出现交点符号时,单击。

提示【输入半径或圆上一点】,输入【8】,回车。

输入【6.06/2】,回车。

右击,提示【圆心点】,单击【空格键】,弹出【工具点菜单】,选择【交点】,分别选择中心线段 12,34 后,系统自动捕捉到交点 B。

提示【输入半径或圆上一点】,输入【18.06/2】,回车。

输入【16】,回车。

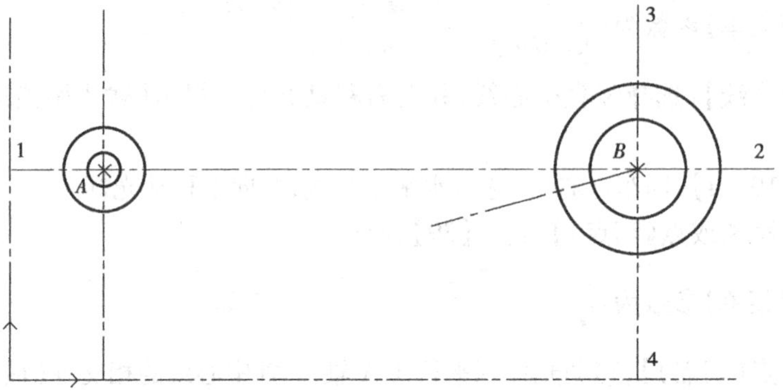

图 6.244　绘制圆

步骤 8:单击【直线】按钮;修改【立即菜单】参数为:

。

提示【拾取直线】,选择水平中心线 12,如图 6.244 所示,并向上移动光标。

提示【输入距离或点(切点)】,输入【7】,回车。

步骤 9:修改【立即菜单】参数为:

。

移动光标到 C 处,如图 6.245 所示。

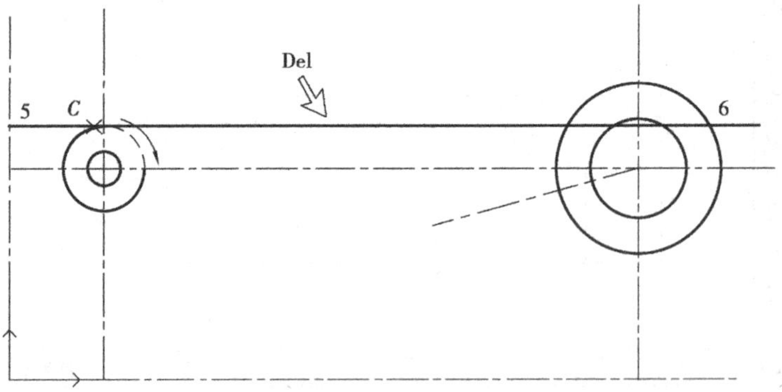

图 6.245　绘制直线

待出现交点符号时,单击。

提示【第二点(切点,垂足点)】,移动光标到当前点的 0 度方向,单击。

单击【Esc】取消直线的绘制。

步骤 10:选择线段 56,如图 6.245 所示。

单击键盘上【Del】,将其删除。

单击常用工具栏中【重画】按钮,刷新屏幕保持清洁。

步骤 11:依次单击绘制工具栏中【曲线编辑】按钮→【裁剪】按钮。修改【立即菜单】参数为: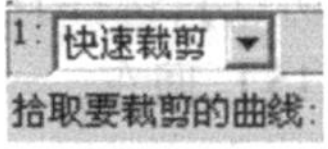

。

提示【拾取要裁剪的曲线】,分别选择如图 6.245 所示虚线位置(顺着箭头方向选择),结果如图 6.246 所示。

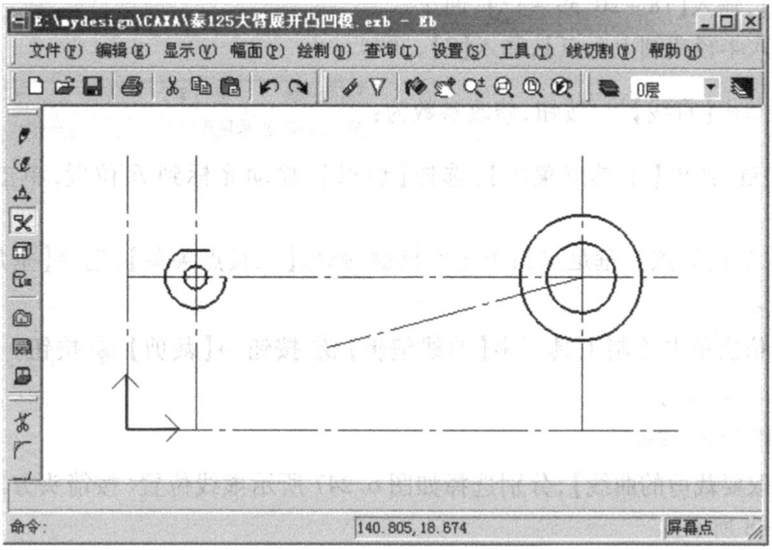

图 6.246　裁剪后的图形

步骤 12:依次单击绘制工具栏中【基本曲线】按钮→【直线】按钮,修改【立即菜单】参数为:

。

提示【拾取直线】,选择线段 12,如图 6.247 所示,并向上移动光标。

提示【输入距离或点(切点)】,输入【12 - 6】,回车。

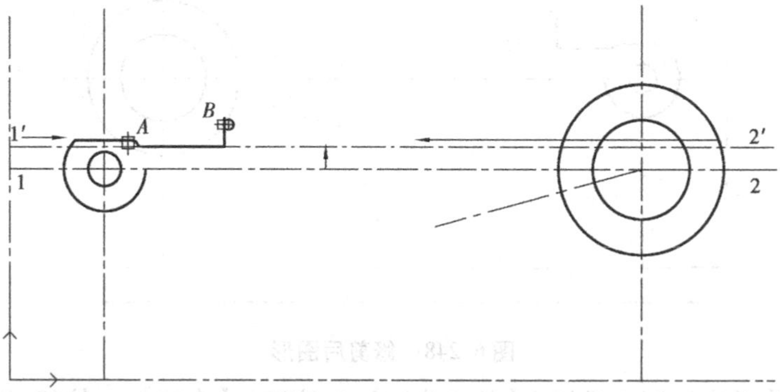

图 6.247　绘制图素

步骤 13:单击【圆弧】按钮。系统弹出【立即菜单】,修改其参数为: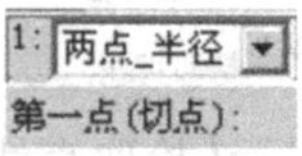

。

提示【第一点(切点)】,移动光标到端点 A 位置,待出现端点符号时,单击。

提示【第二点(切点)】,单击空格键,弹出【工具点菜单】,选择【切点】,选择直线 1′2′。

提示【第三点(切点)或半径】,移动光标调整圆弧为劣弧,输入【15】,回车。

步骤 14:单击【圆】按钮。系统弹出【立即菜单】,修改其参数为:

。

提示【圆心点】,输入【18 +20,39 +12】,回车。

提示【输入半径或圆上一点】,输入【2】,回车。

步骤 15:单击【直线】按钮,修改参数为:

。

单击空格键,弹出【工具点菜单】,选择【切点】,移动光标到 B 位置,单击,如图 6. 247 所示。

提示【第二点(切点),垂足点】;单击空格键,弹出【工具点菜单】,选择【垂足点】,选择水平中心线 1′2′。

步骤 16:依次单击绘制工具栏中【曲线编辑】按钮→【裁剪】按钮。修改【立即菜单】参数为:

。

提示【拾取要裁剪的曲线】,分别选择如图 6. 247 所示虚线位置(按箭头方向顺次选择)。结果如图 6. 248 所示。

提示:

●当被修剪对象,没有被分成两部分时,不能用修剪命令去除。此时,只能用删除命令删除对象。具体的修剪方法,应根据当时的情况,灵活运用【Del】、【裁剪】命令。

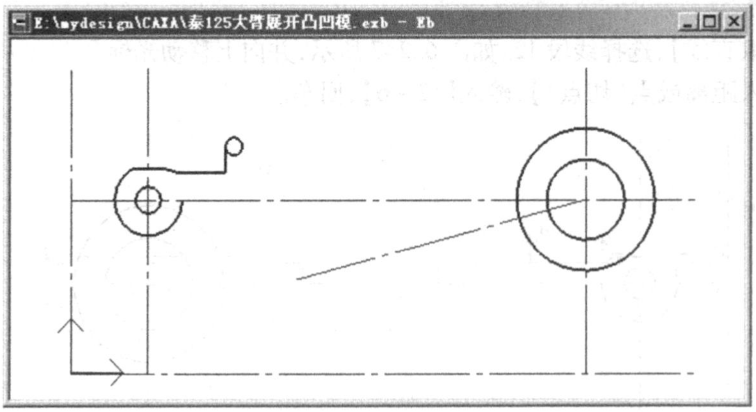

图 6. 248　修剪后图形

步骤 17:依次单击绘制工具栏中【基本曲线】按钮→【直线】按钮;修改【立即菜单】参数为:

。

提示【拾取直线】,选择线段 12,如图 6. 249 所示。

向下移动光标，提示【输入距离或点(切点)】，输入【6】，回车；输入【13.5】，回车。

右击，选择竖直中心线 34，并向右移动光标。

提示【输入距离或点(切点)】，输入【13】，回车；输入【18】，回车；输入【46】，回车。

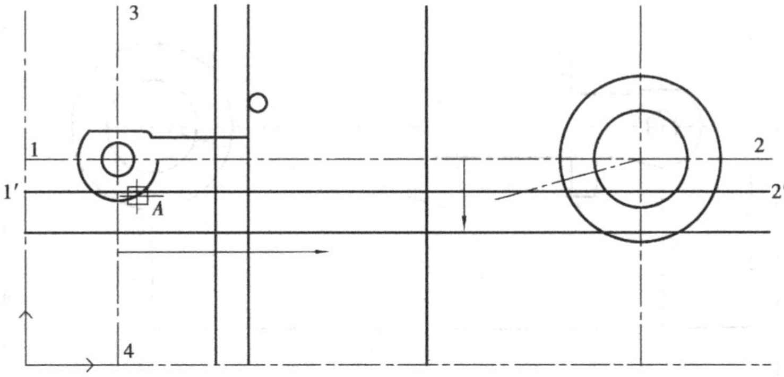

图 6.249 绘制平行线

步骤 18：依次单击绘制工具栏中【曲线编辑】按钮→【过渡】按钮，修改【立即菜单】参数为：

。

系统提示【拾取第一条曲线】，移动光标到 *A* 位置，单击，如图 6.249 所示。

提示【拾取第二条曲线】，选择水平线 1′2′；结果如图 6.250 所示。

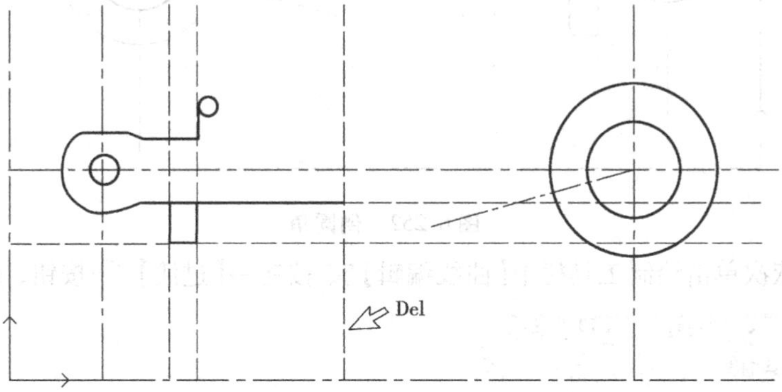

图 6.250 修剪前的图形

步骤 19：单击【裁剪】按钮。修改【立即菜单】参数为：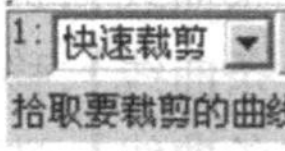

。提示【拾取要裁剪的曲线】，分别选择如图 6.250 所示虚线。结果如图 6.251 所示。

步骤 20：依次单击绘制工具栏中【基本曲线】→【直线】按钮，系统弹出立即菜单，修改其参数为：

。

选择水平线 11′，如图 6.252 所示，并向上移动光标。

提示【输入距离或点(切点)】，输入【17】，回车。

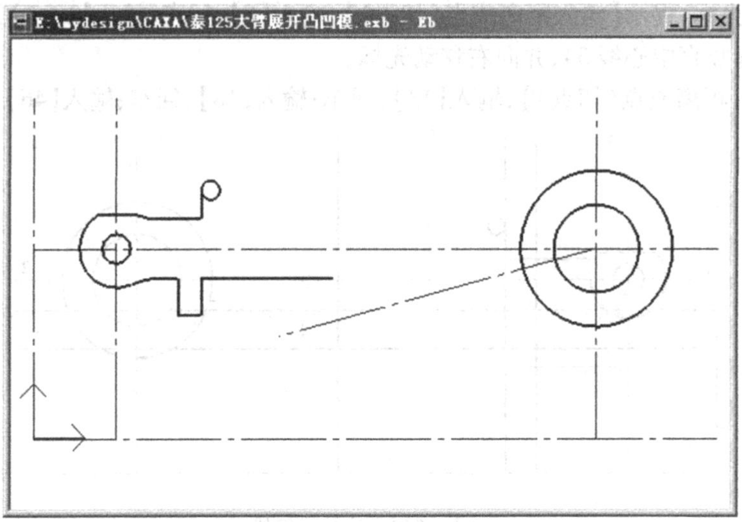

图 6.251　修剪后的图形

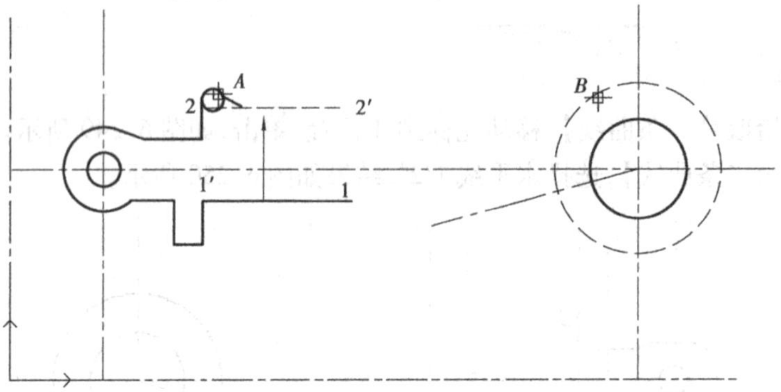

图 6.252　倒圆角

步骤 21：依次单击绘制工具栏中【曲线编辑】按钮→【过渡】按钮，修改【立即菜单】参数为：1：圆角　2：裁剪　3：半径=10　拾取第一条曲线：。

系统提示【拾取第一条曲线】，移动光标到 A 位置，单击，如图 6.252 所示。

提示【拾取第二条曲线】，选择水平线 22′。单击【3：】，输入半径【45】。

提示【拾取第一条曲线】，移动光标到 B 位置，单击。

提示【拾取第二条曲线】，选择水平线 22′。

步骤 22：单击【裁剪】按钮。修改【立即菜单】参数为：1：快速裁剪　拾取要裁剪的曲线：。则根据图纸要求，分别选择不要的图素将其修剪掉。结果如图 6.253 所示。

步骤 23：依次单击绘制工具栏中【基本曲线】→【圆】按钮。系统弹出【立即菜单】，修改其参数为：1：圆心_半径　2：半径　圆心点：。

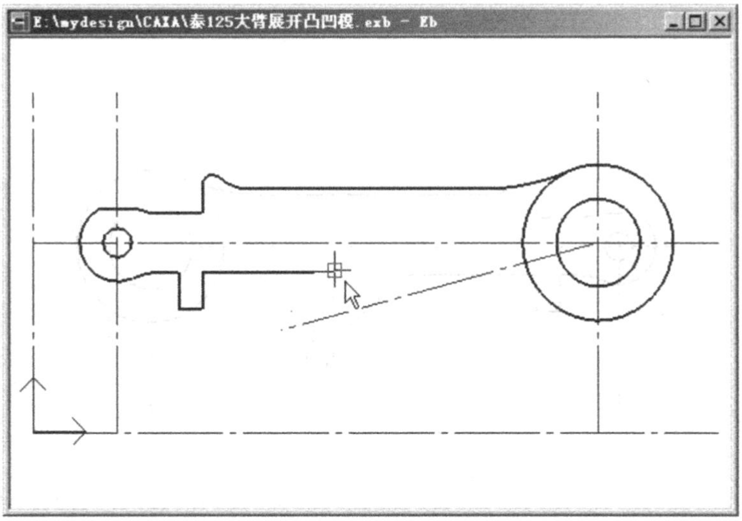

图 6.253 修剪后的图形

提示【圆心点】,输入【18+101.4-36.5,39-22.48】,回车。

提示【输入半径或圆上一点】,输入【3】,回车。

步骤 24:单击【直线】按钮,系统弹出【立即菜单】。单击【1:】,选择【角度线】。修改【角度线】参数为:

。

提示【第一点(切点)】,移动光标到线段的右端点位置,待出现端点符号时,单击,如图 6.253箭头所示。

提示【拾取曲线】,选择步骤 23 所绘制的 *R*3 mm 的圆。

步骤 25:依次单击绘制工具栏中【曲线编辑】按钮→【过渡】按钮,修改【立即菜单】参数为:

。

系统提示【拾取第一条曲线】,选择步骤 24 所绘制的 40°角的角度线。

提示【拾取第二条曲线】,选择步骤 23 所绘制的 *R*3 mm 的圆。结果如图 6.254 所示。

步骤 26:依次单击绘制工具栏中【基本曲线】→【直线】按钮。系统弹出【立即菜单】,修改其参数为:

。

提示【拾取直线】,选择 15°角的中心线,并向上移动光标。

提示【输入距离或点(切点)】,输入【4】,回车。

输入【5.5】,回车。

修改【立即菜单】参数为:

。

提示【拾取曲线】,选择 15°角的中心线。

提示【输入点】,选择该线的右端点。

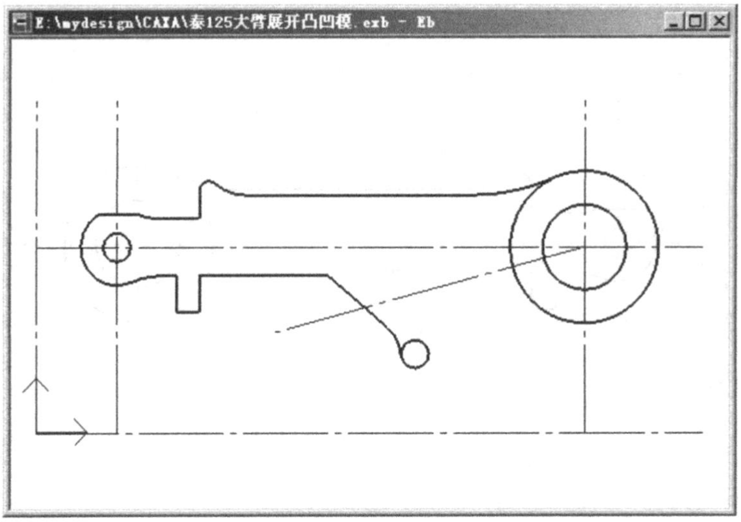

图 6.254　倒圆角

提示【第二点(切点)或长度】,移动光标到超出 $R16$ mm 的圆周时,单击。

修改【立即菜单】参数为: 。

提示【拾取直线】,选择该法线,并向下移动光标。

提示【输入距离或点(切点)】,输入【30.3 - 1】,回车。

输入【20】,回车。

步骤 27:放大图形 C 区。

提示:

有两种方法:

●通过滑动鼠标中键,来实现图形的放大与缩小。

●单击常用工具栏中【显示窗口】按钮。提示【显示窗口第一角点】,在待放大位置的左下角 1 位置单击,如图 6.255 所示。

提示【显示窗口第二角点】,移动光标到当前点对角 1′位置,单击(形成的矩形必须包括要放大的 C 区域),结果如图 6.256 所示,单击【Esc】取消命令。

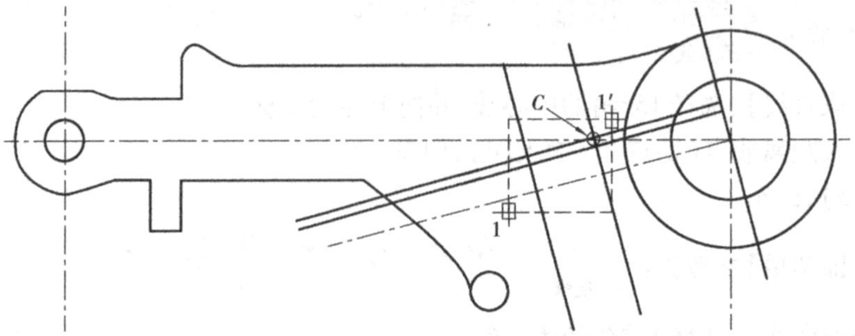

图 6.255　放大图形

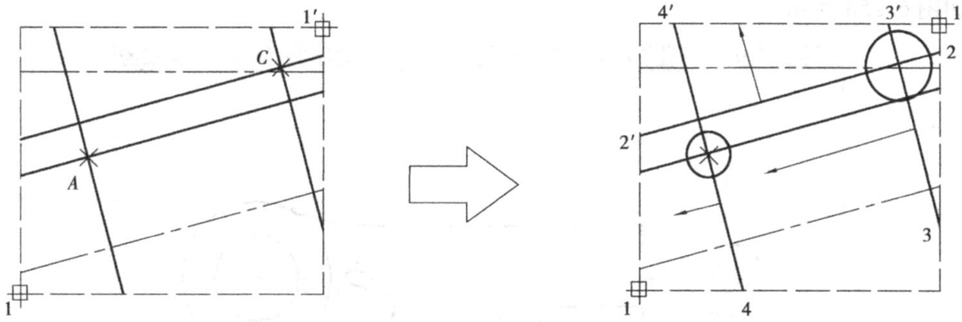

图 6.256 绘制直线

步骤 28：依次单击绘制工具栏中【基本曲线】→【圆】按钮。系统弹出【立即菜单】，修改其参数为：

。

提示【圆心点】，移动光标到 *A* 位置，如图 6.256 所示。待出现交点符号时，单击。

提示【输入半径或圆上一点】，输入【1】，回车。

右击，移动光标到 *C* 位置，待出现交点符号时，单击。提示【输入半径或圆上一点】，输入【1.5】，回车。

步骤 29：单击【直线】按钮，修改【立即菜单】参数为：

。

提示【拾取直线】，选择线段 22′，如图 6.256 所示，并向上移动光标，提示【输入距离或点（切点）】，输入【1.5】，回车。

右击，选择线段 33′，向下移动光标，提示【输入距离或点（切点）】，输入【2.5】，回车。

右击，选择线段 44′，向下移动光标，提示【输入距离或点（切点）】，输入【1】，回车。结果如图 6.257 所示。

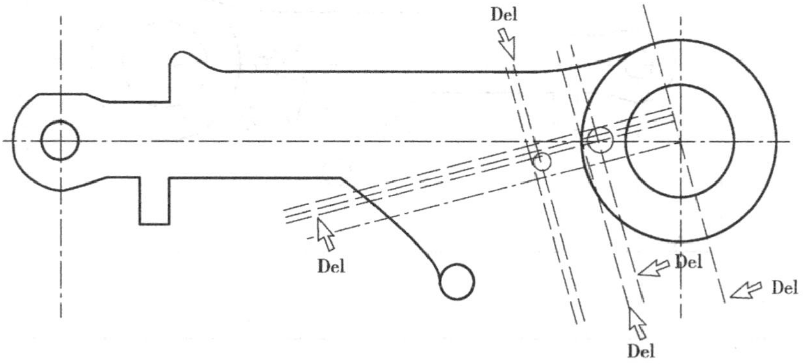

图 6.257 绘制平行线

步骤 30：依次单击绘制工具栏中【曲线编辑】按钮→【裁剪】按钮。修改【立即菜单】参数为：

。提示【拾取要裁剪的曲线】，分别选择如图 6.257 所示虚线位置，结果如图 6.258 所示。

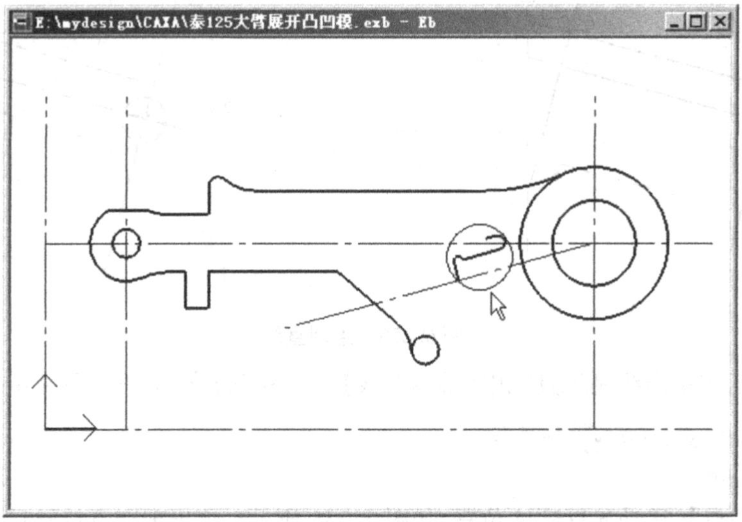

图 6.258　修剪后的图形

步骤 31：单击【镜像】按钮。修改【立即菜单】参数为：

。采用窗口选择方式，选择图 6.258 箭头所示圆形内的图形。

右击，提示【拾取轴线】，选择 15°角的中心线。

单击【Esc】取消命令状态。结果如图 6.259 所示。

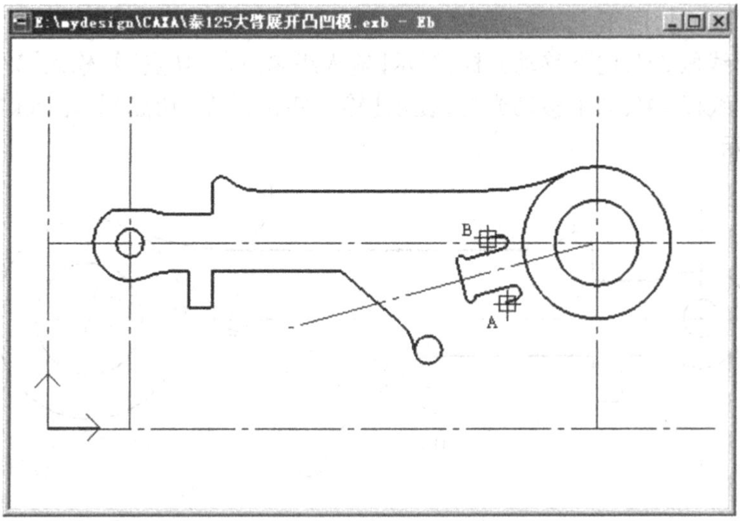

图 6.259　镜像图素

步骤 32：依次单击绘制工具栏中【基本曲线】→【圆】按钮。系统弹出【立即菜单】，修改其参数为：

。

提示【圆心点】，单击空格键，系统弹出【工具点菜单】，选择【圆心】。

捕捉右侧 $R16$ mm 的圆周,系统自动捕捉到圆心。

提示【输入半径或圆上一点】,输入【39.5】,回车。

步骤 33:单击【直线】按钮,系统弹出【立即菜单】。单击【1:】,选择【角度线】。修改【角度线】参数为:

。

提示【第一点(切点)】,移动光标到 A 端点位置,待出现端点符号时,单击,如图 6.259 所示。

提示【第二点(切点)或长度】,移动光标到 $R39.5$ mm 的圆外,单击。

修改【立即菜单】参数为:

。

提示【第一点(切点)】,移动光标到端点 B 位置,待出现端点符号时,单击,如图 5.257 所示。

提示【第二点(切点)或长度】,移动光标到 $R39.5$ mm 的圆外,单击。

修改【立即菜单】参数为:

。

提示【拾取直线】,选择 15°角的中心线。提示【输入距离或点(切点)】,输入【11】,回车。结果如图 6.260 所示。

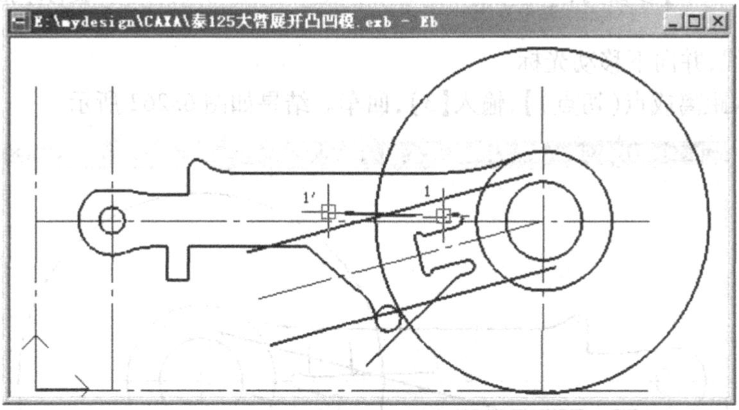

图 6.260 绘制平行线

修改【立即菜单】参数为:

。

提示【拾取曲线】,选择线段 11′,如图 6.260 所示。

提示【输入点】,移动光标到 1 位置,待出现端点符号时,单击。

提示【第二点(切点)或长度】,向上移动光标到任意长度处,单击。

修改【立即菜单】参数为:

。

提示【拾取直线】,选择刚绘制的法线,并向左移动光标。提示【输入距离或点(切点)】,输入【9】,回车。

修改【立即菜单】参数为：

。

提示【第一点(切点)】，移动光标到 A 位置，待出现端点符号时，单击，如图 6.261 所示。

提示【拾取曲线】，选择线段 22′。

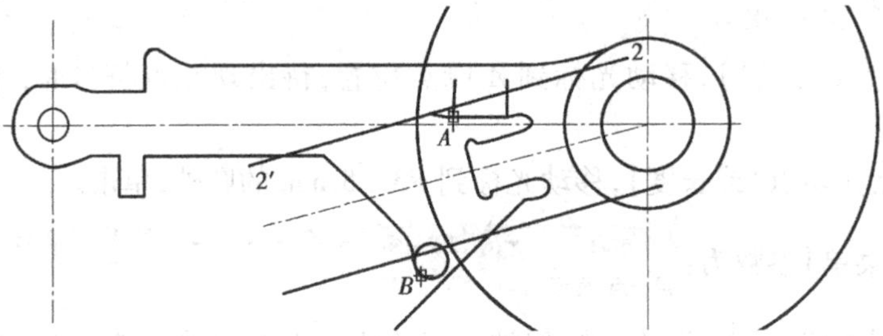

图 6.261　绘制图形

单击【4:】，输入角度【15】，回车。

提示【第一点(切点)】，单击空格键，系统弹出【工具点菜单】，选择【圆心】。

单击 B 位置，如图 6.261 所示，系统自动捕捉到圆心。提示【拾取曲线】，选择 R16 mm 的圆。

修改【立即菜单】参数为：

。提示【拾取直线】，选择刚绘制的角度线，并向下移动光标。

提示【输入距离或点(切点)】，输入【3】，回车。结果如图 6.262 所示。

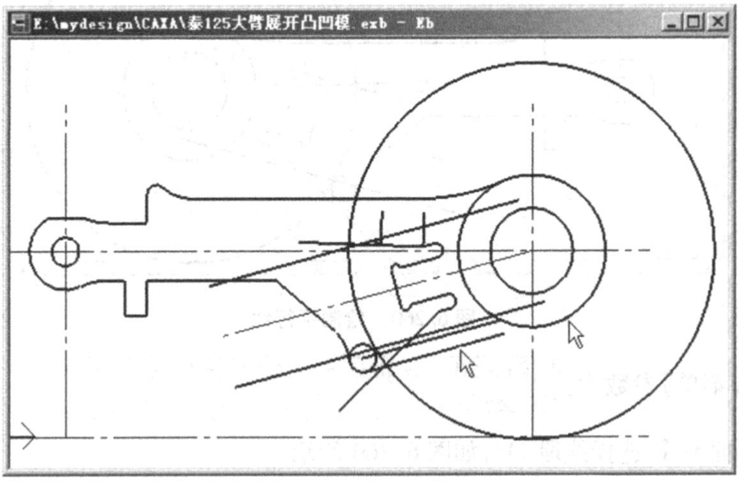

图 6.262　绘制图素

步骤 34：依次单击绘制工具栏中【曲线编辑】按钮→单击【过渡】按钮，修改【立即菜单】参数为：

。

系统提示【拾取第一条曲线】，选择箭头所指直线，如图 6.262 所示。提示【拾取第二条曲线】，选择箭头所示圆。

同理，根据图纸要求，对其他相关曲线倒圆角（*R*1，*R*3，*R*8）。

单击【裁剪】按钮。修改【立即菜单】参数为：

。

提示【拾取要裁剪的曲线】，则根据图纸要求，分别选择不要的线段（结合删除命令），将其修剪掉。

步骤 35：根据穿丝孔布局图，绘制出穿丝孔，以便确定切割起点。采用步骤 3 的方法将【中心线层】设置为当前层。依次单击绘制工具栏中【基本曲线】→【圆】按钮。系统弹出【立即菜单】，修改其参数为：

。

提示【圆心点】，输入【18 -4，39 +10】，回车。提示【输入半径或圆上一点】，输入【2.5】，回车。

右击，提示【圆心点】，输入【18 +96，39】，回车。

提示【输入半径或圆上一点】，输入【2.5】，回车。

右击，提示【圆心点】，输入【18 +70，39 -13】，回车。

提示【输入半径或圆上一点】，输入【2.5】，回车。

而 ϕ6.06 的孔以某圆心为穿丝点进行加工。

步骤 36：依次单击绘制工具栏中【工程标注】按钮→【尺寸标注】按钮，标注尺寸，或单击主菜单【查询】的方法，检查所绘图形是否正确，结果如图 6.263 所示。

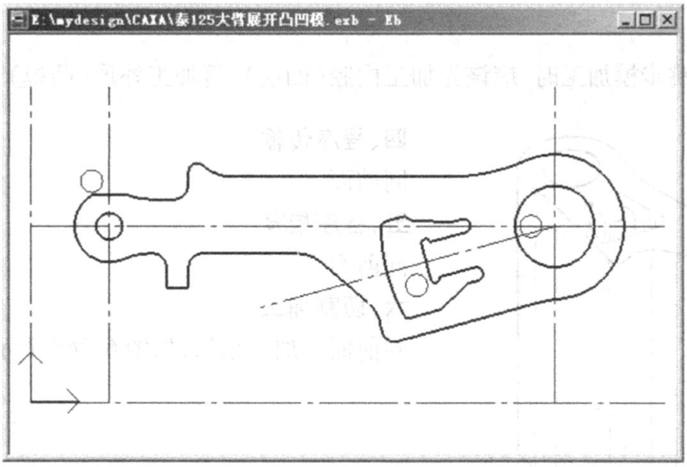

图 6.263　泰 125 大臂凸凹模

步骤 37：由于工件装夹时，将短边作为 *X* 轴，长边作为 *Y* 轴。因此，需将图形逆时针旋转 90°。依次单击绘制工具栏中【曲线编辑】按钮→【旋转】按钮。系统弹出【立即菜单】，修改其参数为：

。

提示【拾取添加】，采用窗口方式选择所有的图素。

右击，提示【基点】，输入【0，0】，回车。

提示【旋转角】，输入【90】，回车；结果如图 6.264 所示。

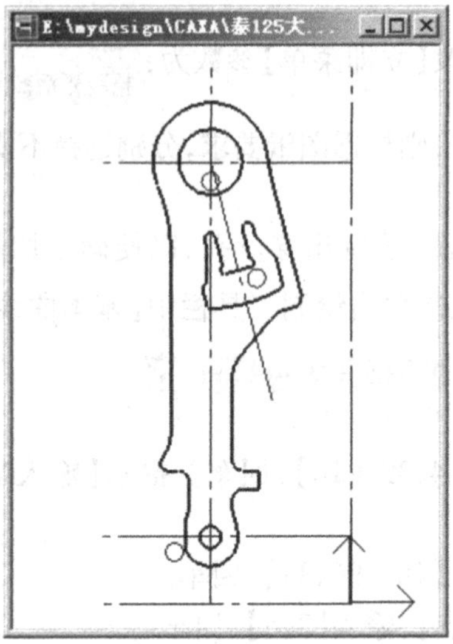

图 6.264　旋转后的图形

步骤 38：现用 0.16 mm 的钼丝加工，保证凸凹模冲裁间隙 0.16 mm。

(1) 凹模加工。凹模加工时钼丝走内，间隙补偿值为 0.09($f_{凹}=r_{丝}+\delta_{电}=0.08+0.01=0.09$)。

(2)凸模加工。凸模加工时钼丝走外，间隙补偿值为 0.01($f_{凸}=r_{丝}+\delta_{电}-\delta_{配}=0.08+0.01-0.08=0.01$)。其编程过程，同前面。

提示：

●在进行跳步模加工时，应该先加工内腔(凹模)，再加工外形(凸模)。

四、程序传输

同前面。

五、程序校零

同前面。

六、切割加工

同前面。加工结果，如图 6.265 所示。

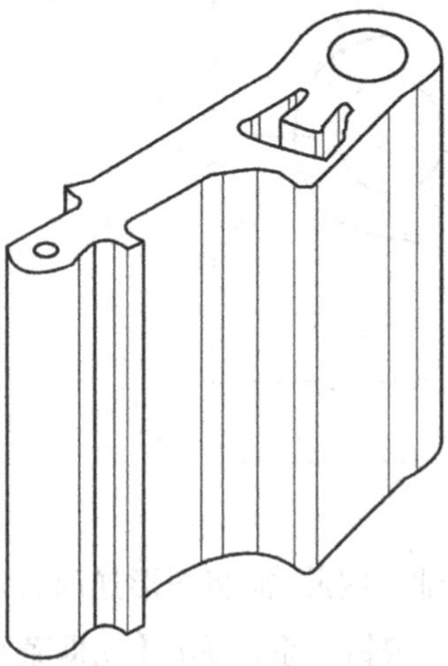

图 6.265　泰 125 大臂凸凹模

【自己动手 6-7】 线切割完成如图 6.266 所示图形的加工。

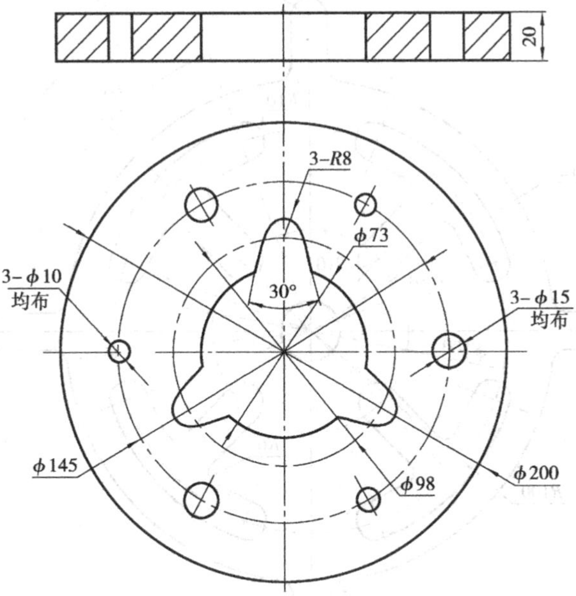

图 6.266 【自己动手 6-7】的图形

【自己动手 6-8】 完成图 6.267 所示图形的加工,材料自备。

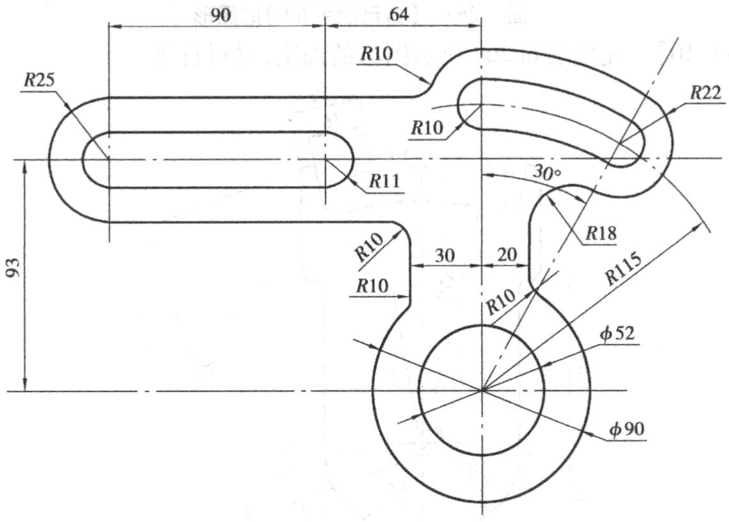

图 6.267 【自己动手 6-8】的图形

【自己动手 6-9】 完成图 6.268 所示图形的加工,材料自备。

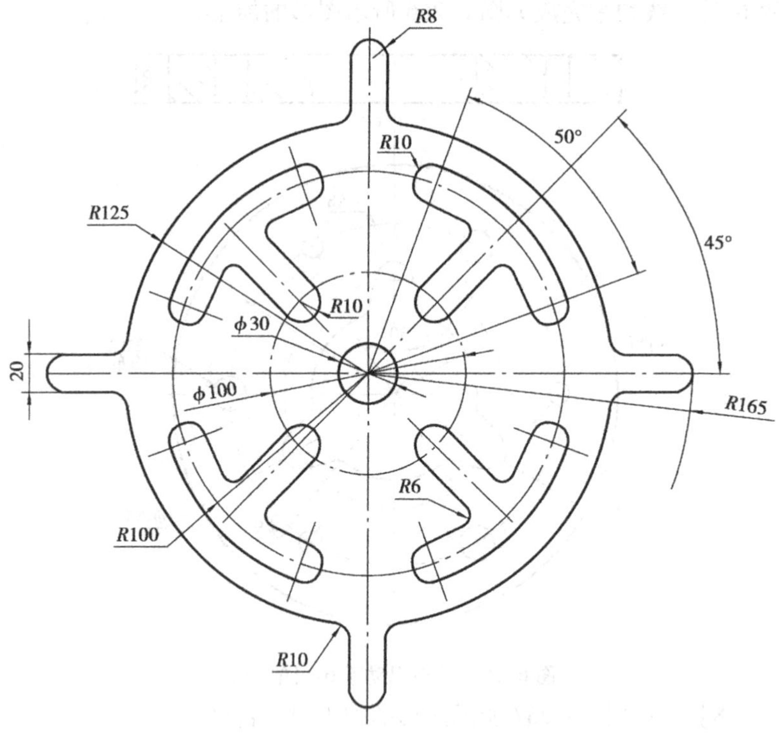

图 6.268 【自己动手 6-9】的图形

【自己动手 6-10】 完成图 6.269 所示图形的加工，材料自备。

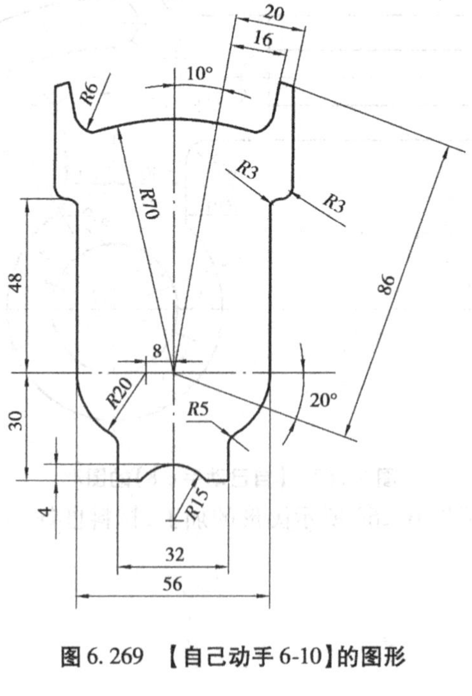

图 6.269 【自己动手 6-10】的图形